信頼性技術叢書

信頼性
試験技術

信頼性技術叢書編集委員会【監修】
益田昭彦【編著】
鈴木和幸・原田文明・山　悟
横川慎二【著】

日科技連

信頼性技術叢書の刊行にあたって

信頼性技術の体系的図書は1983年から1985年にかけて刊行された全15巻の「信頼性工学シリーズ」以降久しく途絶えていました．その間，信頼性の技術は着実に産業界に浸透していきました．現在，家電や自動車のような耐久消費財はほとんど故障しなくなっています．例えば部品を買い集めて自作したパソコンでも，めったに故障しません．これは部品の信頼性が飛躍的に向上した賜物と考えられます．このように，21世紀の消費者は製品の故障についてあまり考えることなく，製品の快適性や利便性を享受できるようになっています．

しかしながら，一方では社会的に影響を与える大規模システムの事故や，製品のリコール事例は後を絶たず，むしろ増加する傾向にあって，市民生活の安全や安心を脅かしている側面もあります．そこで，事故の根源を断ち，再発防止や未然防止につなげる技術的かつ管理的な手立てを検討する活動が必要になり，そのために21世紀の視点で信頼性技術を再評価し，再構築し，何が必要で，何が重要かを明確に示すことが望まれています．

本叢書はこのような背景を考慮して，信頼性に関心を持つ企業人，業務を通じて信頼性に関わりのある技術者や研究者，これから学んでいこうとする学生などへの啓蒙と技術知識の提供を企図して刊行することにしました．

本叢書では2つの系列を計画しました．1つは信頼性を専門としない企業人や技術者，あるいは学生の方々が信頼性を平易に理解できるような教育啓蒙の図書です．もう1つは業務のうえで信頼性に関わりを持つ技術者や研究者を対象に，信頼性の技術や管理の概念や方法を深く掘り下げた専門書です．

いずれの系列でも，座右の書として置いてもらえるよう，業務に役立つ考え方，理論，技術手法，技術ノウハウなどを第一線の専門家に開示していただき，また最新の有効な研究成果も平易な記述で紹介することを特徴にしています．

また，従来の信頼性の対象範囲に捉われず，信頼性のフロンティアにある事項を紹介することも本叢書の特徴の1つです．安全性はもちろん，環境保全性との関連や，ハードウェア，ソフトウェアおよびサービスの信頼性など，幅広く取り上げていく所存です．

本叢書は21世紀の要求にマッチした，実務に役立つテーマを掲げて，逐次刊行していきます．

今後とも本叢書を温かい目でご覧いただき，ご利用いただくよう切にお願いします．

信頼性技術叢書編集委員会
益田昭彦
鈴木和幸
二川　清
堀籠教夫

まえがき

本書は，信頼性・安全性トラブルの未然防止に役立つ，信頼性試験の最新の実践的な技術を紹介し解説するものです．執筆にあたっては，最新の技術や理論の深淵にできるだけ触れるとともに，多くの図表を用いた平明な記述を心がけ，読者の理解の手助けになるようにしました．

信頼性試験は信頼性七つ道具（R7）の１つです．R7の中で，実際の製品から直接的に故障の情報を集めることを前提とする信頼性技法には，他に故障解析とワイブル解析があり，信頼性試験と合わせて「三位一体の信頼性解析」といいます．これらは最前線の現場で活躍している技術者に最低限実践していただきたい信頼性解析です．本叢書では，既刊の『故障解析技術』および『信頼性データ解析』，ならびに本書によって「三位一体の信頼性解析」の技術解説書がそろいました．

本書で用いる信頼性および信頼性試験関連の用語は，JIS Z 8115：2019「ディペンダビリティ（総合信頼性）用語」規格に準拠しています．この規格で信頼性・保全性・アベイラビリティなどを含む広い概念を表す用語に「総合信頼性（またはディペンダビリティ）」がありますが，本書では，産業界で慣行として用いられてきた広義での「信頼性」も用いています．

本書は全９章で構成されています．

第１章では，信頼性試験の必要性と効用について多面的に述べるとともに，信頼性試験技術の基本となる信頼性工学の知識を解説しています．

第２章および第３章は「三位一体の信頼性解析」における故障解析および信頼性データ解析の概略をまとめています．第２章は故障解析技術を，第３章はワイブル解析を中心とした信頼性データ解析を解説します．

第４章では信頼性試験の全体像をまとめています．すなわち，信頼性試験に関する専門用語と様々な観点からの信頼性試験の分類，および信頼性試験の計画から結果報告までの標準的な流れにおける作業内容を紹介します．

第5章から第7章は中核となる信頼性試験技術についての各論です．

第5章は加速試験について解説しています．加速の原理から加速試験実施上の留意事項までまとめるとともに，加速試験について規定した国際規格 IEC 62506 について紹介しています．特に，この規格の中で定性的な加速試験と分類される HALT（高加速限界試験）について用例を含めて解説します．

第6章は信頼性抜取試験について解説します．抜取試験の原理から信頼性抜取試験の設計法および試験によるロットの合否判定法について解説します．特に Excel のスプレッドシートを用いた方法を紹介します．また，JIS，IEC 規格および米軍規格における信頼性適合試験の抜取方式について解説します．

第7章は製品の初期故障を除去するために，その製造プロセスの中で行われる信頼性スクリーニングと，シリーズで開発される製品および設計・製造において段階的に改善される製品において，その信頼性の向上を技術的に判断する信頼性成長試験について紹介します．

第8章は信頼性試験に関する最新の研究成果を紹介するもので，単行本で取り上げるのは本書が初となる内容です．3件の研究はいずれも最適試験計画を理論的に追究したものです．信頼性試験において新しい問題に直面した場合に，数理的に解決を図るうえで参考としてください．

第9章は筆者らの実務経験に基づく，信頼性試験を進める場合の留意事項を整理したものです．実際に試験を担当する際に一読されることを期待します．

最後に，本書の発刊にいたるまでの数々のご支援やご教示を頂戴しました日科技連出版社の石田新氏に深く感謝いたします．

2019年11月26日　ペンの日に

著者を代表して

益　田　昭　彦

目　　次

第1章

信頼性の基礎

信頼性は，企業が故障や欠陥のない製品をお客様に提供し，またお客様が快適にかつ安心して製品を使い続けるうえで必要な，製品の属性である．そして信頼性試験は製品の信頼性を識るための，重要な技術的手段である．

本章では信頼性試験を進めるうえで必要な信頼性の基礎的な事項をまとめる．

まず，いくつかの側面から，信頼性試験を実施する必要性を説明する．

次に，故障と信頼性の関係を説明し，JIS 規格に基づく信頼性の概念と代表的な用語，ならびに代表的な信頼性の尺度を紹介する．

最後に，信頼性試験で利用される信頼性モデル，すなわち故障の確率分布モデルおよび信頼性のシステムモデルについて説明する．

1.1
信頼性試験の必要性

企業が実施する信頼性試験[1]は，顧客の側に立って実施することが望ましい．信頼性試験には，顧客が要求または期待する項目を含むように工夫するとよい．

1.1.1　信頼性試験は顧客への安心と安全を保証する

製品のライフサイクルにおいて，新製品を生み出す最初の段階は商品企画である[2]．商品企画では，市場の動向，競合先の動向，技術の動向などの情報を幅広く調査し収集する．B to B の契約型製品の場合は，顧客から信頼性試験の実施が要求され，その試験項目も顧客によって指定されることが少なくない．しかし，顧客から指定されない契約型製品および不特定の顧客に販売する市場型製品では，個々の顧客の欲求や要求，あるいは苦情や不満は不透明でなかなか表面に現れず，またグローバル下での使用・環境条件は千差万別であり，しかもそれらは時間とともに変化しやすいため，企業は自ら可能な手立てをすべて用いて，それらを引き出すことに努力し，その成果から市場動向を分析することになる．一例を挙げれば，顧客を合理的に層別することにより，集団として捉えた顧客の嗜好や性向そして使用・環境条件を明確にすることが大切である．新製品の信頼性水準は，これらの分析結果に加えて，自社の技術力および管理能力を考慮して設定される．ライフサイクルの開発・設計段階で実施される信頼性試験は，試作された新製品がこの信頼性水準を満足しているかどうかを評価する具体的な手段となる．

競争の激しい市場型製品では，複数の製品モデルをシリーズ化して，繰り返し新製品を市場に送り出すことが必要になる．製品のハイテク・ハイタッチ化

1）「信頼性試験」の技術的な定義は第4章で述べるが，ここでは一般的な幅広い通念で話を進める．
2）JIS および IEC 規格におけるアイテムのライフサイクルの構想・定義段階に対応する．

を進めることは魅力的製品を生み出す原動力になる．しかし，市場で信頼性・安全性問題を引き起こしてしまうと，一挙に信用を失墜し市場から締め出されることになる．このため，新製品開発プログラムでは信頼性試験が重要な位置を占めている．

顧客は製品とともに企業の社会的サービスも購入しているといえる．例えば，企業の社会的責任(CSR)で要求される“安全と安心”や“環境への配慮”などは，個々の顧客に直接的に提供されるものではないが，それらに積極的な活動を進めている企業の製品を顧客が選択的に購入するならば，顧客自身もそれらへの理解と参加をアピールすることができ，顧客倫理の証となる．企業側にすれば，それらは顧客に売り込む魅力あるサービス要因になりうる．競合製品と機能・性能に大きな差異のない商品では，特にそれらの企業サービスのよしあしが売上を後押しすることになる．

信頼性試験は製品の“安全と安心”の評価を担う．例えば，企業の製品サービス体制に関わる具体的なサービス特性項目には，無償修理期間や品質保証期間がある．信頼性試験によって，設定した使用期間における製品の故障率を確認し保証することができるため，製品サービス体制，特に製品サポート体制の設定に役立てられる．市場型製品では，次々に発売される新製品の機能の増加や性能の向上が図られるので，価値寿命(陳腐化寿命)の短期化が進み，買替時期が短縮される傾向がある．第7章で述べるように，信頼性成長試験によってこの傾向を確認することができる．

1.1.2 信頼性試験はコンカレントエンジニアリングを支える

コンカレントエンジニアリング(CE：Concurrent Engineering)は1990年代に米国から紹介されたが，1980年代に我が国の製造業で行われていた“サイマル技術[3)]”などといわれた日本型製品開発プログラムにその根幹があるといわれる．CEは，生産活動の上流から下流に，市場調査，開発・設計，製造，

3) サイマルテイナス技術(simultaneous engineering)の略.

検査などと連鎖的に実施してきた，これまでの機能別作業を改め，各機能部門が相互に協調して同時並行的に作業を進めるようにしたマネジメントの方法である．

中でも，CEは開発・設計の短期化，効率化，高品質化の達成をめざすが，その手段にコンピュータを援用することが特徴である．CEの達成に使用する支援手段には次のようなものがある．

① 機能設計支援：［CAD(Computer Aided Design)，CAM(Computer Aided Manufacturing)，CEワークベンチなどを用いる設計作業への支援］
② 製造容易性設計(DFM：Design For Manufacturing)
③ 高品質設計(DFQ：Design For Quality)
④ 製品データマネジメント(PDM：Product Data Management)

この中で，信頼性試験は高品質設計(DFQ)を支える技法として位置付けられる．DFQを達成するための代表的な技法には信頼性技術，品質機能展開(QFD)および品質工学(Taguchi method)が挙げられている．信頼性試験は信頼性設計，デザインレビューなどと並んで信頼性技術の核となる技法である．

1.1.3　信頼性試験は信頼性アセスメントの重要な技法である

信頼性アセスメントは生産プロセスで製品に作り込まれる“信頼性”を事前，事中または事後に評価する活動である．

信頼性アセスメントは早期に実施することが効果的であるため，多くの場合“事前”に比重が置かれ，製品のライフサイクルの源流において，製品に創り込まれる信頼性，およびそれを支え保証するための総合信頼性マネジメントシステムが定性的または定量的に評価される．すなわち，信頼性アセスメントは設計段階において実施され，遅くとも顧客に製品が渡る前にフォローアップが完了することが望ましい．実務上は，設計段階の信頼性アセスメントの結果を確認し，必要に応じ修正を加える目的で，運用・保全段階以降も信頼性アセスメントは実施される．多くは，保全性や安全性などの製品の他の属性と合わせて，総合信頼性アセスメントの一環として実施される．

信頼性アセスメントの方法は机上評価と実機評価に分かれ，両者をバランスよく実施することが望ましい．机上評価は信頼性モデルに基づく解析・査定で，FEM(有限要素法)，信頼度予測，FMEA，FTA などの設計ツールが用いられる．実機評価は試作品や実製品などを用いた信頼性の試験・査定であり，現場・現物の強みに支えられる．信頼性試験は実機評価の要になる．表1.1は実機評価による信頼性アセスメントの代表的ツールを製品のライフサイクルで有効に用いられる段階とともに示したものである．

1.1.4　信頼性試験は調達品の信頼性を支える

生産のグローバル化の1つの要素として，部品や機器の国際調達が進められている．国内企業が海外に置いた生産拠点から部品や機器を調達する場合は，信頼性が担保されやすい．しかし，海外企業から調達する場合は，製品の信頼性情報を十分に集めることができず，調達を進めるうえで不安を感じることがある．大企業に対しては信頼性保証を要求して，提出された信頼性データに基

表1.1　信頼性アセスメントにおける実機評価ツールと適用段階

信頼性アセスメントツール	製品ライフサイクルの段階					
	構想・定義	開発・設計	製造	据付け	運用・保全	廃却
開発信頼性実証試験		○				
信頼性成長試験		○	○	△		
信頼性ストレススクリーニング			○			
製品信頼性保証試験			○	△		
初期流動管理				○	△	
使用信頼性実測				○	○	△
信頼性モニタリング				△	○	△
故障解析(良品解析を含む)		○	○	○	○	○
ワイブル解析	○	○	○	○	○	○

凡例)　○：適用，△：必要に応じ適用

実機評価に基づく信頼性アセスメントをより効果的にするために，上記のほかに実験計画法，多変量解析，信頼性データ解析(ワイブル解析以外)などの統計的手法が，上記の各ツールと組み合わせて適宜用いられる．

づいて評価することができる．しかし，小企業では(国内でも同様のことがあるが)信頼性情報を保有しておらず，かつそれを要求することに無理がある場合が少なくない．このような場合には，購入者側が部品の信頼性を確認しなくてはならないことがある．そのときは，調達の検討段階で対象品の信頼性試験の実施に踏み切ることで，調達品の信頼性リスクを未然に防止できる．図 1.1 は通信機器に使用するアルミ電解コンデンサについて国際調達を企画し，加速試験を行って特性値の経時変化特性を観測し，従来品と比較検討した事例である．国際調達品は，初期特性では従来品と遜色のない値であったが，250 時間経過後あたりから経時変化に差異が見え始め，さらに 1,000 時間経過後には従来品に比べ国際調達品の特性値変化が著しく大きく表れた．この結果から，この部品の国際調達計画は大幅に修正されることになった．もし，信頼性試験を実施せずに，初期特性のみで部品の採用を判断していたら，機器の初期故障を誘発し，多大な損失が生じたに違いない例である．

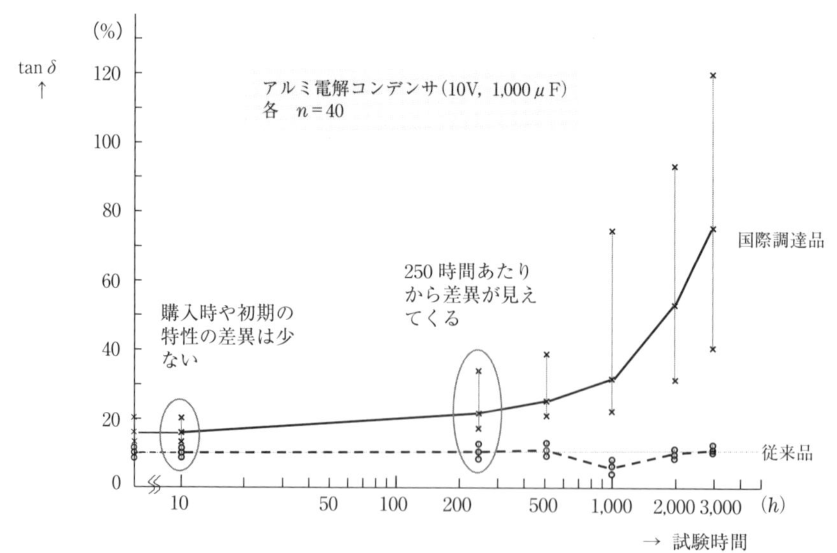

図 1.1　調達における信頼性試験の効用例

1.2

故障と信頼性

信頼性では，良品のアイテムが機能を失う「故障」という事象を扱う．この時間的な変化という要素は信頼性を特徴づける重要な概念である．本節では，信頼性試験の基本となる故障の考え方と代表的な尺度，ならびに信頼性試験に関係の深い用語を紹介する．

1.2.1 故障の概念

故障は運用期間中(輸送，保管を含む)に要求機能を失う事象で，初めから要求仕様を満たさない不良品とは区別される．アイテムが運用期間中にストレスに曝されることで，その内部に何らかの変化が生じる．結果としてアイテムの機能の達成を成立させていた条件が崩壊することで要求機能が達成できなくなる事象が故障である．したがって故障にいたるには「時間」という要素が入ることになる．この関係を図 1.2 に示す．後に述べる加速試験は，この故障にいたるメカニズムを加速するものである．

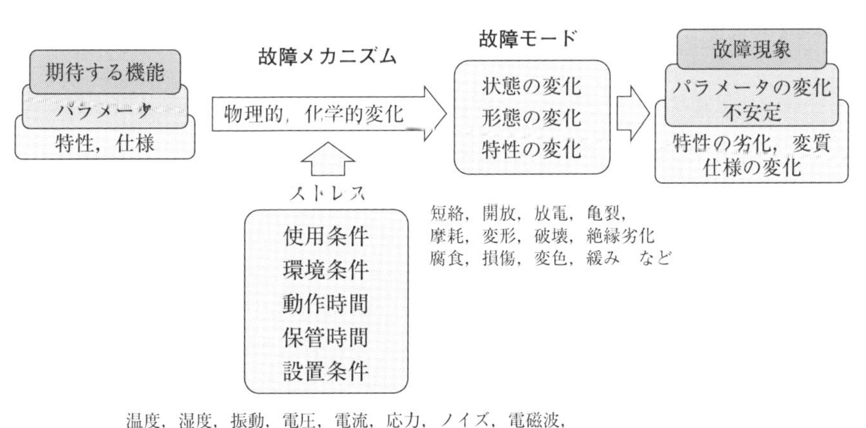

図 1.2 故障の概念

1.2.2　信頼性に関する用語

信頼性用語はJIS Z 8115：2019「ディペンダビリティ(総合信頼性)用語」に規定されている．この規格は国際的な用語規格IEC 60090-192：2015に準拠しつつ，日本国内で広く使われる用語を追加したもので，この中から信頼性試験に関係が深い用語を紹介する．

(1)　アイテム

アイテム(item)　(192-01-01)

対象となるもの．

注記1：アイテムは，個別の部品，構成品，デバイス，機能ユニット，機器，サブシステム，又はシステムである．

注記2：アイテムは，ハードウェア，ソフトウェア，人間又はそれらの組合せから構成される．

注記3：アイテムは，別々に対象となりうる要素から，しばしば構成される．サブアイテム(192-01-02)及び分割単位(192-01-05)参照．

注記4：サービスを考慮する場合，サービスユニット，サービスプロセス，サービスシステムなどがアイテムとなる．

注記5：アイテムは，目的，対象又は分野によって独自な用語又は階層構造を用いて表現することがある．

アイテムは多種多様な信頼性の対象を一言で記述するのに便利な用語で，部品，材料，ユニット，システムなど様々な形態をとる．システムのどの階層，あるいは構成要素であっても，それに着目する場合は「アイテム」と呼ぶことができ，信頼性試験の実施単位とも考えられるものである．なお，注記4にあるように，アイテムにはサービスを含むが，本書では主に製品に絞って解説している．

(2)　総合信頼性(ディペンダビリティ)

ディペンダビリティ，総合信頼性(dependability <of an item>)　(192-01-22)

アイテムが，要求されたときに，その要求どおりに遂行するための能力．

注記 1：ディペンダビリティすなわち総合信頼性は，“アベイラビリティ”(192-01-23)，“信頼性”(192-01-24)，“回復性”(192-01-25)，“保全性”(192-01-27)，及び“保全支援性能”(192-01-29) を含む．適用よっては，“耐久性”(192-01-21)，安全性及びセキュリティのような他の特性を含むことがある．

注記 2：ディペンダビリティは，アイテムの時間に関係する品質特性に対する，包括的な用語として用いられる．

注記 3：ディペンダビリティを阻害する要因は故障，エラー，フォールトなどである．

注記 4：ディペンダビリティを実現する手段には，フォールトプリベンション，フォールトトレランス，フォールトリムーバル及びフォールトフォアキャスティングがある．

注記 5：この用語は，ソフトウェア自体ではなく，ソフトウェアを含むシステム又は製品に適用する．ソフトウェアではシステムの要素からなる製品又はサブシステムのディペンダビリティのソフトウェア的側面として扱われる．

「ディペンダビリティ(dependability)」は，JIS Z 8115：2010 では，信頼性，保全性，保全支援性能を包括する用語とされていた．しかし JIS Z 8115：2019 では，アイテムに要求される性質として安全，回復性など時間に関係する品質特性を広く網羅する概念に拡張されており，総合信頼性という用語を充てている．なお JIS Z 8115：2019 では，信頼性(reliability)(192-01-24)は「アイテムが，与えられた条件の下で，与えられた期間，故障せずに，要求どおりに遂行できる能力」と定義され，旧版にあった「要求機能」という表現が「要求どおり」に変わっている．これは，IEC 60050-192 “Dependability” と整合をとったもので，機能だけでなく性能，安全性，環境保全性などの他の要求項目へ拡張した結果である．

本書では，主に製品を対象にするため，「要求機能」を満たすものと置き換えて考えることとする．

(3)　故障

故障(failure <of an item>)　(192-03-01)

アイテムが要求どおりに実行する能力を失うこと．

注記1：アイテムの故障とは，そのアイテムのフォールトを発生させる事象である．“フォールト”(192-04-01)参照．

注記2：既存の潜在的フォールトによってアイテムの要求を達成する能力が失われる場合，ある特定の一連の状況が発生すると，故障が起きる．“潜在フォールト”(192-04-08)参照．

注記3：壊滅的な，致命的な，重大な，軽微な，限界的な，重要でないなどの修飾語を，結果の重要度によって故障を分類するために使用することがある．重要度の基準は，適用される分野に依存する．

注記4：誤使用，誤操作，弱点などの修飾語を，故障の原因によって故障を分類するために使用することがある．

同じくこれまで故障は「アイテムが要求機能達成能力を失うこと」と定義されていたが，JIS Z 8115：2019 から上記のように改訂された．「実行する能力」は従来の定義にある達成能力とおおむね同等と考えてよく，故障はその能力を何らかの理由で失う事象をいう．信頼性では時間や変化に対する設計的な余裕を確保して故障を発生させないことが重要で，信頼性試験では故障情報に加えて故障メカニズムや故障にいたる時間データの採取が求められることになる．

(4) フォールト，故障状態

フォールト，故障状態(fault <of an item>) (192-04-01)

アイテム内部の状態に起因して，(アイテムが)要求どおりに実行できない状態.

注記1：アイテムのフォールトは，次の状態をいう.

a) アイテムの自身の故障に因って生じる状態.“故障”(192-03-01)参照.

b) 仕様，設計，製造，保全などのライフサイクルの初期の段階での不完全さに起因する故障によって発生する状態.“潜在フォールト”(192-04-08)参照.

注記2：仕様，設計，製造，保全，誤使用などの修飾語句をフォールトの原因を示すために使用することがある.

注記3：フォールトの種類は，関連する故障の種類に関連することがある. 例えば，摩耗フォールト，摩耗故障など.

注記4：解析技法(FMEA，FTAなど)によっては，故障(failure)と明確な区別をせずに使われることがある.

世間一般では，「故障」は事象だけでなく，達成能力を失うことにより機能を果たしていない「状態」の意味でも使われる．しかし，JIS規格ならびにIECの国際用語では，故障は事象(イベント)であり，フォールトはその結果として生じた状態を指している．それゆえ，JIS規格では「故障状態」ともいう．この関係を図1.3に示す.

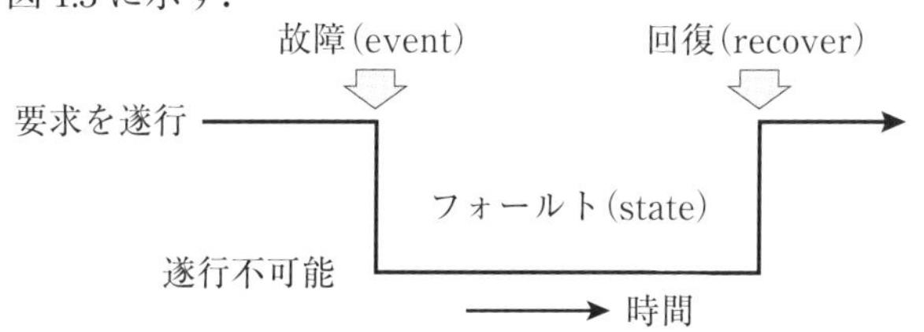

出典) JIS Z 8115：2019 解説 解説図192-03-01-1，解17(p.162)

図1.3 故障とフォールト

(5)　故障メカニズム

故障メカニズム(failure mechanism)　(192-03-12)
　故障に至る過程.
注記1：過程は，物理的，化学的，論理的，又はそれらの組合せでもよい.

故障はアイテムにストレスが加わることで発生する．ストレスとはエネルギーの外部供給と考えられるので，反応(例えば化学反応)を介してアイテムに変化が生じる．この過程を故障メカニズムと呼ぶ.

(6)　故障モード

故障モード(failure mode)　(192-03-17)
　故障が起こる様相.
注記1：故障モードは，失われた機能又は発生した状態の変化によって定義されることがある．前者の例として，“絶縁劣化”及び“回転不能”が，後者の例として，“短絡”及び“折損”がある.
注記2：対象によっては，故障モードの代わりに，“不具合モード”，“損傷モード”，“障害モード”，“欠点モード”などという場合がある.
注記3：分野によっては故障が起こる様相だけではなく，故障の結果の様相を含む場合がある.

アイテムに生じた変化はすべて故障となるわけではなく，何を故障とするのかはアイテムに対する要求で決まる．故障モードはアイテムに生じる変化をマクロ的に表現したもので，断線，短絡，折損，摩耗，特性の劣化などの，アイテムに生じる観察や測定などで認識できる変化が相当する.

(7) ストレス

ストレス(stress)　(192J-01-108)

アイテムが受ける影響で，その振る舞いに関わるもの．

注記 1：ストレスを加えても，信頼性は必ずしも低減しない．

注記 2：環境に関わる影響(温度，湿度，気圧など)を環境ストレス，アイテムの動作に関わる影響(電圧，電流，機械的応力など)を動作ストレスと呼ぶことがある．

注記 3：影響を及ぼす根源(エネルギーなど)により，機械的ストレス，電気的ストレス，熱的ストレス，化学的ストレスなどと呼ぶことがある．

故障の原因となるもので，その影響を受けたアイテムが故障にいたる過程が，故障メカニズムであり，その結果生じた変化，すなわち故障が起こる様相が故障モードである．

1.2.3 故障とフォールトの意味

故障とフォールトは混同しやすい用語で，一般には「広義の故障」として両者を区別せずに「故障」と呼ぶことも多い．フォールトは，JIS Z 8115：2000では，「ある要求された機能を遂行不可能なアイテムの状態，また，その状態にあるアイテムの部分」および「アイテムの要求機能遂行能力を失わせたり，要求機能遂行能力に支障を起こさせる原因(設計の状態)．ただし，予防保全又はその他の計画された活動による場合，若しくは外部からの供給不良による場合は除く」[1] と 2 つの意味で定義されていた．

JIS Z 8115：2019 では「アイテム内部の状態に起因して，(アイテムが)要求どおりに実行できない状態」と簡略化されている．故障とフォールトの違いは，「故障」はイベント(事象：できごと)であり，「フォールト」は状態であるという点である．一般にアイテムは故障の後フォールトとなる．図 1.3 に示すように，一瞬である故障発生後の機能を果たしていない状態をフォールトと考えればよい．

JIS Z 8115：2010 におけるフォールトのもう1つの定義である「アイテムの要求機能遂行能力を失わせたり，要求機能遂行能力に支障を起こさせる原因（設計の状態）」とは，ソフトウェアフォールトのように故障の原因がフォールトとなる場合や，下位の要素のフォールトが上位の要素の故障原因になりうることを示す．これは潜在的なフォールトが顕在化した場合に「故障」というイベントが認識されると考えればよく，JIS Z 8115：2019 では「潜在フォールト（latent fault）」（192-04-08）に相当する．

1.2.4　信頼性の尺度と特性値

信頼性をどのような尺度でとらえ，どのような特性値で故障を判断するかということは信頼性試験における重要な検討事項である．世間的には信頼性が高いとは「丈夫で長持ち」と考えられており，定性的な表現として受け入れられている．

信頼性特性値とは「数量的に表した信頼性の尺度」[1] で，信頼度，故障率，故障強度，平均寿命，MTTF，MTBF，アベイラビリティなどの総称である（図1.4）．信頼性特性値の決定は，その製品への要求や特性を考慮して行う必要があり，その後の設計的な作り込みや出来栄えを評価するために重要となる．代表的な信頼性の尺度を表1.2に示す．

1.3
故障の確率分布モデル

同じ材料・部品・プロセスで製造された製品を同じ条件で使用していても，故障に到るまでの時間，すなわち寿命が同じ値になることは，ほぼありえない．すなわち，対象とする固有のアイテムがいつ故障するかを正確に予測することはむずかしい．その代わりとして，ある条件で使用してきたアイテムが，どのくらい故障する可能性を有しているかを知ることが重要となる．このリス

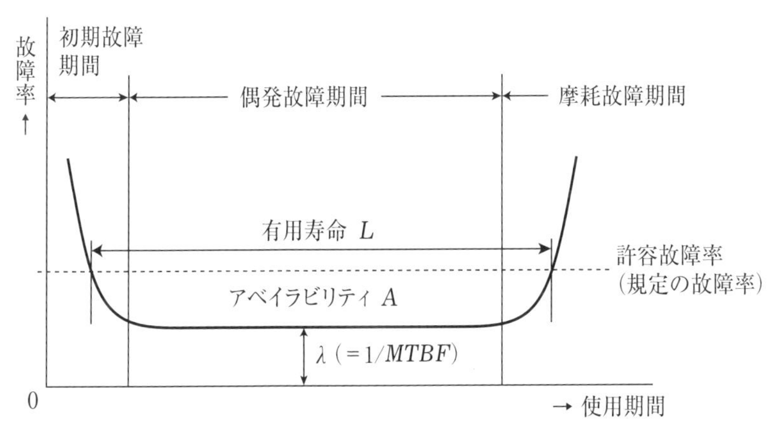

λ：製品の故障率

MTBF：製品の平均故障間動作時間

$R(t)=\exp(-\lambda t)$：製品の信頼度

非修理アイテムでは，信頼性と耐久性とはほぼ同じ意味で，一般的に，信頼性における〈与えられた期間〉は耐久性の対象期間の部分となる．

修理アイテムでは，耐久性の能力は運用及び保全条件に依存する．有用寿命の終わりには，

- 劣化量が限界値に達する場合
- 故障率(又は故障強度)が贈大して経済的に引き合わなくなる場合
- アイテムが陳腐化する場合
- 要求機能・性能が現状のソフトウェアの運用では不適切になる場合
- 故障が修理不可能と考えられる場合
- 保全のための資源が供給不可能な場合　などがある．

出典)　JIS Z 8115 : 2019　解説　解説図 192-01-21-1，解 10(p.155)

図 1.4　故障率と寿命

クの頻度を表現し，予測するために用いられるのが確率分布モデルである．本節では信頼性工学，特に信頼性試験データの解析で用いられる，主な確率分布モデルについて述べる．

1.3.1　データの不確実性と確率法則

すべてのデータは，ばらつきによって生じる不確実性を伴う．例えば，同一

表 1.2　代表的な信頼性の尺度

尺　度	記号/略語	解　説
信頼度	R	与えられた条件の下で，時間区間$(t_1,\ t_2)$に対して，要求どおりに機能を遂行できる確率. 信頼度を表す時間 t の関数が信頼度関数で $R(t)$ で表す.
故障率 故障強度	λ	アイテムが，時刻 t まで故障が発生していない場合に，次の $\varDelta t$ に故障となる事象の単位時間当たりの発生率.
平均故障間動作時間	MTBF MOTBF	故障間動作時間の期待値. ある期間中の総動作時間を総故障数で除した値である。故障間動作時間が指数分布に従う場合には，どの期間をとっても平均故障時動作時間は一定で，故障率の逆数になる.
平均故障時間	MTTF	故障までの動作時間の期待値. 故障までの時間が指数分布(一定故障率)に従うときの非修理アイテムの場合には，故障率の逆数に等しい.
有用寿命 耐用寿命	Life	アイテムが，運用および保全上の経済的理由または陳腐化のために，最初の使用から，利用者要求に合わなくなってしまうまでの時間.
平均動作可能時間	MUT	アイテムが要求どおりに遂行できる時間の期待値.
平均動作不可能時間	MDT	アイテムが要求とおりに遂行できない時間の期待値.
アベイラビリティ	A	要求どおりに遂行できる状態にあるアイテムの能力. アイテムの“信頼性”,“回復性”および“保全性”を組み合せた特性，ならびに“保全支援性能”に依存する。

注)　詳細な定義は JIS Z 8115 を参照のこと.

人物の体重を毎日同一の時間に測定したとしても同じ数値が得られるとは限らず，ある程度のばらつきを伴うことは予想に難くない．ましてや，複数の人物の体重となると，大きなばらつきを伴うデータとなる．統計学は，このようなデータのばらつきを認識したうえで，その確率法則を読み解き，その背後に隠れた真実を導き出す方法論を提供するものである．

寿命や強度という信頼性試験により得られるデータは，その背後にあるストレス－故障メカニズム－故障モードの数値的発現として得られるものとも考えられる．その発現は法則性を有し，それを表現する確率法則を適切に選択することができれば，特定の条件下で故障するリスクの頻度を定量的に予測しうる．

ある程度の数のデータが得られたときの確率法則の評価には，一般にまずヒストグラムなどが用いられる．図 1.5 にデータ数 100 の寿命時間データのヒストグラムを示す．縦軸を相対頻度にとったヒストグラムは，その面積の合計が1になり，横軸の寿命時間の発現の確率法則を示すものといえる．データの数をさらに増やして，クラス(1本の棒)の幅をより小さくしていくと，ヒストグラムは図の曲線に限りなく近づいていく．このような曲線は，縦軸 y と横軸 x に対して，

$$y = \begin{cases} f(x), & x \geqq 0 \\ 0, & x < 0 \end{cases}$$

という関数で表すことができる[4]．ヒストグラムとの関係から，この $f(x)$ には次の関係が成り立つ．

$$f(x) \geqq 0, \quad \int_0^\infty f(x)\,dx = 1$$

この2つを満たす関数 $f(x)$ のことを確率密度関数という．図 1.5 のヒストグ

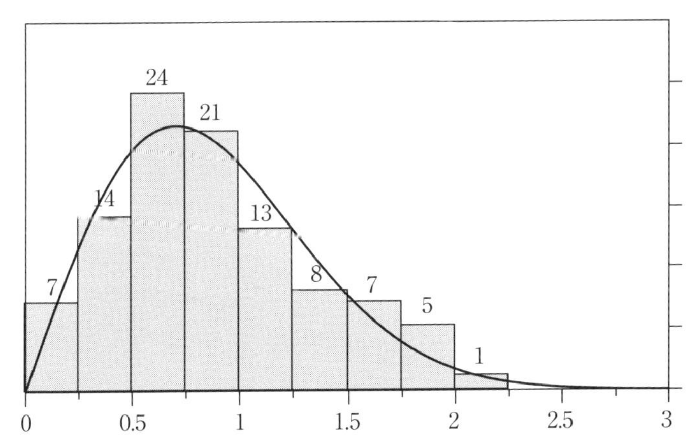

図 1.5　データ数 100 の寿命時間データのヒストグラムおよび確率密度関数

4)　ここでは，正の範囲をとる連続確率変数の場合を示した．

ラムとの対比より，寿命データの確率法則が確率密度関数$f(x)$とよく一致していることがわかる．このように，発現の法則が$f(x)$によって表現可能なXを，確率密度関数$f(x)$に従って分布する確率変数という．

また，確率変数Xがx以下の値をとる確率を表す関数$F(x)$を，分布関数あるいは累積分布関数と呼ぶ．すなわち，

$$F(x) = \Pr(X \leqq x)$$

である．したがって，

$$F(x) = \int_0^x f(u)\,du$$

と表される．$F(x)$と$f(x)$の間には，

$$\frac{d}{dx}F(x) = f(x)$$

の関係がある．

1.3.2　信頼性の指標

確率密度関数がデータの出現する確率法則を表現する一方で，信頼性においては寿命時間の長短や，故障のリスクなどの大小を比較する指標が必要となる．一般的なデータにおいては，データの中心付近の特徴を示す平均，メジアン，モードや，ばらつきの大きさを示す標準偏差や分散が用いられる．信頼性においては，非常に低い発生頻度の現象を取り扱うことが常であるため，主に以下の3つの指標が用いられる．

(1)　確率に関する指標

(2)　時間に関する指標

(3)　発生割合に関する指標

それぞれの指標について，代表的なものを以下に示す．

(1)　確率に関する指標：「信頼度」

「アイテムが与えられた条件の下で，与えられた時間間隔$(t_1,\ t_2)$に対して，

要求機能を実行できる確率」(JIS Z 8115)を信頼度という．対象とするアイテムが時点 $t_1 = 0$ から使用を開始したとすると，時点 t_2 までの間に正常に機能する確率と見なしうる．前述の確率密度関数 $f(\cdot)$ を用いると，時間 t に関する信頼度関数 $R(t)$ は式(1.1)のように示される．

$$R(t) = \int_t^{\infty} f(x)\,dx \tag{1.1}$$

信頼度関数は，以下の3つの特徴を有する．

- $\lim_{t \to 0} R(t) = 1$
- $\lim_{t \to \infty} R(t) = 0$
- $R(t)$ は t に対して単調非増加である．すなわち，$t_1 \leqq t_2$ のとき $R(t_1) \geqq R(t_2)$ となる．

信頼度関数がわかれば，任意の時点における信頼度を求めることができる．また，信頼度関数 $R(t)$ を1から減じたものを不信頼度関数 $F(t)$ と呼び，時点 t までの累積故障確率を表す．言い換えると，ある時点まで使用したアイテムが故障するリスクを表現する指標となる．

(2)　時間に関する指標：「平均故障時間」，「B_{10} ライフ」

寿命時間や強度(ともに > 0)を取り扱う信頼性分野では，それらの大小を表現し，比較するための指標として以下のようなものが用いられる．

- MTTF(Mean operating Time To Failure)：故障までの平均時間，故障までの時間の期待値．
- MTBF(Mean operating Time Between Failures)：平均故障間動作時間，故障間動作時間の期待値．

MTTF は，寿命を示す確率変数 T の期待値であるため，故障時間の確率密度関数 $f(\cdot)$ を用いて式(1.2)のように求められる．また，故障時間を故障間動作時間と言い換えれば，MTBF も同じ式で求められる．

$$MTTF = E[T] = \int_0^{\infty} t \cdot f(t)\,dt \tag{1.2}$$

なお，MTTF は主に非修理系アイテムの分野において，MTBF は主に修理系アイテムの分野において用いられる指標である．

実際に信頼性を議論する際には，平均的な寿命そのものは重要とはいえず，後述する指数分布の特徴である「故障率は MTTF の逆数に一致する」が成り立つ場合において意味をなす．実用的には，以下の指標が用いられる．

- B_{10} ライフ（ビーテンライフ）[5)]：累積故障確率が 10% にいたるまでの時間．

B_{10} ライフは，故障時間の確率密度関数 $f(\cdot)$ を用いると式(1.3)のように示される．

$$\int_0^{B_{10}} f(t)\,dt = F(B_{10}) = 0.1 \tag{1.3}$$

すなわち，不信頼度関数 $F(t)$ の逆関数が得られれば，B_{10} ライフを解析的に導くことができる．なお，実際の開発では，より低い累積故障確率（0.1% や 1 ppm）が目標とされる．また記号 B の代わりに記号 t(time) が用いられ，$t_{0.1}$ や $t_{1\mathrm{ppm}}$ のように表記されることもある．

これらの指標は，定義する信頼度を満足しうる時間や強度を表すものといえる．

(3)　発生割合に関する指標：「故障率」

「時刻 t までに故障なく動作したアイテムが引き続く単位期間内に故障を起こす割合」を瞬間故障率 $\lambda(t)$ という．数学的には，$\lambda(t)$ は以下のように導かれる．時刻 t の直前まで動作していたものが，次の Δt の期間に故障する条件付き確率，

$$\Pr\{t < T \leqq t + \Delta t \mid T > t\}$$

は Δt の長さに依存する量である．これを Δt で除して $\Delta t \to 0$ の極限をとったものが瞬間故障率を与える．すなわち，

$$\lambda(t) = \lim_{\Delta t \to 0} \frac{\Pr\{t < T \leqq t + \Delta t \mid T > t\}}{\Delta t} \tag{1.4}$$

---

5)　B_{10} の B はベアリング(Bearing)の B，添字の 10 は 10% を表す（参考文献[2]）．

である．T が連続確率変数のときには，

$$\lambda(t)=\frac{f(t)}{R(t)}=-\frac{d}{dt}\ln R(t) \tag{1.5}$$

が成り立つ．式(1.5)を解くと，

$$R(t)=\exp\left(-\int_0^t \lambda(t)dt\right)=\exp(-H(t)) \tag{1.6}$$

のように，信頼度と瞬間故障率の関係が導かれる．ここで，$H(t)=\int_0^t \lambda(t)dt$ として，これを累積ハザード関数と呼ぶ．

式(1.4)に示されるように，瞬間故障率は $\Delta t\to 0$ の極限として求められる量であるから，直接観測データから求めることができない．そこで，故障が後述する指数分布に従うと考えられる場合には，平均故障率として MTTF の逆数によって求められる．一般に「故障率」の呼称は瞬間故障率を指し，平均故障率と区別される．なお，瞬間故障率も，平均故障率も単位は「1/時間」であり，確率ではない．

故障率は，それまでの経過時間 t によらず，区間 $(t,\ t+\Delta t)$ で故障が発生する確率は $\lambda(t)\Delta t+o(\Delta t)$ となることを表す．第 2 項は区間 $(t,\ t+\Delta t)$ で故障が 2 回以上発生する確率にあたり，一般に無視しうるほど小さく，$\lim_{\Delta t\to 0}\frac{o(\Delta t)}{\Delta t}=0$ である．このように，故障率はある時点における故障の発生しやすさの指標であることに加えて，時間に対するその変化のパターンが重要な情報を与える．それらについては 3.2 節において詳細に述べる．

1.3.3　二項分布

事象 X がランダムに発生する確率を p とすると，$\Pr\{X\}=p$ と示される．また，発生しない確率は $\Pr\{\overline{X}\}=1-p=q$ と示される．同一の条件のもとで独立に試行を n 回繰り返した標本空間 $\{0,\ 1,\ 2,\ \cdots,\ n\}$ のもとで，最初の r 回の試行においてすべて事象 X が起こり，残り $n-r$ 回において事象 X が起こらない確率は，乗法公理により $p^r q^{n-r}$ となる．このとき，発生する順序が

変化しても，事象 X が r 回と事象 $\overline{X}$ が $n-r$ 回発生する確率は，$p^r q^{n-r}$ である．このような異なる順序の組合せは，${}_nC_r = \binom{n}{r} = \frac{n!}{r!(n-r)!}$ 通り存在するので，n 回の試行において事象 X が r 回発生する確率は次のようになる．

$$\Pr(r) = \binom{n}{r} p^r q^{n-r} = \binom{n}{r} p^r (1-p)^{n-r}, \quad 0 \leqq r \leqq n \tag{1.7}$$

$\Pr(r)$ は $(p+q)^n$ の二項展開式における各項に対応するものであり，この確率分布は二項分布と呼ばれる．この分布の母数は p と n であるが，n は確定することが可能なため，データ解析においては主に p を求めることが必要となる．

二項分布の平均 $E[X]$ と分散 $Var[X]$ は，以下のように求められる．

$$E[X] = \sum r\Pr(r) = \sum r \binom{n}{r} p^r (1-p)^{n-r}$$

$$= np \left\{ \sum \frac{(n-1)!}{(r-1)!(n-r)!} p^{r-1} (1-p)^{n-r} \right\} = np$$

$$Var[X] = E[X^2] - (E[X])^2 = \sum r^2 \Pr(r) - (np)^2$$

$$= \sum r(r-1)\Pr(r) + \sum r\Pr(r) - (np)^2$$

$$= n(n-1)p^2 \sum \frac{(n-2)!}{(r-2)!(n-r)!} p^{r-2} (1-p)^{n-r} + np - (np)^2$$

$$= np(1-p)$$

図1.6のように，修理型のアイテムについて対象とする期間を n 等分し，互いに独立に故障の発生する確率 p がすべての区間において一定であれば，期間全体で故障が r 回発生する確率は二項分布で表される．

1.3.4　ポアソン分布

前項の二項分布において，p が極めて小さく，$np = m$ が一定のもとで，

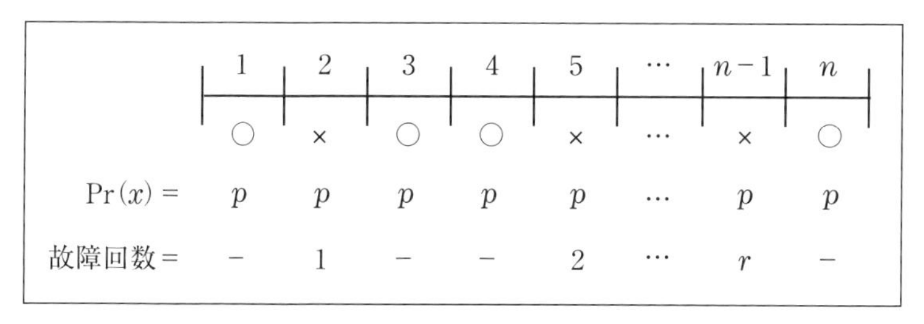

図 1.6　二項分布に従う故障回数の概念図

$n \to \infty$としたときの極限確率分布は以下のようになる．

$$\Pr(r) = \frac{m^r}{r!} e^{-m}, \quad r = 0,\ 1,\ 2,\ \cdots$$

これを母数mのポアソン分布という．すなわちポアソン分布は，nが十分大きいとき，生じにくい現象が一定の割合で発生する際の二項分布の近似として扱うことができる．また，上式は$\Pr(r) > 0$および$\sum_{r=0}^{\infty} \Pr(r) = 1$を満たすため，確率密度関数の性質を有する．このポアソン分布の積率母関数は，

$$M_x(\theta) = E[e^{\theta X}] = \sum_{x=0}^{\infty} e^{\theta x} \frac{m^x}{x!} e^{-m} = e^{-m} \sum_{x=0}^{\infty} \frac{(me^{\theta})^x}{x!} = \exp[m(e^{\theta} - 1)]$$

となり，1 次，2 次の積率は以下のように求められる．

$$m'_1 = \left.\frac{dM_x(\theta)}{d\theta}\right|_{\theta=0} = \Big[me^{\theta} \exp[m(e^{\theta} - 1)] \Big]_{\theta=0} = m$$

$$m'_2 = \left.\frac{d^2M_x(\theta)}{d\theta^2}\right|_{\theta=0} = m + m^2,\quad m'_2 - (m'_1)^2 = m$$

上記より，ポアソン分布の平均$E[X]$と分散$Var[X]$は，いずれもmに一致する．

ポアソン分布の母数mは，比較的まれであるが独立に一定の確率で発生する事象の回数にあたるため，一定時間間隔tにおいて生じる平均故障数と見なすことができる．前提として故障率を $\lambda\,(\geqq 0$，一定$)$とし[6)]，時間tまでにr

個の故障が生じる確率と読み直すと，以下の式(1.8)で表される．

$$\Pr(r \mid t) = \frac{(\lambda t)^r}{r!} e^{-\lambda t} \tag{1.8}$$

式(1.8)の正確な導出については，参考文献[3]，[4]などを参照されたい．

1.3.5　指数分布

前項のポアソン分布は，修理型のシステムにおいて時間 t までの間に発生する故障数 r の分布であった．ここで，この故障率 λ のシステムが時間 t まで無故障で稼働する確率は，式(1.8)において故障数 $r = 0$ とすることで得られる．この確率は言い換えれば信頼度であり，

$$R(t) = \Pr(0 \mid t) = \frac{(\lambda t)^0}{0!} e^{-\lambda t} = e^{-\lambda t}, \quad t \geqq 0 \tag{1.9}$$

となる．この信頼度関数で示される分布を母数 λ の指数分布という．信頼度関数との関係より，不信頼度関数は，

$$F(t) = 1 - e^{-\lambda t}, \quad t \geqq 0 \tag{1.10}$$

となる．不信頼度関数の1回微分より，確率密度関数が以下のように与えられる．

$$f(t) = \lambda e^{-\lambda t}, \quad t \geqq 0 \tag{1.11}$$

また，式(1.5)に示されるように，確率密度関数を信頼度で除したものが故障率となり，式(1.9)と(1.11)より指数分布の故障率は母数 λ(一定)であることがわかる．

指数分布の最大の特徴は，確率変数の平均 $E[T]$，すなわちMTTFが故障率の逆数となることである．これは，

$$E[T] = \int_0^\infty tf(t)\,dt = \int_0^\infty t\lambda e^{-\lambda t}dt = \lambda\left[t \cdot -\frac{e^{-\lambda t}}{\lambda}\right]_0^\infty - \lambda\int_0^\infty -\frac{e^{-\lambda t}}{\lambda}dt$$

---

6)　正確には，ここでの故障率は式(1.4)で定義した瞬間故障率とは異なり，修理型アイテムの当該時点での単位時間あたりの故障発生数を表す瞬間故障強度(JIS Z 8115)として定義されるものである[3]．

$$= \int_0^\infty e^{-\lambda t} dt = \frac{1}{\lambda}$$

よりわかる．同様に分散 $Var[T]$ は $Var[T] = E[T^2] - (E[T])^2 = 1/\lambda^2$ となる．以上の分布の特徴を，図 1.7 に示す．

一般に，修理型アイテムの故障時間間隔や電子部品の寿命時間は，指数分布に従うと仮定されることが多い．これは，「多くのコンポーネントによって構成されているシステムにおいて，各コンポーネントに故障が発生したときには，ただちに取り替えてシステムを修復するとする．このときシステムの故障時間間隔の分布は，コンポーネントの寿命分布のいかんに関わらず近似的に指数分布に従う」という Drenick の定理 [5] によって説明しうるとされている．すなわち，突出して故障率が高いコンポーネントが含まれない複雑なシステムにおいては，故障率はほぼ一定になると考えるものである．ただし，実際のシステムにおいてすべてのコンポーネントがシステムの故障に対して同じように寄与するとは考えにくく，またコンポーネント間の独立性の仮定にも現実的には矛盾が生じがちである．したがって，指数分布を寿命分布に仮定するときには，上記の条件が成り立つと考えてよいか，十分に検討することが必要である．

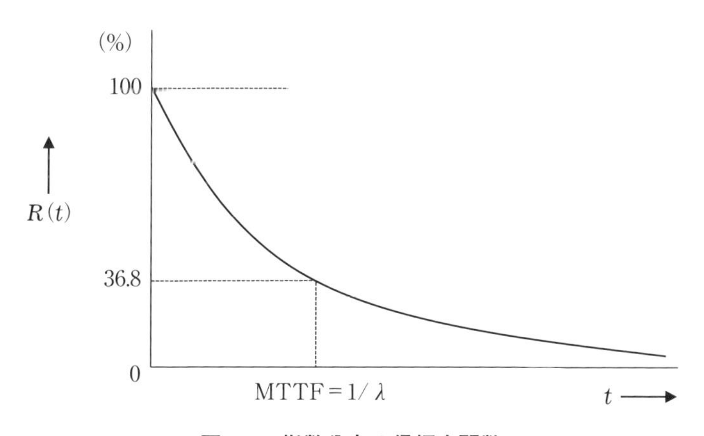

図 1.7　指数分布の信頼度関数

信頼性で用いられる概念の一つとして，温度(絶対温度)Tが一定であれば，状態がエネルギーEをもつ確率は，$e^{-\frac{E}{kT}}$に比例する(kはボルツマン定数)というものがある．ここで$e^{-\frac{E}{kT}}$はエネルギーEに関する指数分布であり，物理学ではギブス分布，ボルツマン分布，またはカノニカル分布と呼ばれ，気体分子などの分子がとりうるエネルギー分布を表す．温度Tが一定であれば，個性をもたない多数の分子に総量一定のエネルギーを配分したとき，エネルギーEが低い状態ほど実現しやすい(最も確率が高くなる)ことを表す．ここで，エネルギーEを寿命時間と読み換えると[7]，時間の経過に従って生存数が漸次減少する様子を表すものとなる．この減衰を簡単な微分方程式で示すと，以下のようになる．

$$\frac{dy}{dt} = -\lambda y$$

つまり，ある時点での減少量は，その時点での値に比例することが表されている．言い換えれば，次の時点までの生存数は一定の割合で減少することを示している．上記の微分方程式を解くと，

$$y = \mathrm{C}\exp(-\lambda t)$$

となる(Cは初期条件によって決まる任意定数)．ここで，$t = 0$において$y = 1$という初期条件を与えると，上式は指数分布の信頼度関数に一致する．このように，指数分布は自然な分布を与えるものともいえる．ところが実際には，現象がある時点に集中するような傾向をもつ場合も一般に起こりえるものであり，その確率法則を表すモデルの代表が，次に述べるワイブル分布である．

1.3.6　ワイブル分布

ここまでに述べた分布は，いずれも故障率一定のもとで導かれるものであった．実際には，特定の故障メカニズムによる寿命は故障率が時間とともに変化するのが自然である．すなわち，1.3.1項で示したヒストグラムと確率密度関

7)　ここでは，単に変数を置き換えているのみで，エネルギーと寿命時間の同質性を仮定しているわけではない．

数の関係のように，様々な確率法則を表現しうることが望ましい．そのため，信頼性工学において最も多用されるのがワイブル分布である．

ワイブル分布は，材料の破壊強度の分布を統計的に記述するために，1939 年にスウェーデンの Waloddi Weibull (1887-1979) によって提案された [6]．その特徴を端的に説明するモデルとして，最弱リンクモデルがよく知られている．n 個の一様な環がつながった鎖を考える．1 個の環が引張り力 x 以下で破断する確率を $F_1(x)$，破断しない確率を $R_1(x)$ とすると，直列モデルの考え方から鎖全体，すなわち n 個の環が 1 つも破断しない確率は，$[R_1(x)]^n = [1 - F_1(x)]^n$ となる．ここで実数値関数 $W(x)$ を用いて，$[R_1(x)]^n = [1 - F_1(x)]^n = e^{-nW(x)}$ とする．Weibull は，この式における $W(x)$ として，材料物性をよく表現する関数を検討した．環の強度下限を x_L とすると，$x < x_L$ では $R_1(x) = 1$ となる．したがって，$W(x) = 0$ となることが自然である．同時に，$x \geqq x_L$ では $R_1(x)$ は単調非増加関数で，x の増加とともに 0 に収束しなくてはならない．これらの特性を表現するものとして以下の式 (1.12) が考案された．

$$W(x) = \left(\frac{x - x_L}{x_0}\right)^m, \quad m > 0,\ x_0 > 0 \tag{1.12}$$

ここで，m は形状パラメータであり，強度の分布の形を決める性質を有する．この数値が変化することによって，さまざまな形状の分布を表現することが可能となる．また，x_0 はその力が加わることによって約 63.2% の環が破損することを表現する規準化パラメータであり，尺度パラメータと呼ばれる．

式 (1.12) より，1 個の環の強度が x 以上である確率は，次のように求められる．

$$R(x) = \exp\left[-\left(\frac{x - x_L}{x_0}\right)^m\right] \tag{1.13}$$

これがワイブル分布の信頼度関数である．前述の最弱リンクモデルを考えると，式 (1.13) に従う n 個の環から構成される鎖が切れない確率は以下のようになる．

$$[R(x)]^n = \exp\left[-n\left(\frac{x - x_L}{x_0}\right)^m\right] = \exp\left[-\left(\frac{x - x_L}{x_0 n^{-\frac{1}{m}}}\right)^m\right] \tag{1.14}$$

すなわち，鎖の信頼度も同じ形状パラメータをもつワイブル分布となることがわかる．その際，鎖の尺度パラメータは，環の尺度パラメータを$n^{\frac{1}{m}}$で除したものとなる．$m>0$であることから，鎖の数が増えるほど鎖の尺度パラメータ，すなわち鎖全体の強度が小さくなって信頼度が低下することがわかる．また，その信頼度低下の度合いは形状パラメータmによって変わる．なお，$m=1$のとき，式(1.13)は式(1.9)と同じものになる．すなわち，ワイブル分布は特殊な場合，$m=1$のとき，指数分布に一致する．

以上のように，ワイブル分布は材料の強度分野において提案されたものであるが，1959年にJ. H. K. Kaoにより真空管の寿命分布への適合度が高いことが示された[7]．すなわち，材料の強度をアイテムの時間軸における耐久性，すなわち「寿命」に置き直してもワイブル分布が有効であることが示された．その後は，各種の寿命データ解析に対する有効性が数多く報告され，現在ではワイブル解析は信頼性データ解析のデファクトスタンダードとなっている．特に3.2節のワイブル確率紙法を用いることで，複雑な計算や検定を行うことなくデータをグラフィカルに検証・判定できる容易性がその普及を後押しした．

ここで寿命時間$t \geqq 0$に対するワイブル分布の信頼度関数を，

$$R(t)=\exp\left[-\left(\frac{t-\gamma}{\eta}\right)^{m}\right],\quad m>0,\quad \eta>0 \tag{1.15}$$

とする．mは形状パラメータ，ηは尺度パラメータ，γは位置パラメータであり，故障が観測されうる最小時間を表す．不信頼度関数$F(t)$，確率密度関数$f(t)$，故障率関数$\lambda(t)$は以下のようになる．

$$F(t)=1-\exp\left[-\left(\frac{t-\gamma}{\eta}\right)^{m}\right] \tag{1.16}$$

$$f(t)=\frac{m}{\eta}\left(\frac{t-\gamma}{\eta}\right)^{m-1}\exp\left[-\left(\frac{t-\gamma}{\eta}\right)^{m}\right] \tag{1.17}$$

$$\lambda(t)=\frac{m}{\eta}\left(\frac{t-\gamma}{\eta}\right)^{m-1} \tag{1.18}$$

図1.8にワイブル分布の確率密度関数$f(t)$を示す．形状パラメータが変化す

ることにより，様々な出現傾向を表現することができることがわかる．図 1.9 には，ワイブル分布の故障率関数 $\lambda(t)$ を示す．図 1.9 および式(1.18)より，時間の経過に対する故障率の変化を，形状パラメータの値によって故障率が時間とともに減少する初期故障型($m < 1$)，故障率が時間に依存せず一定の偶発故障型($m = 1$)，故障率が時間とともに増加する摩耗故障型($m > 1$)として表現できることがわかる．また，$m = 1$ のとき，式(1.18)は定数となり，指数分布における故障率一定の特徴を示すものとなる．

なお，$\gamma = 0$ のとき，ワイブル分布の平均 $E[T]$ と分散 $Var[T]$ は，以下のように求められる．

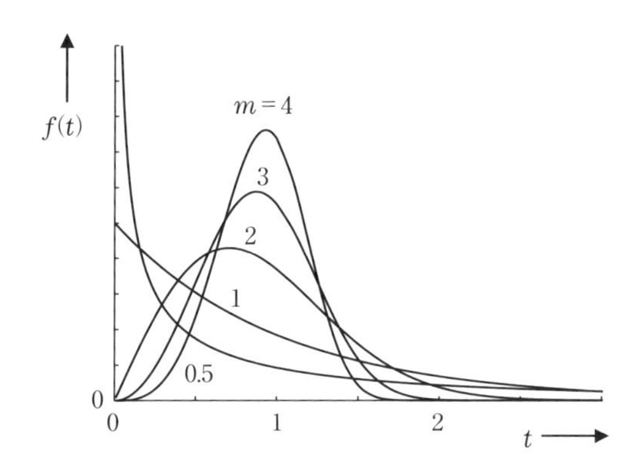

図 1.8　ワイブル分布の確率密度関数($\eta = 1$，$\gamma = 0$)

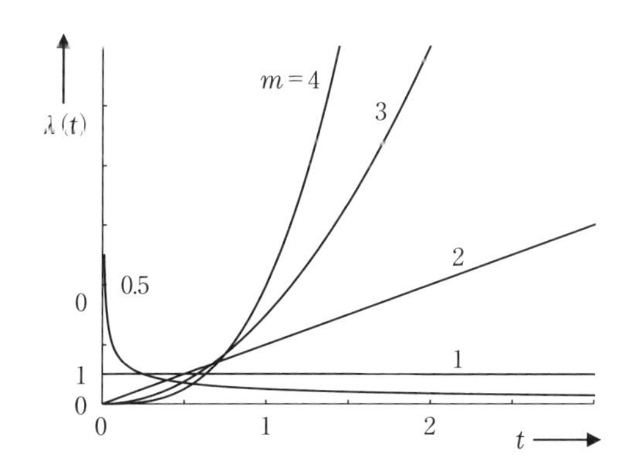

図 1.9　ワイブル分布の故障率関数($\eta = 1$，$\gamma = 0$)

$$E[T] = \eta^{\frac{1}{m}}\Gamma\left(\frac{1}{m}+1\right) \tag{1.19}$$

$$Var[T] = \eta^{\frac{2}{m}}\left\{\Gamma\left(\frac{2}{m}+1\right)-\Gamma^{2}\left(\frac{1}{m}+1\right)\right\} \tag{1.20}$$

ここで，$\Gamma(\cdot)$はガンマ関数を表す．

1.3.7　対数正規分布

ワイブル分布と同様に，寿命分布として用いられることが多いのが，対数正規分布である．対数正規分布は，それに従う変数を対数変換すると正規分布に従うという特徴をもっているため，その名称がついている．すなわち，対数変換するだけで各種の既存の統計的方法が適用可能となるということから，ワイブル分布の登場以前から寿命解析に多用されている．

対数正規分布の特徴をよく示すものとしては，比例効果モデルがある．材料や部品の中に含まれるクラックの大きさ，不純物，空隙の数などが次第に増大するような現象を考える場合，初期の大きさを x_0，i 番目のステップでの変化量増分を $x_i - x_{i-1}$ として，これが直前のステップの大きさに比例すると考えることは自然である．すなわち，

$$x_i - x_{i-1} = \delta_i \cdot x_{i-1} \quad (i = 1,\ 2,\ \cdots,\ s)$$

が成り立つとする．δ_i は互いに独立な正のランダム変数である．このとき，s ステップ目の大きさは，以下のように求められる．

$$\begin{aligned} x_s &= (1+\delta_s)\cdot x_{s-1} = (1+\delta_s)\cdot(1+\delta_{s-1})\ \cdots\ (1+\delta_1)\cdot x_0 \\ &= \prod_{i=1}^{s}(1+\delta_i)\cdot x_0 \end{aligned} \tag{1.21}$$

式(1.21)の両辺に対数を取ると，右辺は互いに独立なランダム変数の和になる．ここで，中心極限定理により，互いに独立で同一の分布に従う変数の分布は正規分布に近づくため，$\ln x_s$ は極限で正規分布に従う．したがって，x_s は対数正規分布に従うと考えられる．

寿命時間 $t \geqq 0$ に対する対数正規分布の不信頼度関数 $F(t)$，確率密度関数

$f(t)$，故障率関数 $\lambda(t)$ は以下のようになる．

$$F(t)=\frac{1}{2}\left(1+\mathrm{erf}\left[\frac{\ln t-\mu}{\sqrt{2}\,\sigma}\right]\right) \tag{1.22}$$

$$f(t)=\frac{1}{\sqrt{2\pi}\,\sigma t}\exp\left[-\frac{(\ln t-\mu)^2}{2\sigma^2}\right] \tag{1.23}$$

$\mu>0,\ \sigma>0$

ここで，μ は尺度パラメータ，σ が形状パラメータである．erf(・)は誤差関数を示し，次のように定義される．

$$\mathrm{erf}(t)=\frac{2}{\sqrt{\pi}}\int_0^t e^{-x^2}dx \tag{1.24}$$

図 1.10 に対数正規分布の確率密度関数 $f(t)$ を示す．形状パラメータ σ を変えることによって，寿命分布に適した形を表現できることがわかる．一方，対数正規分布の故障率関数は，式(1.22)と式(1.23)から，$\lambda(t)=\dfrac{f(t)}{1-F(t)}$ によって求められる．図 1.11 にその様子を示す．時間の経過に対して，はじめは単調増加であるが，極大値に達した後で単調減少に転じ，最後には $\lim_{t\to 0}\lambda(t)=0$ となる．言い換えれば，故障メカニズムが時間の経過とともに変化するような現象を表現していることとなり，寿命を説明する分布としては不自然な面も

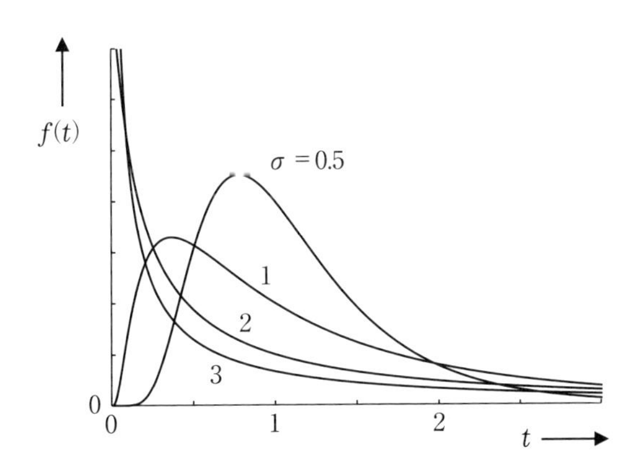

図 1.10　対数正規分布の確率密度関数（$\mu=1$）

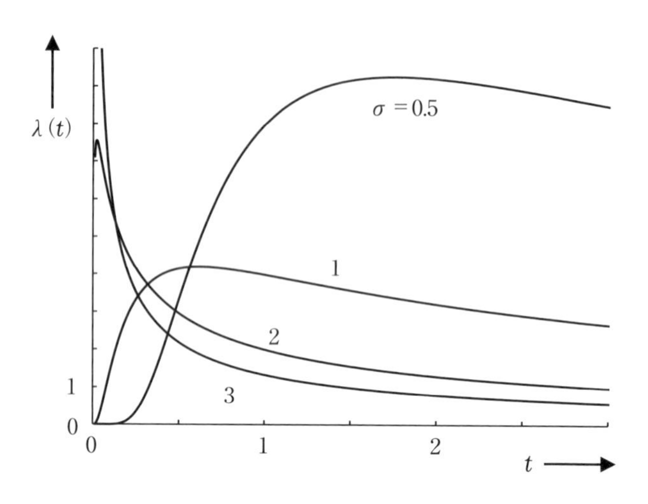

図 1.11　対数正規分布の故障率関数($\mu = 0$)

ある．

しかしながら，対数正規分布は電子部品で発生するエレクトロマイグレーションの寿命分布や，鉱物の塊粒の寸法や重量，音の強さ，個人所得額など，工学に限らず様々な現象についてよく現れることが知られており，重要な分布である．また，対数正規分布に従う確率変数の積および比も対数正規分布に従う性質をもつ．対数正規分布の平均 $E[T]$ と分散 $Var[T]$ は，以下のように求められる．

$$E[T] = \exp\left(\mu + \frac{\sigma^2}{2}\right) \tag{1.25}$$

$$Var[T] = \exp(2\mu + \sigma^2)[\exp(\sigma^2) - 1] \tag{1.26}$$

式(1.25)，式(1.26)より，平均と分散には，$Var[T] = (E[T])^2[\exp(\sigma^2) - 1]$ の関係が成り立つ．すなわち，平均寿命が長くなると，標準偏差が大きくなるという関係を表現している．

1.3.8　その他の分布

これまでに示した寿命分布以外にも，数多くの確率分布が信頼性分野で用いられている．以下に示す分布は，指数分布，ワイブル分布，対数正規分布との関係性に基づいて，いずれを用いるのが適切か考えるのがよい．また，詳細は参考文献[8]，[9]などを参照されたい．

(1)　ガンマ分布

ガンマ分布は，何回かのランダムなイベントが生じた時点で，寿命と定義されるような場合に適用される分布である．発生率 λ のイベントが k 回 $(k \geqq 1)$ 発生することで故障にいたるまでの時間 T を確率変数とすると，寿命が $t < T \leqq t + \Delta t$ である確率は，$(0,\ t)$ の間に $k-1$ 回のイベントが発生し，$(t,\ t+\Delta t)$ で k 回目のイベントが生じる確率として，式(1.8)のポアソン分布を用いると，

$$\Pr[t < T \leqq t + \Delta t] = \frac{(\lambda t)^{k-1} e^{-\lambda t}}{(k-1)!} \lambda \Delta t = \frac{\lambda^k t^{k-1} e^{-\lambda t}}{\Gamma(k)} \Delta t$$

と表せる．すなわち T の確率密度関数 $f(t)$ は，

$$f(t) = \frac{\lambda^k}{\Gamma(k)} t^{k-1} e^{-\lambda t}, \quad t \geqq 0 \tag{1.27}$$

となる．ここで，ガンマ関数 $\Gamma(k)$ は次式のように定義される．

$$\Gamma(n+1) = \int_0^\infty x^n e^{-x} dx = \int_0^\infty e^{-x+n\ln x} dx \tag{1.28}$$

ガンマ関数には $\Gamma(k+1) = k\Gamma(k) = k(k-1)\Gamma(k-1) = \cdots$ という性質があり，特に k が正の整数のとき，$\Gamma(k) = (k-1)!$ が成り立つ．

式(1.27)より，$k = 1$ 回のイベントで故障する場合は指数分布に一致することがわかる．また，$k > 1$ のときには一山分布となり，k が大きくなるにつれて正規分布に近づく．すなわち，式(1.11)の指数分布に従う互いに独立な変量を T_1，T_2，…，T_k とすると，$T = T_1 + T_2 + \cdots + T_k$ の分布は式(1.27)に示されるガンマ分布に従う．

また，式(1.27)の分布に従う変量 T を λ 倍して $X = \lambda T$ とすると，X の確率密度関数 $f(x)$ は以下のようになる．

$$f(x) = \frac{x^{k-1}e^{-x}}{\Gamma(k)},\ x \geqq 0$$

次に，この変量 X を2倍して $\chi^2 = 2X$ とおくと，変量 χ^2 の確率密度関数 $f(\chi^2)$ は，

$$f(\chi^2) = \frac{1}{2\Gamma(k)}\left(\frac{\chi^2}{2}\right)^{k-1} e^{-\frac{\chi^2}{2}},\quad \chi^2 \geqq 0 \tag{1.29}$$

となる．これは，自由度 $\phi = 2k$ の χ^2(カイ2乗)分布である．すなわち，総動作時間 $T = T_1 + T_2 + \cdots + T_k$ の分析において，χ^2 分布を用いることができる(3.3節参照のこと)．さらに，k が正の整数のときには，寿命時間 $t \geqq 0$ に対するガンマ分布の不信頼度関数 $F(t)$ は以下のようになる．

$$F(t) = 1 - \sum_{i=1}^{k-1} \frac{(\lambda t)^i}{i!} e^{-\lambda t} \tag{1.30}$$

ここで，$\dfrac{(\lambda t)^i e^{-\lambda t}}{i!}$ は，平均が λt のポアソン分布である．k が正の整数のとき，ガンマ分布はアーラン分布とも呼ばれる．

(2)　一般化ガンマ分布

寿命時間 $t \geqq 0$ について，次の確率密度関数に従う分布を一般化ガンマ分布と呼ぶ．

$$f(t) = \frac{m}{\Gamma(k)\,\eta}\left(\frac{t-\gamma}{\eta}\right)^{km-1} \exp\left[-\left(\frac{t-\gamma}{\eta}\right)^m\right]$$

$$k > 0,\ m > 0,\ \eta > 0 \tag{1.31}$$

k は第1形状パラメータ，m は第2形状パラメータ，η は尺度パラメータ，γ は位置パラメータである．これら4つのパラメータをもつため，一般化ガンマ分布は記述力は高いが，データに対して過適合を起こすという懸念もある．一方で，一般化ガンマ分布は他の分布を数多く包含するという意味で有用性が高い．まず，$k = 1$ のときに，式(1.31)は式(1.17)の形になり，ワイブル分布を含むことがわかる．また，$m = 1$，$\gamma = 0$ とおくと式(1.27)の形にもな

るため，ガンマ分布を含む．前述のようにワイブル分布やガンマ分布は指数分布を含むため，$k=1$，$m=1$，$\gamma=0$となる際には一般化ガンマ分布は指数分布に一致する．さらに，$\gamma=0$のもとで$k\to\infty$となるにつれて，$\ln T\sim N\left(\ln\eta+\frac{\ln k}{m},\ \frac{1}{m^2 k}\right)$，すなわち対数正規分布に近づくという性質もある．すなわち，データに対して一般化ガンマ分布を適合したときに，パラメータの推定値がどのような値をとるかを考えることによって，どの確率分布を用いるのが適しているかを見ることができる．

(3)　一般化 Burr 分布（タイプXII型）

Xの分布関数を

$$y=F(x)$$

とするとき，

$$\frac{dy}{dx}=y(1-y)g(x,\ y)$$

を満たす$y=F(x)$はBurr分布系に属するといわれる[8]．ここで，$g(x,\ y)$は$0\leqq y\leqq 1$およびxの定義域において正の関数である．

このBurr分布系は，Burr(1942)によって12種類のタイプが示されたが，その中でもタイプXII型を寿命Tにあてはめた際の，一般化した確率密度関数は，以下のように表される．

$$f(t)=\frac{m}{\eta}\left(\frac{t}{\eta}\right)^{m-1}\left[1+\frac{1}{\alpha}\left(\frac{t}{\eta}\right)^{m}\right]^{-\alpha-1},\quad t\geqq 0,\quad \alpha>0,\quad m>0,\quad \eta>0 \tag{1.32}$$

同様に，不信頼度関数は以下のようになる．

$$F(t)=1-\left[1+\frac{1}{\alpha}\left(\frac{t}{\eta}\right)^{m}\right]^{-\alpha} \tag{1.33}$$

ここで，$\alpha\to\infty$のとき式(1.33)はワイブル分布に一致する．

タイプXII型Burr分布は，ワイブル分布の尺度パラメータがある分布に従うときの無限混合分布であることが知られている．すなわち，寿命に関する出来栄えの異なる母集団の寿命分布として有用性があり，昨今電子部品の分野で注目されている[10]．また，この分布は第2種のパレート分布を一般化したものでもある[9]．

(4)　正規分布

正規分布は，寿命分布として用いられることはほとんどないが，強度やストレスのばらつきを表す分布として信頼性分野でも多用されている(2.1.1節(2)のストレス－強度モデルを参照)．確率密度関数$f(t)$は以下になる．

$$f(t)=\frac{1}{\sqrt{2\pi}\sigma}\exp\left[-\frac{(x-\mu)^2}{2\sigma^2}\right] \tag{1.34}$$

正規分布の場合，μは平均，σ^2が分散である．式(1.27)の確率密度変数に従う確率変数Xを，

$$X\sim N(\mu,\ \sigma^2)$$

と表す．$N(0,\ 1)$の場合を標準正規分布と呼ぶ．

(5)　χ²(カイ2乗)分布

χ^2分布の確率密度関数は，以下のように示される．

$$f(x)=\left(\frac{1}{2^{\frac{m}{2}}\Gamma\left(\frac{m}{2}\right)}\right)x^{\frac{m}{2}-1}e^{-\frac{x}{2}},\ x\geqq 0 \tag{1.35}$$

ここで，mはχ^2分布の自由度である．また，$m=2k$とおくと，式(1.29)に一致することがわかる．すなわち，χ^2分布はガンマ分布の特殊な場合である．また，χ^2分布において$m=2$とおくと，$\lambda=\dfrac{1}{2}$の指数分布となる．

χ^2分布の大きな特徴の大きな特徴の1つは，標準正規変数の2乗の分布であることである．$Z\sim N(0, 1)$のとき，$Z^2\sim\chi^2(1)$である．さらに，Z_1, Z_2, …,

Z_m が独立で，いずれも $N(0,\ 1)$ のとき，$\sum_{i=1}^{m} Z_i^2 \sim \chi^2(m)$ となる．この性質は，χ^2 分布の加法性あるいは再生性と呼ばれる．

χ^2 分布は，それ自身が寿命分布として用いられるものではないが，上記の性質や前述のガンマ分布との関係から，信頼性においてもよく用いられる分布の１つである．

1.4 信頼性システムモデル

信頼性の分野において，システムとは，「要求を満たすために集合的に振る舞う，相互に関連する一組のアイテム」とされている[10]．すなわち，システムの信頼性を算出するには，アイテムの信頼性との関連性を構造化して考慮する必要がある．また，この構造を工夫することによって，個々のアイテムの信頼性を向上させることなく，システム全体の信頼性を向上させることも可能になる．

この構造上の工夫の体系は信頼性設計と呼ばれる．最も基本的な考え方が，ある要素で発生した不具合を他の要素によって補う「冗長性」を活用する方法である．これらは冗長設計と呼ばれるが，冗長性を高めるためにはシステムに含まれるアイテム数を増加させ，機能を複雑化する必要がある．すなわち，システム構築のコストを増加させてしまうため，その効果と併せて考慮しなければならない．

本節では，その際に必要となるシステムの信頼性を表現，導出するための基本的なモデルについて述べる．

1.4.1　システムモデル

システム全体とそれを構成するアイテムの関係を示すためには，信頼性ブロック図が用いられることが多い．信頼性ブロック図は，ブロックで表現した下位アイテムの信頼性およびそれらの組合せの信頼性が，システムの信頼性へどのように影響するかを示す，システムの論理的かつ図式的な表現のことである．図 1.12 にシステムの信頼性ブロック図の例を示す．それぞれのブロックは，入力に対する出力を与える．そのため，部品としてのアイテムとブロックは一致するものではなく，機能としてのアイテムのひとまとまりをブロックと呼ぶ．すなわち，その機能を中心に定義されるものである．ここで，A，B，C，D，E，F のブロックはシステムの構成要素を示しているが，線分はそれぞれの機能の関連を示すものではなく，信頼性としてのつながりを示すものである．ここで，2 つのブロックからなる簡単なシステムの場合には，信頼性ブロック図は次に示す直列システムまたは並列システムのいずれかで示される．

1.4.2　直列システムの信頼度

システムが N 個のブロックで構成され，すべてのブロックが機能を果たすことがシステム全体が機能を果たす条件となる場合，そのシステムを直列システムと呼ぶ．ブロック数が 2 つのときの信頼性ブロック図を図 1.13 に示す．すなわち，ブロック A およびブロック B の両方が機能してはじめて入力に対

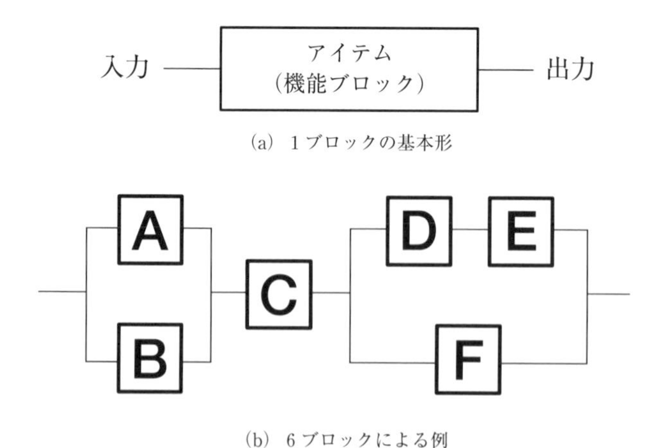

(a)　1 ブロックの基本形

(b)　6 ブロックによる例

図 1.12　信頼性ブロック図の例

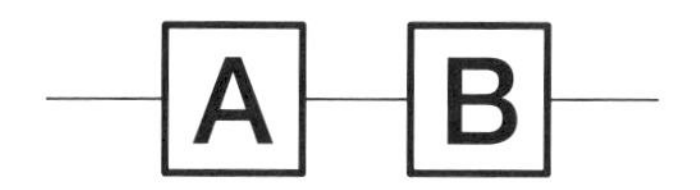

図 1.13　2 ブロックによる直列システムの基本形

する出力が得られる．言い換えれば，直列システムは冗長性をもたないシステムである．

各ブロックが互いに独立であり，それらの故障の発生に相関がないとき，ブロック i の信頼度を $R_i(t)$，システム全体の信頼度を $R(t)$ とすると，図 1.13 のシステム信頼度は $R(t) = R_{\mathrm{A}}(t) \times R_{\mathrm{B}}(t)$ となる．ここで，ブロック数が N 個の直列系では，システム信頼度は式(1.36)のように示される．

$$R(t) = \prod_{i=1}^{N} R_i(t) \tag{1.36}$$

1.4.3　並列システムの信頼度

システムが N 個のブロックで構成され，少なくとも 1 つのブロックが機能を果たすことがシステム全体が機能を果たす条件となる場合，そのシステムを並列システムと呼ぶ．すなわち，並列システムは冗長性を有するシステムであるため，並列冗長システムと呼ばれることもある．ブロック数が 2 つのときの信頼性ブロック図を図 1.14 に示す．

直列システムと同様に，各ブロックの故障発生が互いに独立であるとすれば，システム信頼度は以下の式(1.37)のように求められる．

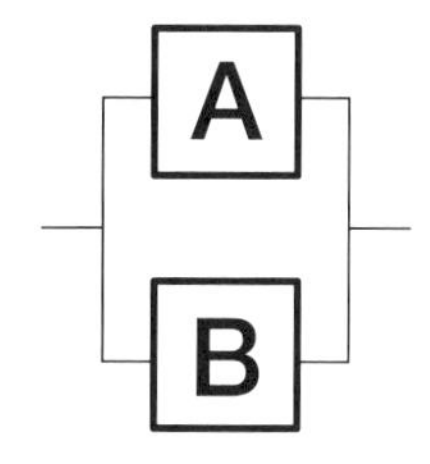

図 1.14　2 ブロックによる並列システムの基本形

$$R(t) = 1 - \prod_{i=1}^{N} [1 - R_i(t)] \tag{1.37}$$

すなわち，すべてのブロックにおいて故障が発生するという事象の余事象の確率を考えるものである．図1.14の信頼度は，$R(t) = 1 - (1 - R_{\mathrm{A}}(t)) \times (1 - R_{\mathrm{B}}(t))$となる．

1.4.4　待機冗長システムの信頼度

冗長設計には様々な種類があり，必ずしも“バックアップ”を意味するものではない．共通モード故障の可能性を低減するために，機能達成メカニズムとして意図的に異なるものを選択することがあり，これは多様性冗長と呼ばれる．

同じ手段を選んだ場合でも，ブロックが同時に動作するように意図した場合は常用冗長という．一方で，現用ブロックが利用できないときにだけ，冗長になっているブロックが有効になるように意図された冗長を待機冗長という．実際には，この待機冗長として実装される例が多い．

図1.15に待機冗長システムの例を示す．現用ブロックをA，待機状態にあるブロックをBとする．このとき，切替スイッチは必ず機能し，ブロックBは作動要求に応じてただちに動作するものとすると，システム信頼性は式(1.38)によって与えられる．

$$R(t) = R_{\mathrm{A}}(t) + \int_0^t R_{\mathrm{B}}(t-s) f_{\mathrm{A}}(s)\,ds \tag{1.38}$$

すなわち，時刻tまでにブロックAが故障せずに稼働するという事象(式(1.38)の右辺第1項)と，時刻sまでにブロックAが故障し，その後切り替えたブロックBが時刻tまで故障せずに稼働するという事象(式(1.38)の右辺第2項)が，互いに背反であることより和によって示されるものである．

なお，待機の状況によっても，冷予備状態(作動要求を満たす前にウォーミングアップが必要となる)，熱予備状態(作動要求に応じてただちに動作するように準備されている)，温予備状態(作動要求のないときは必要な一部だけが動

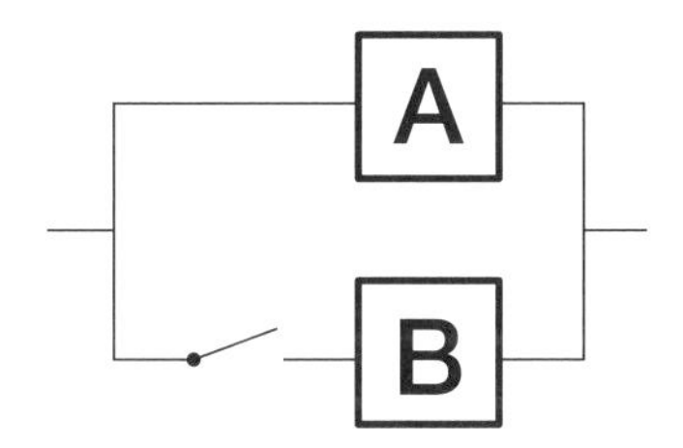

図 1.15 2 ブロックによる待機冗長システムの例

作した状態で待機しているが，要求があると速やかに動作するように準備されている）などにも分類される．

1.4.5 多数決システムの信頼度

N 個のブロックが並列に接続されているシステムで，k 個以上のブロックが機能していればシステム全体として機能することが出来るシステムを，多数決システムと呼ぶ．具体的には，k-out-of-N (k/N) システムと示される．$N-k$ 個まで故障を許容することから，多数決冗長システムとも呼ばれる．

図 1.16 は，2/3 多数決システムの模式図である．ここで，ブロック A，B，C の信頼度がすべて同じ $R_o(t)$ で示されるとすると，システム信頼度は式 (1.39) で表される．

$$R(t) = \binom{3}{2}[R_o(t)]^2[1-R_o(t)]^{3-2} + \binom{3}{3}[R_o(t)]^3[1-R_o(t)]^{3-3} \tag{1.39}$$

すなわち，3 個のブロックから機能するブロックを i 個抽出する組合せの数を考慮し，$i=2$ の場合と $i=3$ の場合を加えた確率として示される．同様にして，k-out-of-N システムの場合には，システム信頼度は式 (1.40) のように求められる．

$$R(t) = \sum_{i=k}^{N}\binom{N}{i}[R_o(t)]^i[1-R_o(t)]^{N-i} \tag{1.40}$$

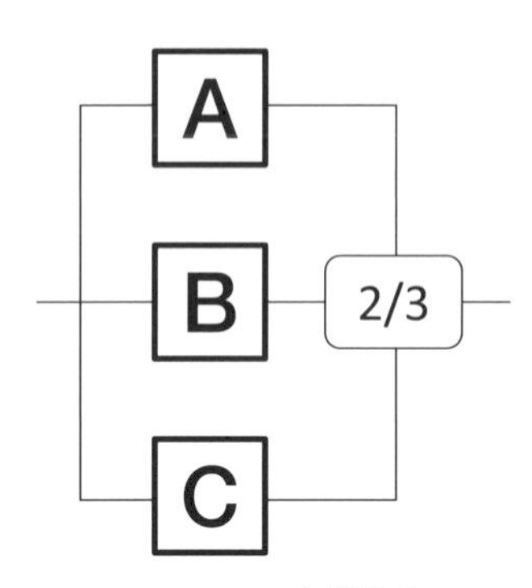

図 1.16　2-out-of-3　多数決システムの例

【第1章の演習問題】

［問題1.1］　故障率と寿命の違いについて，人間を例に説明せよ．

［問題1.2］　あるシステムは偶発故障することがわかっており，その故障率は 2.5×10^{-5}［1/h］となる．このシステムの MTBF を求めよ．また，このシステムを 3 年間運用したとき，故障が発生する確率を求めよ．ただし，システムは故障が発生するとただちに修理され，運用を続けられるものとする．

［問題1.3］　ある部品の寿命が，形状パラメータ $m = 0.5$，尺度パラメータ $\eta = 180{,}000$［h］のワイブル分布に従うと見なせる．このとき，以下の問いに答えよ．なお，位置パラメータ $\gamma = 0$ とする．

（ア）　この部品の故障率型を答えよ．

（イ）　1 年間(8760 時間)運用したとき，故障する確率を求めよ．

（ウ）　B_{10} ライフを求めよ．

［問題1.4］　図 1.12 の(b)のシステムにおいて，$R_A(t) = 0.9$，$R_B(t) = 0.9$，$R_C(t) = 0.99$，$R_D(t) = 0.95$，$R_E(t) = 0.95$，$R_F(t) = 0.9$ とする．このときのシステムの信頼度を求めよ．

第 1 章の参考文献

［1］ JIS Z 8115：2019「ディペンダビリティ（総合信頼性）用語」

［2］ 真壁肇，鈴木和幸：『品質管理と品質保証，信頼性の基礎』，日科技連出版社，2018 年.

［3］ 真壁肇，鈴木和幸，益田昭彦：『品質保証のための信頼性入門』，日科技連出版社，2002 年.

［4］ 真壁肇，宮村鐵夫，鈴木和幸：『信頼性モデルの統計解析』，共立出版，1989 年.

［5］ Barlow，R. E. and F. Proschan：*Mathematical Theory of Reliability*，John Wiley & Sons, 1965.

［6］ Weibull, W.：“A Statistical Theory of the Strength of Materials”，*Ingeniörs Vetenskaps Akademieus Handligar*，No. 151，Stockholm，1939.

［7］ Kao，J. H. K.：“A Graphical Estimation of Mixed Weibull Parameters in Life Testing of Electron Tubes”，*Technometrics*，Vol.1，pp.389-407，1959.

［8］ 蓑谷千凰彦：『統計分布ハンドブック』，朝倉書店，2010 年.

［9］ 蓑谷千凰彦：『数理統計ハンドブック』，みみずく舎，2009 年.

［10］ S. Yokogawa：“Two-step probability plot for parameter estimation of lifetime distribution affected by defect clustering in time-dependent dielectric breakdown”, *Japanese Journal of Applied Physics*，Vol.56，pp. 07KG02-1-6，2017.

第2章

故障物理モデルと故障解析

本章では信頼性試験を実施するうえで重要な代表的な故障物理モデルと故障メカニズムおよび故障解析の概要について説明する．

故障は対象が内部にもつ物理的・化学的に変化するいわゆる故障メカニズムに対し，外部から印加される環境・使用条件などによるストレス(温度，湿度，電力，圧力など)が作用し外部の特性値の変化(故障モード)として観測されるものである．対象内部の劣化過程と外部の特性値の変化との関係を関係付けるものが故障物理であり，関係をモデル化したものが故障物理モデルである．

信頼性試験を計画・実施し試験結果から市場での寿命などを予測しようとするうえで故障物理モデルの理解が重要である．

故障解析は，故障が発生するメカニズムや原因を理解するうえでの重要な解析手段である．

2.1

故障物理モデル

故障は図2.1に示すように，アイテム内部の変化要因(物理的・化学的変化など)に対し，外部から印加される環境・使用条件がストレス(温度，湿度，電力，圧力など)として作用し，対象内部で変化(反応)が進行し外部の変化(故障モード)として観測されるものであり，アイテムが要求どおりに実行する能力を失うこととなる．

故障物理は，外部から印加される環境・使用条件などによるストレスが変化の過程とどう関係するかを，物理や化学などの知見をもとに科学的に検討し，信頼性を改善，測定，予測しようとするものである．

故障物理の考え方にもとづき，外部から印加されるストレスと故障との関係をモデル化したものが故障物理モデルである．電子部品に代表されるように，技術の進展に伴って，信頼性が向上し故障を確認することがむずかしくなってきている．一方で，市場での競争などにより新製品の開発期間は短くなってきており，短期間で信頼性を確認するために加速試験の重要性が増してきている．

加速試験を実施するためにやみくもにストレスを厳しくすることは意味がなく，故障が発生する物理・化学的なメカニズム(故障メカニズム)に基づく故障物理モデルを理解し，適切に活用していくことが重要である．

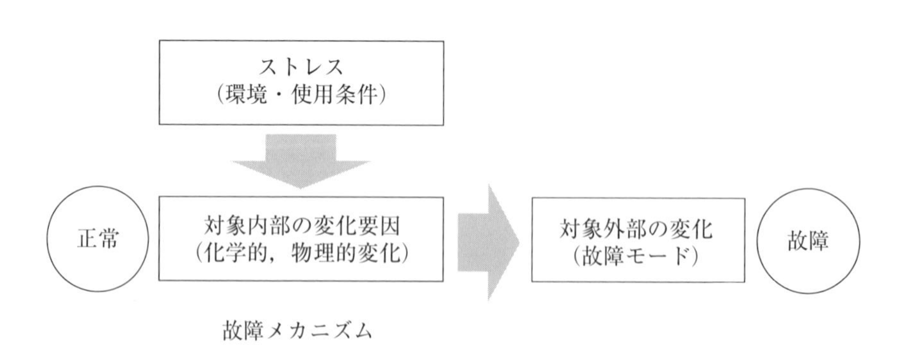

図2.1　故障メカニズムと故障モード

2.1.1 代表的な故障物理モデル

本項では，信頼性試験を計画したり，試験結果から寿命や故障率を予測するための，表2.1に示すような代表的な故障モデルについて説明する．

(1) 反応論モデル(アレニウスモデル)

一般に，ものの破壊や劣化は対象内部での原子や分子レベルでの変化に起因している．変化のメカニズムとして，拡散，酸化，吸着，転位，電解，腐食，クラック成長などがある．これらの変化が外部からのストレス印加により進行し，材料や部品を劣化させ，ある限界を超えると故障に至るというのが反応論モデルである．

スウェーデンの科学者であるスヴァンテ・アレニウス(Svante August Arrhenius)は，多くの化学反応で熱を加える必要があるという事実から，2つの分子が化学反応する際に乗り越えなければならないエネルギー障壁があると考え，活性化エネルギーの概念を定式化した．

正常状態から劣化状態へ進む過程では，その途中にエネルギーの壁があり，それを乗り越えるために必要なエネルギーを環境から供給する必要があり，こ

表2.1 代表的な故障物理モデル

モデル種別	モデル名	特　徴
化学反応速度論	アレニウスモデル	化学反応論に基づくモデル．寿命Lは温度Tの逆数に比例する．加速度合いは活性化エネルギーE_aにより決まる
半経験的モデル	ストレス強度モデル	材料力学的なモデル．負荷(ストレス)が強度を上回ったときに故障が発生というモデル
	べき乗則モデル	寿命LがストレスSのn乗に比例するという経験則によるモデル．電圧，電流や湿度など，温度以外のストレスで使用される
	累積損傷モデル(マイナー則)	機械材料などに加えられた各種応力による劣化の蓄積がある一定の値になったときに破壊するというモデル

のときのエネルギーの壁を活性化エネルギーという．図 2.2 に反応前後のエネルギー状態の概念を示す．

特に温度による反応の依存性については，アレニウスにより見出されたので，アレニウスの式と呼ばれ広く用いられている．

アレニウスモデルでは，寿命 L とストレスである温度 T との関係は次式で示される．

$$L = A\exp\left(\frac{E_a}{kT}\right)$$

ここで，A は定数，E_a は活性化エネルギー，k はボルツマン定数である．同一温度条件化における故障発生までの速度は，活性化エネルギーにより決まる．

(2)　ストレス–強度モデル

材料力学的なモデルであり，強度をストレス(負荷)が上回った場合に故障が発生するというものである．図 2.3 にストレス–強度モデルの概念図を示す．

強度 X_s と負荷 X_l の確率密度関数をそれぞれ $f(x)$，$g(x)$，分布関数を $F(X)$，$G(x)$ とし，それらが独立であるとすると，故障となる確率は次式によって計算できる．

$$\Pr(X_s < X_l) = \int_0^\infty f(x)\cdot\{1-G(x)\}\,dx = \int_0^\infty F(x)\cdot g(x)\,dx$$

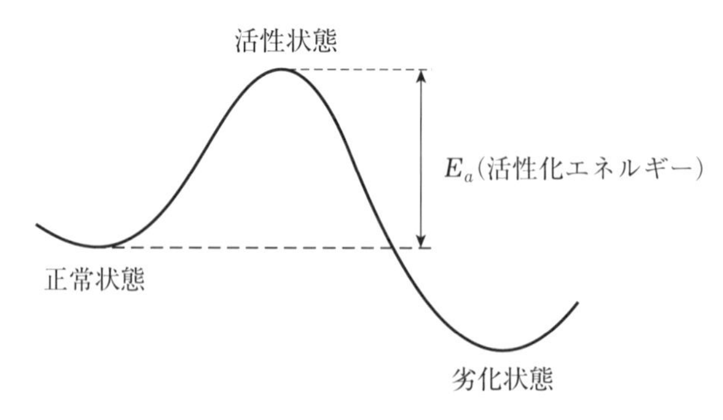

図 2.2　活性化エネルギーの概念図

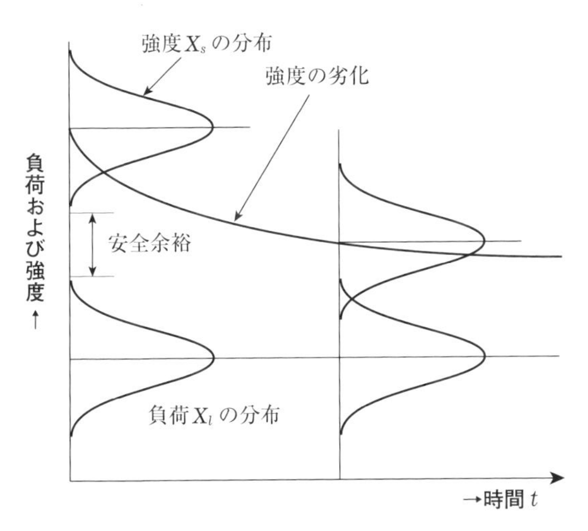

図 2.3　ストレス−強度モデル概念図

(3)　べき乗則(n 乗則)モデル

温度以外のストレス，例えば電圧，電流，湿度やボールベアリングにおける荷重などは，多くの場合経験的にべき乗則(n 乗則)が適用されることが多い．寿命がストレスの大きさの n 乗に反比例する場合に使用される．寿命 L とストレス S との関係は以下のようになる．

$$L \propto S^{-n}$$

(4)　累積損傷モデル(マイナー則)

材料の疲労において，物体が一定波形ではない変動応力を受けるときに，疲労破壊までの寿命を予測する経験則である．

負荷応力 S の振幅(または全変動幅)を縦軸に，破断繰返し数 N を横軸に対数でとり，負荷応力とそれに対応する破断繰返し数の関係を図示して得られる右下がりの傾斜部を有する，図 2.4 に示すような曲線を S-N 曲線という．

一般に S-N 曲線を用いて部品や材料の疲労寿命を予測する方法に，累積損傷モデル(マイナー則)がある．

これは，応力 S_i で N_i 回の寿命の場合，t_i 時間で N_i 回試験するとそこで寿

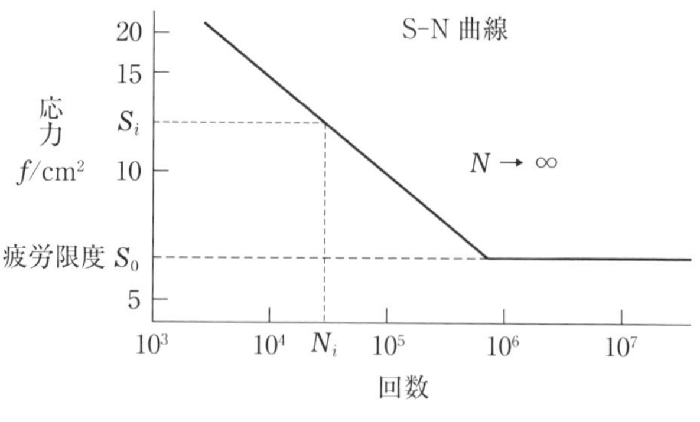

図 2.4　S-N 曲線

命となるが，n_i 回試験のときには $\frac{n_i}{N_i}$ だけ劣化したと見なすものである．同様に，k 種類の大きさ S_i の応力 S_0 が n_i 回加えられ($i=1$，2，…，k とする)，破断が生じたときには $\sum_{i=1}^{k}\frac{n_i}{N_i}=1$ になるというものである．

なお，材料によって応力が S_0 以下のときに S-N 曲線が水平となり，何回応力を印加しても破壊しない下限が存在するものがある．この下限の応力を疲労限度と呼ぶ．

2.1.2　代表的な故障メカニズム

故障を発生させるメカニズムは各種存在するが，ここでは代表的なものについて説明する．

(1)　静電気による破壊

静電破壊(ESD：Electro Static Discharge)は，LSI に代表される電子部品に代表的な故障メカニズムである．冬期などに発生する静電気により帯電した人体からの放電もしくは静電誘導により，パッケージに帯電した電荷が放出される際に流れる電流または電圧による絶縁破壊により，内部の素子が破壊されるというものである(図 2.5)．

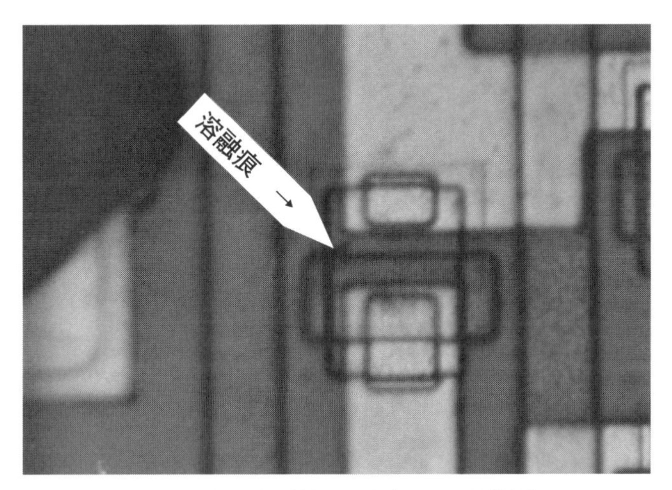

図 2.5 静電気破壊の例（パッケージ帯電）

図 2.6 過電圧破壊の例（ホットスポットによる破壊）

(2) 過電圧（電力）による破壊

トランジスタなどの電子部品での代表的な故障である．定格を超えた電圧（電力）が印加されることにより，電流集中などが発生し，熱的にデバイスが破壊されるものである．図 2.6 は，雷による過電圧によりバイポーラトランジスタが二次降伏することにより，電流集中が発生し，熱的に破壊されコレクタ-

エミッタ間が短絡するにいたったものである．

(3)　エレクトロマイグレーション

エレクトロマイグレーションとは，金属配線に電流を流すことにより金属原子が移動する現象である．LSIなどに使用されているアルミや銅の配線では電子の流れる方向にアルミや銅原子が移動し，陰極側にボイドが発生しオープン故障になり，陽極側ではヒロックやウィスカが成長し，最終的にはショート故障にいたる．その効果は電流密度が高い場合に大きくなる．集積回路が微細化するにつれて，その影響が無視できなくなっている．

エレクトロマイグレーションの発生には，配線に流れる電流の電流密度Jと温度が関係するとされ，寿命Lとの関係は以下に示される．

$$L = AJ^{-n}\exp\left(\frac{E_a}{kT}\right)$$

ここでA，n：定数，J：電流密度，E_a：活性化エネルギー，k：ボルツマン定数，T：絶対温度である．

微細配線だけではなく，配線に適当な電流が流れると，図2.7に示すようにLSIで使用されるボンディングワイヤ(金線，太さ50μm程度)でも発生する．

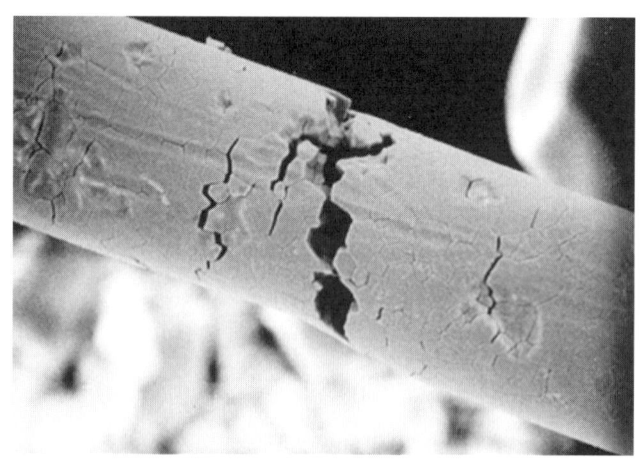

図2.7　エレクトロマイグレーションの例(ボンディングワイヤ)

(4) 腐食

腐食とは，金属が周囲の環境中に存在する水分や酸素と化学反応を起こし，溶けたり腐食生成物が生成されたりするものであり，金属の代表的な故障メカニズムの1つである．LSIや回路基板などでは，腐食により配線が断線し故障にいたる(図2.8)．機械系の部品では，腐食により強度が低下し，破壊にいたったりする．1980年代にはLSIの配線腐食が大きな問題であった．当時使用されていたハロゲン(Cl)を含んだフラックスが主要な要因と考えられ，樹脂封止のパッケージとリードフレームとの界面からハロゲンを含んだ水分が内部に侵入し腐食にいたったものである．

腐食には，異種金属の接触による局部電池効果によるものなど，多様な形態が存在する．

(5) イオンマイグレーション

イオンマイグレーションは，水分が存在している環境下で金属の端子間に電圧を加えたときに陽極側で電子を受けとり，その表面から金属イオンが溶け出し，再び金属として生成される現象のことである(図2.9)．エレクトロケミカ

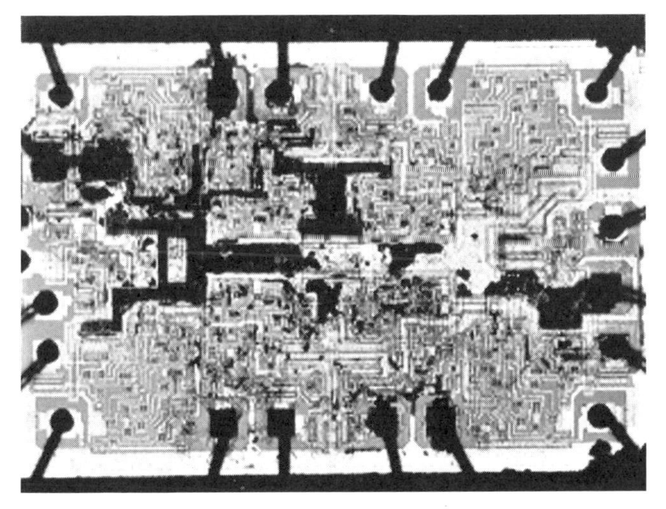

図2.8 LSI配線の腐食

図 2.9　イオンマイグレーションの例（はんだ）

ルマイグレーション（ECM）と呼ばれることもある．最終的には陰極側まで成長し端子間を短絡することになる．

古くから知られている現象であるが，近年回路基板の高密度化により配線間の距離が狭くなっていることや，環境問題によりフロン系洗浄材から水系洗浄材への変更に伴う残渣による影響の懸念から問題視された．

イオンマイグレーションは，すべての金属に発生するわけではない．水分と電解の存在だけで発生するものとしては銅，鉛，銀，錫が，これに加えてハロゲンが存在すると発生するものとして金，インジウム，パラジウムがあることが実験的に確認されている．アルミニウム，鉄などの金属では発生しないとされている．

(6)　クラック

クラックは亀裂，ひび割れと称され，その名のとおり金属や樹脂に亀裂，割れが発生するものであり，金属の代表的な故障メカニズムの1つである．機械系のものと考えられがちだが，電子部品でも発生し，問題となる．

図 2.10 に回路基板でクラックが発生した事例を示す．基板上のスルーホー

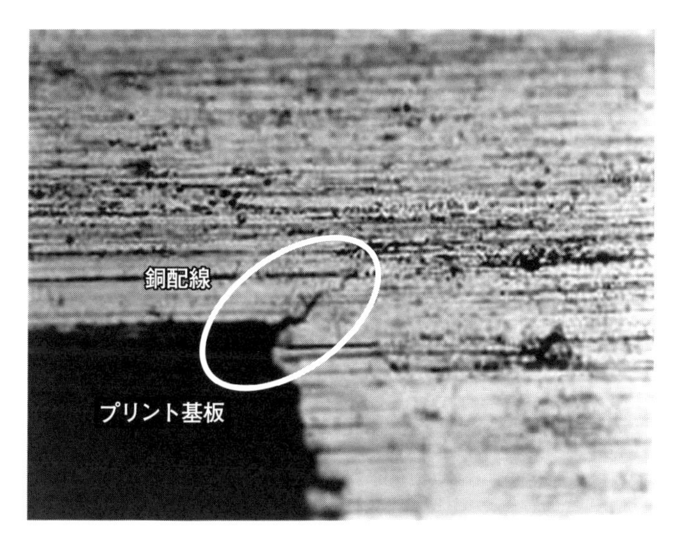

図 2.10　クラックの例

ル部分にクラックが発生したものである．基板に温度変化が与えられたとき，高温では膨張し，低温では収縮するという現象が発生する．この際に基板の基材と配線材との線膨張係数の違いにより，コーナー部などには機械的な応力が発生し疲労破壊にいたるものである．

2.2 故障解析の進め方

2.2.1　故障解析の目的

故障解析は，JIS Z 8115：2019 によれば，「故障原因，故障メカニズム及び故障モードが引き起こす結果を識別し，解析するために行う，故障したアイテムの論理的かつ体系的な調査検討」(192J-11-106) とされている．

故障解析が何をするものであるかは，以上から明確である．新製品開発の段階では，顧客に信頼性を保証するために，発生した故障のメカニズムや原因を明確にし，設計や生産工程の改善を行うために実施される．市場導入後の段階では，これと併せて問題の波及範囲やロット依存性などの確認も行われる．

2.2.2　故障解析の手順

図2.11に故障解析の一般的な手順を示す．最初の段階で重要なことは故障した現物の確保と故障が発生したときの情報の収集である．故障の再現確認や対策の効果確認を行ううえで，故障発生時の使用・環境条件の把握は重要である．最近の機器では組込みソフトウェアが組み込まれているものが大半であり，初期の段階でハードウェアとソフトウェアの切分けをきちんとしておくことも重要である．

故障発生状況の把握が終わったら原因の調査に入るが，大事なことは統計的

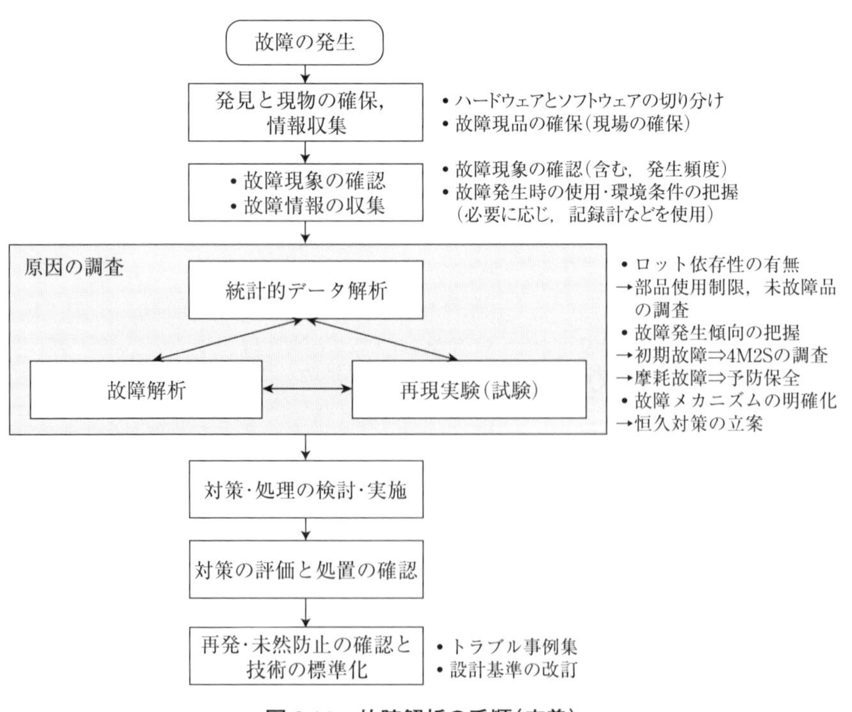

図2.11　故障解析の手順（広義）

なデータ解析と故障部品を対象とする故障物理的な解析を並行して実施することである．

データ解析はロット依存性の有無を確認し，部品の使用制限やその波及範囲を知るうえで重要である．また，寿命特性(初期，偶発，摩耗)の解析から得られる情報によって，初期故障の場合には製造工程を調査する，摩耗故障の場合には予防保全の実施可否などの暫定的な対策を検討することができる．

一方で，解析用の機器を使用する故障物理的な解析は，故障メカニズムや故障原因を明確にし恒久的な対策を検討するうえで重要である．

統計的な信頼性データの解析の詳細に関しては第3章で説明するので，ここでは図2.12に示す故障物理的な解析について以下に説明する．

故障物理的な解析でも，故障状況の把握から開始するのはデータ解析と同じである．以降は対象外部に故障と関連する異常が見られないことの確認，X線・超音波などを利用した内部観察，樹脂封止のLSIであれば樹脂を除去し

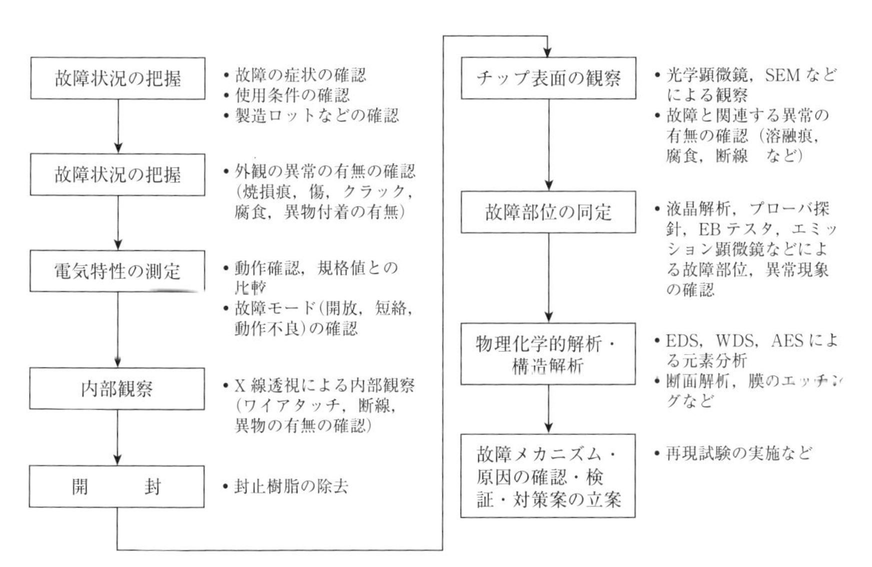

注）　SEM：Scanning Electron Microscope　WDS：Wavelength-Dispersive X-ray Spectrometry　AES：Auger Electron Spectroscopy

図2.12　原因調査のための故障解析(故障物理的な解析)の手順(電子部品の例)

内部の観察，さらには異常個所の特定，観察・機器分析という手順で解析が行われる．

故障物理的な解析は，破壊(樹脂の除去，切断など)を伴うものであり解析前の状態に戻ることはできない．したがって，解析の各段階での観察を慎重に行うとともに，次の段階での仮説をもちながら作業を進めることが重要である．

2.2.3　故障解析に必要な機器

故障解析に必要な機器は，共通に使用されるものもあるが，機械系，電子・電気系などの対象によって異なる．ここでは，主要な作業ごとに必要な機器を紹介する．

(1)　特性の測定

機械系の部品であれば，仕様どおりにできているかを確認したり，発生した部位がどの位置にあるのかを測定したり，必要な特性を測定するための測定装置が必要とされる．

電子・電気系の場合には動作確認のためにいわゆるオシロスコープやロジックアナライザーが，部品の動作確認にはLSIテスターなどが使用される．さらに抵抗やコンデンサなどの受動部品ではLCRメータなどが使用される．

(2)　観察

故障解析の基本は，まずは観察といっても過言ではない．これらで多く使用されるのは光学顕微鏡である．実体顕微鏡，金属顕微鏡などがよく使用される．実体顕微鏡は，低倍率であるが焦点深度が深く立体的に観察できる．一方で金属顕微鏡は表面観察に使用するが高倍率で詳細な観察をするのに向いている．

故障解析は，前述のように破壊を伴うものであり，故障品を分解する前にできる限り内部観察をすることが望まれる．内部観察に使用する装置として代表的なものとしては，軟X線透視装置や超音波顕微鏡(超音波探傷装置)がある．

軟X線透視装置は，X線の透過画像から対象内部の状態を確認することができる．最近ではマイクロフォーカスＸ線CTのような装置もあり，微細な内部構造や断面画像を得ることができるものもある．

超音波顕微鏡(超音波探傷装置)は，水中に試料を置き超音波を印加するものであり，内部からの物体の特性によって異なる反射波を観察し内部観察を行うというものである．対象内部のボイドや剥離などの観察によく使用される．

さらに微細な箇所の観察に使用されるのが走査型電子顕微鏡である．拡大倍率は数十倍から数十万倍であり，光学顕微鏡と比較して焦点深度が深いので立体的な観察を行うことができる．この原理は，試料に電子線を当てたときに発生する二次電子線を検出するものである．図2.13に示すように二次電子線の発生量は対象物の形状に左右される．入射角の違いにより二次電子線の発生量が異なることから，この二次電子線を画像処理し画像を得ている．

(3)　試料の加工

故障状態を詳細に確認するために切断して断面を観察することが行われる．こういった場合によく使用されるのが精密切断機や研磨機である．精密切断機は丸鋸のようなものであり，ダイアモンド砥石の丸鋸状のもので低速で樹脂などに埋め込んだ試料を切断し断面観察を可能にしてくれる．研磨機は断面カットした試料の断面をより観測しやすいように，回転する砥石の上に試料をセットし低速で研磨するためのものである．

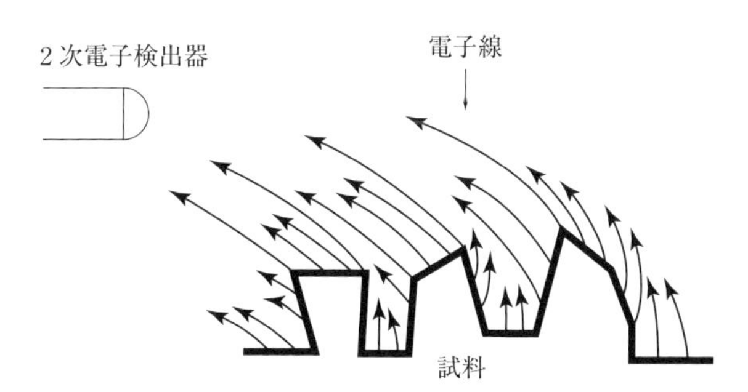

矢印の長さは試料表面の形状による影響を受けた二次電子の発生量を表す．

図2.13　電子顕微鏡の原理

さらに微細な試料の加工を行うものにFIB(収束イオンビーム：Focused Ion Beam)装置がある．これはTEMの試料作製やLSIの解析によく使用されている．図2.14に原理を示すが，ガリウムイオンは電子と比較してはるかに重いことから，試料にイオンを照射した際に構成する原子をはじき出す，いわゆるスパッタリング現象が発生する．この現象を使用して試料の加工を行おうというものである．

(4)　分析装置

故障品を分解して観察して故障個所を確認することが多い．また，故障原因には異物などが付着していたり何らかの反応による生成物ができていることが多い．こういった場合には各種分析装置を使用して故障個所を特定したり，異物の分析を行い故障原因の解明を行う．

機器解析の原理を図2.15に示すが，基本的には試料に光，X線，電子，イオン，超音波などを照射し，試料のもつ性質に応じた信号を検出し，それを処理することによって分析を行う．

以下に故障箇所の特定や分析に使用する代表的な機器を紹介する．

①　エミッション顕微鏡(EMS：Emission Microscopy)

LSIの故障ではクラック・結晶欠陥・ESDによる酸化膜破壊・Alスパイク

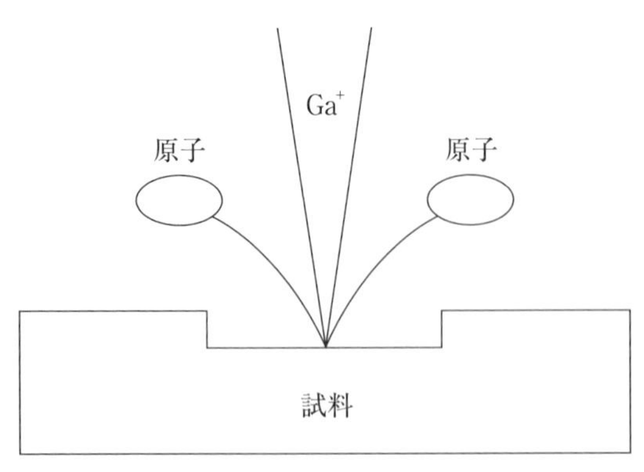

図2.14　スパッタリング

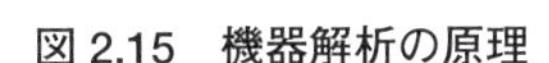

図 2.15　機器解析の原理

によるショートなど異常が生じた箇所で発光や発熱を伴うものが多い．高感度のカメラと顕微鏡を組合せ異常による発光・発熱箇所を探し故障個所を特定しようというものである．

②　電子ビームテスタ(EB Tester：Electron Beam Tester)

LSIの故障個所を特定するための機器である．走査型電子顕微鏡の中で試料を動作させると．試料上の電位差(電圧)によって，二次電子の検出効率が変わり図2.16のようにコントラストが生じる．試料上の配線の電位が高いと暗くなり，電位が低いと明るくなる．この電位コントラストを利用し，LSIなどの回路の動作状態を確認し故障個所を探し出す．

③　エネルギー分散型X線分光器(EDS：Energy Dispersive X-ray Spectrometry)

電子線を絞って電子ビームとして対象に照射すると，図2.17に示すように，対象物(試料)から二次電子，反射電子(後方散乱電子，BSE)，透過電子，X線，カソードルミネッセンス(蛍光)，内部起電力などが発生する．

EDSはこの中の特性X線を使用して元素分析を行うものであり，走査型電

図 2.16　電位コントラスト像

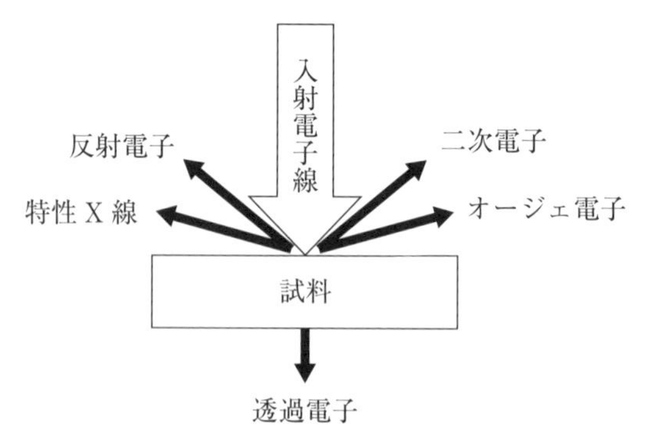

図 2.17　電子照射による電子・X 線の発生

子顕微鏡につけて使用される．特性 X 線は元素により固有のエネルギーをもつので，これを測定することにより元素分析を行う．

④　フーリエ変換赤外分光光度計（FTIR：Fourier Transform Infrared spectroscopy）

フーリエ変換赤外分光光度計（FTIR）は，試料に赤外光を照射し，透過または反射した光量を測定する．赤外光は，分子結合の振動や回転運動のエネルギーとして吸収されるため，分子の構造や官能基の情報をスペクトルから得ることができ，物質定性・同定に関する有効な情報を得ることができる．

2.2.5　故障解析の事例

事例 1：マージン不足によるモータ制御 IC の破壊

市場にて図 2.18 に示すブラシレスモータ(Fan Motor)の故障が多発し，調査すると全体を制御する Motor Driver が焼損していた．焼損した Motor Driver を交換し，故障発生時の状況を加味し高温状態での再現試験を実施したところ，焼損状態が発生するとともに図中の低電圧ダイオード(ZD1)両端の電圧・電流波形に示すような異常波形が観測された．

コイルに直流電流を流すとそれに応じたエネルギが蓄えられ，電流を切ったときには逆起電力(逆起電圧)が発生することが知られている．この逆起電力はコイル側から流れ出すことになり，駆動する Motor Driver 中のトランジスタを破壊することがある．破壊を防止するためにこの逆起電力を吸収するための回路が付加することが一般的である．

図 2.18 中の定電圧ダイオード(ZD1)は，コイル L_1，L_2 からの逆起電力を吸

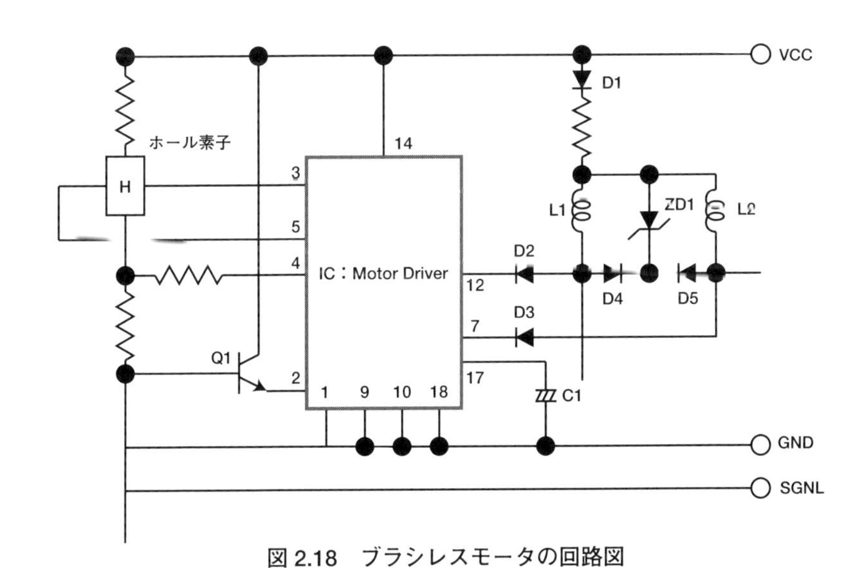

図 2.18　ブラシレスモータの回路図

収するためのものであり，両端に印加された電圧があるレベルを超えると電流を流し，熱として吸収しようというものである．定電圧ダイオードの外観と内部構造を図 2.19 に示す．定電圧ダイオードに電流が流れると，それは熱に変換される．主要な構成材料は封止ガラスとリード線であり，それぞれの線膨張率が異なる．許容電力を超える電力が印加されると，発熱により封止ガラスが膨張し，ダイオードチップとリード線との接着部が離れて定電圧ダイオードの機能を果たせなくなる（冷えると元に戻り正常に機能する）ことにより，図 2.20 のような異常波形となり Motor Driver の破壊にいたったものである．

モーターの回路自体は前任機でも実績があるものであったが，Fan Motor の外形が大きくなった（すなわち L のインピーダンスが増大）にもかかわらず，使用部品の見直しが行われなかったために発生した故障である．

事例 2：Cu（銅）のイオンマイグレーション

梅雨時の工場内の検査工程でブラシレスの Fan Motor の回転不良が多発した．調査を行った結果，Motor Driver の回転子の位置の検出を行うホール素

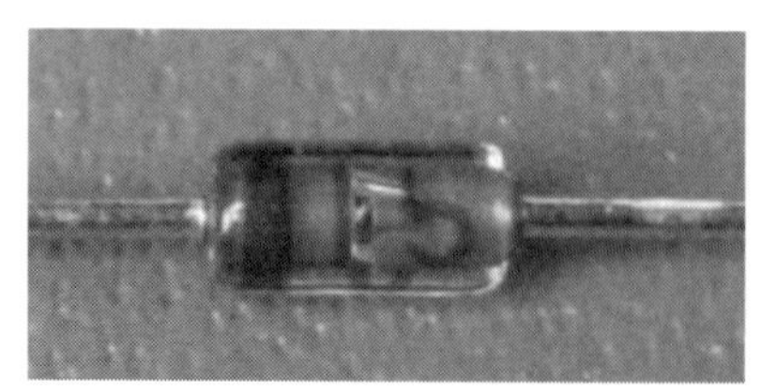

ガラス封止ダイオードの外観

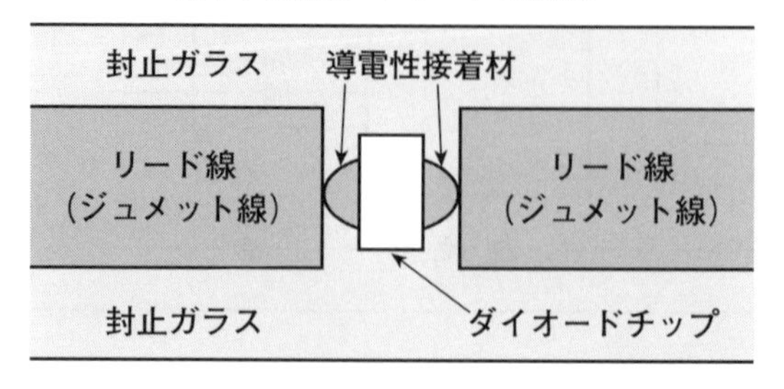

図 2.19　ガラス封止ダイオードと内部構造

正常動作時

定電圧ダイオードの両端の電圧は一定になっておりツェナー電流が流れている

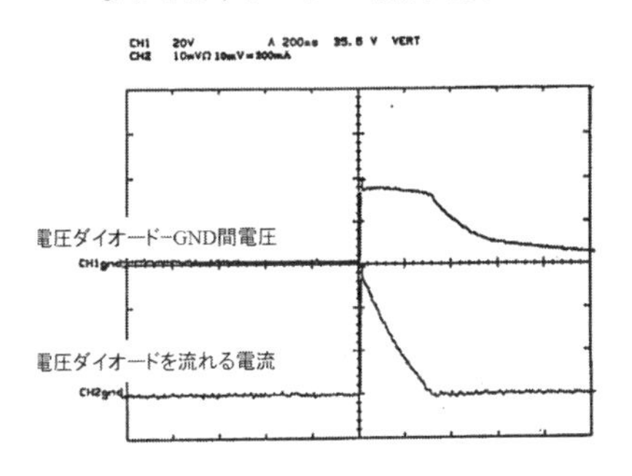

異常動作時

ツェナー電流が流れていない(コイルからの逆起電力が出力トランジスタに印加)

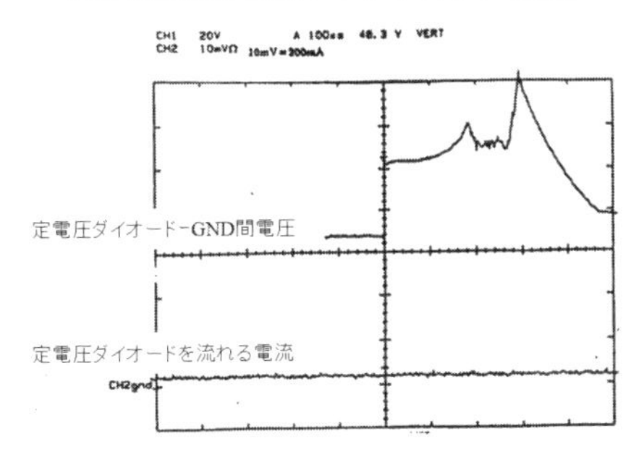

図 2.20　正常・異常動作時の波形

子(ホール効果を用いて磁束密度を測定する素子)の異常が確認された．ホール素子単体で調べると，端子間が短絡状態であることが確認された．

封止している樹脂を機械的に除去し内部を確認したところ，図 2.21 および図 2.22 に示すように，電極(Cu：銅)間に金属光沢の異物が存在していた．

異物が何かを調べるために，EDS にて元素分析を実施した．図 2.23 に示すように，Cu(銅)，Cl(塩素)，Sb(アンチモン)などの元素が検出された．Cu は電極の構成材料であり，Sb は樹脂中に含まれる難燃材の成分である．Cl は構成材料には含まれないものであるが，基板にはんだ付けをする際のフラックスに含まれていたものである．

発生した状況や元素分析の結果から，故障は電極の Cu のイオンマイグレーションによるものと推定した．空気中の水分がパッケージとリードフレームの界面から，はんだ付け洗浄後に残った Cl とともに侵入し発生したものと考えられる．

事例 3：金属の拡散による故障

図 2.24 に示す水晶発振器(水晶発振子と発振回路が樹脂封止されたもの)の高温放置試験(125℃)を実施したところ，発振周波数の低下，もしくは発振し

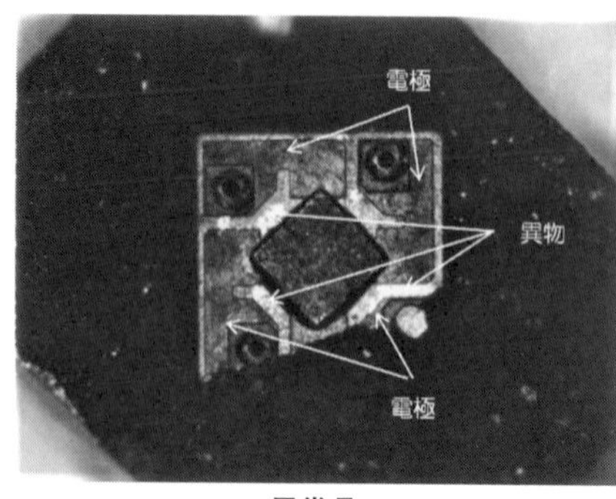

異常品

正常品

図 2.21　ホール素子の樹脂除去後の写真

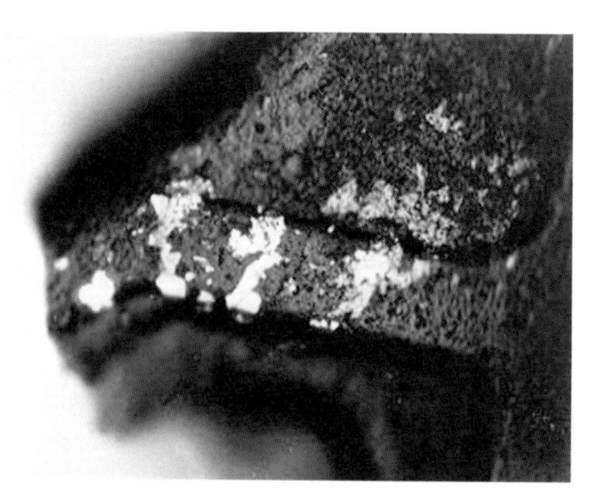

図 2.22　異物部分の拡大写真

ないという異常が確認された.

水晶発振子と発振回路を切り離して確認したところ，図 2.25 に示すように，水晶発振子に異常が確認された．封止している金属を取り除き発振子を観察したところ，変色箇所が確認された．次に，変色箇所を EDS にて分析したところ，電極材料である Ag，Cr に加えて Sn(錫)が検出された．図 2.26 に示すように，EDS にて変色箇所の Sn のマッピングを行った結果，変色箇所に相当する形に分布していることが確認された.

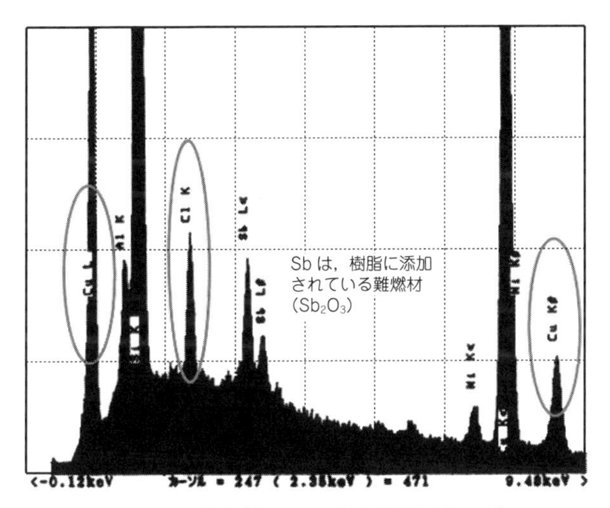

図 2.23 異物部分の元素分析結果(EDS)

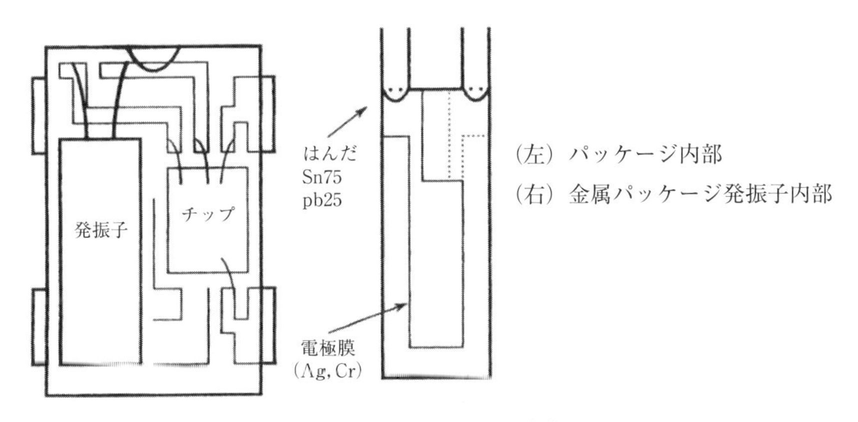

図 2.24 水晶発振器の構造図

水晶発振子と外部電極との接続にははんだ(Sn, Pb)が使用されている．水晶発振子の発振周波数は電極の重量で左右される．Snが電極部に拡散することにより，発振周波数の低下もしくは停止が生じたものである．

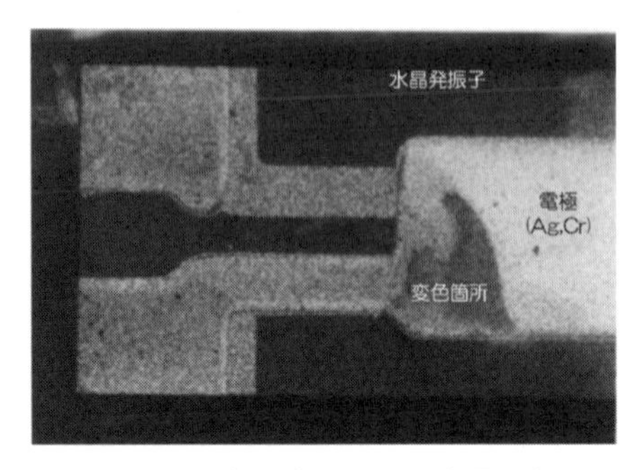

図 2.25　異常が確認された水晶発振子

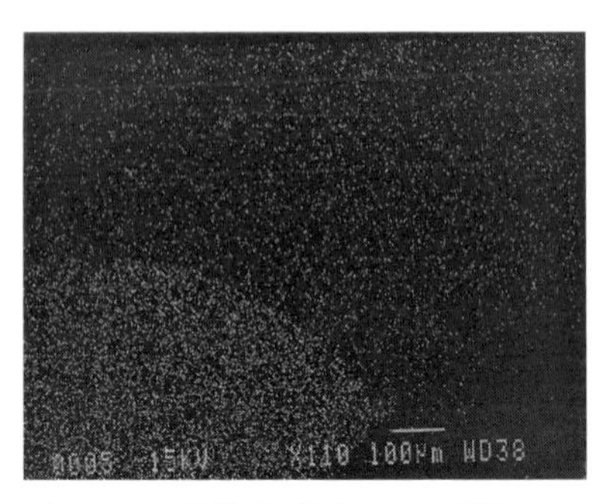

図 2.26　変色箇所の Sn の元素マッピング

第 2 章の参考文献

［1］ JIS Z 8115：2019「ディペンダビリティ（総合信頼性）用語」
［2］「信頼性基礎コーステキスト」，日本科学技術連盟，2018 年.
［3］「信頼性技法実践講座 信頼性試験テキスト」，日本科学技術連盟，2018 年.
［4］ 日本信頼性学会編：『新版　信頼性ハンドブック』，日科技連出版社，第Ⅲ部第19 章，2014 年.

第3章

信頼性データ解析の要点

信頼性試験を行った結果として得られるデータには，少数データになりがちである，打切りを含む場合がある，などの特徴がある．この特徴を前提として，得られたデータの構造を把握し，適切な統計解析手法を用いて分析を進めることが，信頼性保証において重要である．

本章では，信頼性試験データの分析において有効となるデータの可視化，構造のモデル，統計的分析方法について述べる．また，データ解析の手続きのみでなく，背景となる理論も合わせて示す．特に，試験の結果として故障が観測されなかった場合の推定方法も示す．これらの理解と適切な使用により，限られた数のデータから最大限の情報を引き出すことが可能となろう．

3.1 信頼性データの種類と構造

信頼性試験の目的は，アイテムが試験条件と試験期間のもとで，機能を果たす能力を検証することにある．したがって，そこから得られるデータは時間を単位とするだけでなく，動作サイクル，走行距離などの単位で表現される場合もある．また，それらの単位と組み合わせて，機能を果たす能力の変化を連続的に観測して得られた値の系列となることもある．これらのデータの特徴を把握し，適切な形で観測ができるように試験を計画，設計する必要がある．

また，信頼性データは使用条件や環境条件，その条件の変化によって大きく変動する．したがって，単に時間や回数という数値のみでなく，条件や故障にいたる過程なども含めて情報として収集し，分析に用いる必要がある．また，同一の材料，製造工程によって製造された製品でも，まったく同一のできばえとなることはまれであり，ロット間差，ライン間差などの個体間差をともなうことは否めない．これらの出自に関する情報も信頼性データの重要な要素である．

これらは，医学における医療データと対比すると，容易に理解することができる．健康を損なう理由には様々なものがあるが，生活習慣によって発症までの時間が大きく異なることが知られている．また，同じような生活習慣のもとでも，発症にいたる人もいれば，良好な健康状態を保持できる人もいる．したがって，使用条件や環境条件によって説明される変動と，確率論的に説明されるばらつきの両者を考慮した評価と予測が必要となる．医療の場合にはむずかしいが，信頼性試験においては，制御された条件での実験，観測を行うことにより，精度の高い観測と分析を行うことが可能となる．そのためには，得られる信頼性データの形式や採取方法の理解が重要となる．

具体的には，信頼性データは図 3.1 のように分類することができる．以下に主要な分類についてその特徴を示す．

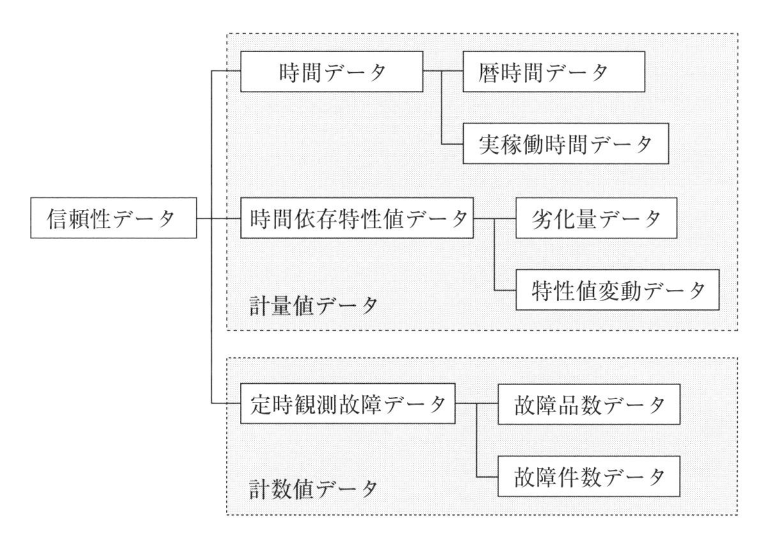

出典）　信頼性技術叢書編集委員会監修，鈴木和幸編著，益田昭彦，石田勉，横川慎二著：『信頼性データ解析』，日科技連出版社，p. 20，図 1.2，2009 年.

図 3.1　信頼性データの解析

3.1.1　時間データ

一般的には，アイテムは使用開始した始点で，要求機能が遂行できる状態にあると考えられる．その状態から与えられた条件のもとで機能を遂行し，故障にいたるまでの経過時間を計測したものを故障までの時間（TTF：(operating) Time To Failure）と呼ぶ．故障が発生したときにアイテムを修理しうるか否かで分けるとき，修理しうるものを修理アイテム，修理しえないものを非修理アイテムと呼ぶ．非修理アイテムの TTF は寿命そのものになる．また，修理系では故障間動作時間（TBF：operating Time Between Failures）が観測される．本書では，これらを総称して故障時間と呼ぶ．

故障時間は，暦時間データと実稼働時間データの 2 つに分類される．前者は単純な経過時間であるが，使用開始時点をいつにするかという不確定な要素を含みうる．後者は，外部から供給される外部ストレスと，機能を果たすにともなって生じる内部ストレスに依存して故障が発生する際に，それらストレスの継続時間を累積したものとなる．例えば，自動車では前者は出荷からの経過時間であり，後者は走行距離と考えられる．

3.1.2　時間依存特性値データ

製品の特性値の経時変化は，故障にいたる過程を含む情報であり，使用にともなう劣化を反映したものとなる．そのため，劣化量データとも呼ばれ，故障メカニズムに依存するものとなる．例えば，金属においては摩耗，腐食，疲労などが代表的な故障メカニズムとして挙げられる．それに対して，表面色調，電気抵抗，亀裂長などの特性値変化が劣化量データとなる．

特性値の経時変化は，特性値 $x(t)$ の時間変化で表される場合と，初期値からの変化量 $\left(\frac{|x(t)-x(0)|}{x(0)}\right)$ として表される場合がある．いずれの場合でも，故障メカニズムを表現する故障物理モデルによる変動と，アイテムのばらつきなどによって生じる変動の両者を考慮する必要がある．この分析のために，時系列データ解析法が用いられることも多い．代表的な時系列データ解析については，参考文献[1]～[3]などを参照されたい．

3.1.3　定時観測故障データ

機能させると同時にその役割を終えて，機能が失われる製品がある．消火器や電力ヒューズなどがそれにあたる．そのような製品では，故障数のみしか観測することができない．フィールドデータでは，「1カ月ごとの故障件数」などのように，報告事項としてこのようなデータが得られることが多い．一方で，信頼性試験においては，ストレス環境条件下で一定時間が経過したのちの動作，非動作の検証試験などの形で得られる．故障数は対象アイテムの故障品数で表す場合と，対象アイテム内の故障件数で表す場合がある．いずれも整数値のみの離散量となる．

3.1.4 時間線図による表現

信頼性データは線図で表現することによって，データの構造や分布状況を視覚的に把握することができる．ここでは，信頼性でよく用いられる動作状態図（またはアイテム動作状態図）とデータ解析図について示す．

故障時間をそのまま線図にしたものが動作状態図（Operation Status Diagram）である．アイテム動作状態図，OS図とも呼ばれる．経過時間を左から右への直線で表現し，その長さが故障時間の長さ，端部の記号が故障や打切りという観測の状況を表現する．これを各アイテムについて作成することによって，全体の分布の状態を可視化することができる．

図3.2に非修理系アイテムの動作状態図の例を示す．端部の記号によって，故障発生時点（×），右側打切り（○），左側打切り（●）などが表現されている．右側打切りは中途打切りデータとも呼ばれ，故障にいたる前に観測を打ち切ったデータを示す．左側打切りは使用の途中から観測を始めたため，それ以前の情報が失われて正確な使用開始時点が不明な場合である．これらの線をアイテ

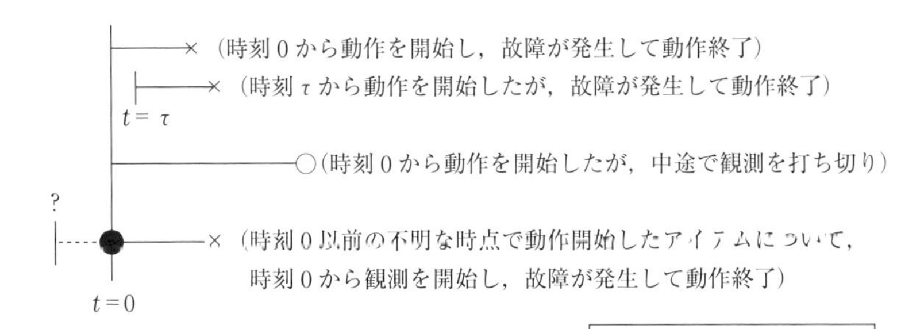

出典） 信頼性技術叢書編集委員会監修，鈴木和幸編著，益田昭彦，石田勉，横川慎二著：『信頼性データ解析』，日科技連出版社，p. 53，図2.15，2009年．

図3.2 動作状態図の例

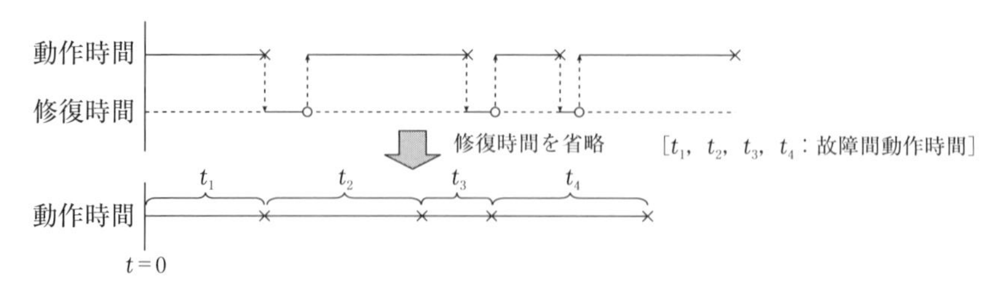

出典）　信頼性技術叢書編集委員会監修，鈴木和幸編著，益田昭彦，石田勉，横川慎二著：『信頼性データ解析』，日科技連出版社，p. 53，図 2.16，2009年.

図 3.3　修理系の動作状態図の例

ムごとに示して並べることにより，故障時間の分布状況も伺うことができる.

図 3.3 は，修理系アイテムの動作状態図である．修理系アイテムでは動作と修理という2つの状態のみを考え，それぞれの状態にとどまっている時間を2本の直線で表現している．動作と修理の2つの状態を同時にとることはできないと仮定すれば，故障とともにアイテムは修理状態に推移し，修理が完了するとともに動作状態へ移行する．観測の始めと終わりには，非修理系アイテムと同様に打切りが生じることもある．この2本の直線から，動作時間(故障状態で両端を挟まれた時間)や修理時間(動作状態で両端を挟まれた時間)のみを取り出し，それぞれの分布についての分析が行われる.

3.1.5　データ解析図による表現

動作状態図は故障時間をそのまま線図にしたものであり，実際のカレンダー時間における故障の発生の状況を表現するものである．一方で，同じ母集団からのサンプルのデータであることが確認できるときには，故障発生の早い順にデータを並べ替えた線図で表現することによって，故障発生の分布状況を表現することができる．これをデータ解析図(Data Analysis Diagram)といい，DA 図とも呼ばれる.

データ解析図は時間データの観測開始時点を揃えて，時間の長さで短いものから長いものへ並べ替えた線図である．このように，昇順に並べたデータを順序統計量という．確率プロットを行う際には順序統計量を用いるため，データ解析図はその順位統計量を求め，可視化して確認する事前準備にあたる．なお，動作状態図では修理系と非修理系の違いが顕著に現れるが，データ解析図では両者の違いは見えなくなる．

基本的なデータ解析図を図 3.4 に示す．(a)は完全データと呼ばれるもので，対象となるすべてのサンプルに対して故障時点が観測される場合を表す．(b)は定時打切りデータ，もしくはタイプⅠ打切りと呼ばれるもので，あらかじめ決めた時間に達した時点 t_c で観測を打ち切る方式である．(c)は定数打切りデータ，もしくはタイプⅡ打切りと呼ばれ，あらかじめ決めた故障数(r)に達した時点で観測を打ち切る方式である．すなわち，(b)では打切り時点 t_c はあらかじめ決まった確定数であるが，(c)の打切り時点は r 番目の故障データ，すなわち t_r に一致するため変数となる．(d)はランダム打切りデータと呼ばれ，中途打切り時間がランダムに(確率的に)発生する場合である．一般に，市場データにおいてよく見られる型であるが，信頼性試験の結果が次に示す競合モードデータとなったときに，このランダム打切りデータの型になる．(e)は競合モードデータと呼ばれ，複数種類の故障モードが観測される場合で，故障モー

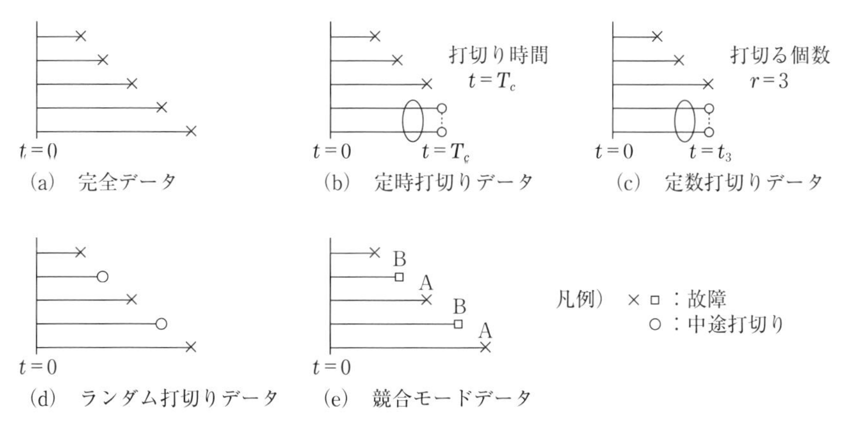

出典）　信頼性技術叢書編集委員会監修，鈴木和幸編著，益田昭彦，石田勉，横川慎二著：『信頼性データ解析』，日科技連出版社，p. 55，図 2.18，2009 年．

図 3.4　基本的なデータ解析図の例

ドの違いが記号(×，□など)によって表されている．例えば，解放と短絡が混在している場合や，割れと変色が混在している場合などである．このとき，1つの故障モードのみに着目すると，他のモードのデータは着目した故障モードに関しては打切りデータとなるため，(d)のランダム打切りデータの型になる．

以降で述べるデータ解析法に先立ち，これらの時間線図による考察を行うことは，データの構造や分析方法の妥当性を検証するために重要である．

3.2 ワイブル解析

確率紙を用いた寿命データ解析は，データの分布の特徴を直感的に判断することが可能となるグラフィックな手法であり，信頼性の分野で非常に多用されている手法の1つである．複雑な計算を行うことなく，分布のパラメータや信頼性特性値の点推定，さらにそれらの区間推定を行うことができる点でも，その重要性は高い．

確率紙法の主な役割は，以下の4つと考えられる．

① 寿命分布型の検討

② 異常値や層別の必要性の有無の検討

③ 分布特性値の推定

④ 寿命予測

これらの目的に対して，あらかじめ準備されたフォーマットと簡単な手順の処理によって，高度な統計手法に劣らないデータ解析を行えることが，確率プロットの最大の特徴である．

以下に，まずワイブル確率紙を用いた確率紙法の概略を示し，次に品質保証フェイズの中での確率紙解析の位置づけ，および標準的な確率紙解析の手順を示す．さらに，ワイブル分布以外の確率分布に基づく確率紙法を示す．なお本書では，ワイブル確率紙を用いたデータ解析を総称してワイブル解析と呼ぶ．

3.2.1 故障率型と寿命データ解析

ワイブル分布の成り立ちは故障現象を巨視的に表現したものであり，時間に対する故障の出現度合いは形状パラメータ m に顕著に反映される．逆にいえば，この値が変わることによって様々な故障率の推移を表現できるのが，ワイブル分布の最大の特徴であり，それゆえにワイブル解析は非常に汎用性の高い手法となっている．

形状パラメータ m の値と故障率には以下の関係がある．

$m < 1$：故障率減少型(Decreasing Failure Rate：DFR)

$m = 1$：故障率一定型(Constant Failure Rate：CFR)

$m > 1$：故障率増加型(Increasing Failure Rate：IFR)

ワイブル解析の結果，データから推定される形状パラメータの推定値 $\hat{m}$ が1より十分小さいといえる場合，時間が経過するほど故障率が減少する故障モードと考えられる．製造や設計上の不具合が製品に内在しているため稼働初期に故障率が高いということが示唆され，製品出荷前のエージングなどの処理が有効となる．$\hat{m}$ が1より十分大きいといえる場合には，故障率が時間とともに増加する，いわゆる劣化型の故障モードと見なせる．製品の任務期間にわたって，不信頼度が十分に小さくなるような信頼性の作り込みが必要となる．$\hat{m}$ がほぼ1と見なされるときは故障率に時間依存がないことを示している．初期故障でも摩耗故障でもなく偶発的な故障が生じていることが示唆され，それらが十分に低い故障率となっていることを確認することが重要である．

3.2.2 ワイブル確率紙法

図3.5に標準的なワイブル確率紙の例を示す．収集した寿命データと，そのデータが得られた時点における不信頼度関数の推定値の対をX-Y軸上に打点するものである．後述の式展開により変換された軸を有するグラフへの打点により，データが単一のワイブル分布に従うならば点が直線状に並ぶ，というものである．

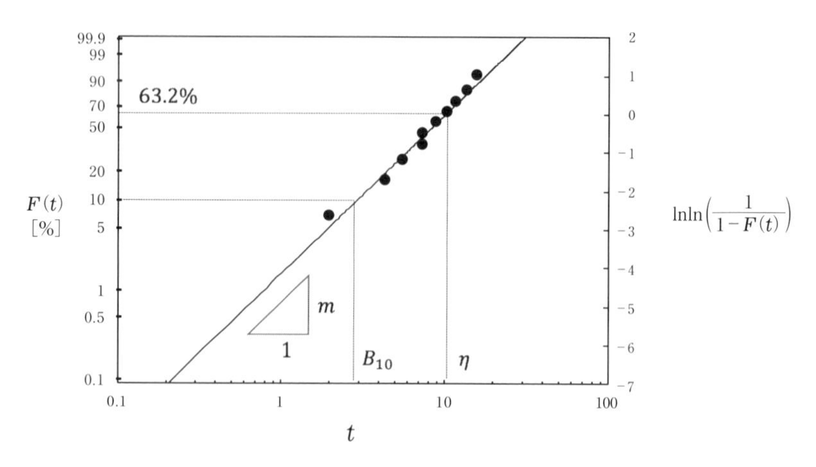

図 3.5　ワイブル確率紙の例

ワイブル解析の用途は非常に多岐にわたる．直線のあてはまりからデータがワイブル分布に従うといえるか否かの「適合度検定」の役割，あてはめた直線の傾きや切片から分布のパラメータを求める「推定」の役割，複数のデータセットを同時に1枚の図に打点して特性寿命(もしくは平均)やデータのばらつきを比較する「差の検定」の役割などを，グラフ上で行うことができる．

ワイブル分布の不信頼度関数は次の式(3.1)のように示される．第1章の式(1.16)における $\gamma = 0$ の場合にあたり，2母数のワイブル分布と呼ばれるものである．

$$F(t) = 1 - \exp\left[-\left(\frac{t}{\eta}\right)^m\right] \tag{3.1}$$

この式(3.1)を変形すると，次の式(3.2)が導かれる．

$$\ln\ln\frac{1}{1-F(t)} = m\ln t - m\ln\eta \tag{3.2}$$

式(3.2)より，対数寿命を X 軸に，$\ln\ln\dfrac{1}{1-F(t)}$ を Y 軸にとれば，

$$Y = mX + B$$

という直線の式となることがわかる．ワイブル確率紙には，この原理に基づい

た目盛がふられている．

プロットしたデータが，ワイブル確率紙の上で直線状に並んだとき，データはワイブル分布に従っていると考えられる．さらに，プロットされたデータに対して近似直線を引くことにより，ワイブル分布のパラメータの推定値などを得ることができる．以下に標準的なワイブル解析の手順について示す(図3.5参照)．

手順1：観測した寿命データ t と，その時点に対応する不信頼度関数 $F(t)$ の推定値 $\hat{F}(t)$ を求める(後述)．

手順2：$\{t, \hat{F}(t)\}$ の組をワイブル確率紙上に打点する．

手順3：打点されたデータセットに近似直線を引く．ほぼすべての点がこの近似直線の近くに位置すれば，ワイブル分布に従うものと考える．

手順4：近似直線の傾きを求める．この傾きが形状パラメータ m の推定値 $\hat{m}$ を与える．

手順5：近似直線と変換後の縦軸(右縦軸)の $Y = 0$ との交点から横軸(X 軸)へ垂線を下ろして目盛りを読む．これは，$F(t) \approx 63.2\%$ に対応する時間であり，尺度パラメータ η の推定値 $\hat{\eta}$ を与える．

手順6：例えば B_{10} ライフなどのセーフライフを求める．B_{10} ライフとは，$F(t) = 10\%$，言い換えると不信頼度が10%となる時点 t のことである．したがって，$F(t) = 10\%$ と，近似直線の交点における X 軸座標が B_{10} ライフとなる．

手順7：ある任務時間 t_0 における信頼度 $R(t_0)$ を求める．X 軸座標が t_0 となる垂線と，近似直線の交点の縦軸座標 $F(t_0)$ が不信頼度の推定値 $\hat{F}(t_0)$ となる．これを1から引くことによって $R(t_0)$ の推定値 $\hat{R}(t_0)$ を求めることができる．

これら一連の解析は，すべてグラフ上の処理で行うことが可能である．現在では，数多くの統計解析用のソフトウェアに実装されているのに加えて，統計解析向けのプログラミング言語Rのスクリプト(例えば，参考文献[4])や，Excelを用いて作図する方法[1]などが公開されているので，それらを用いればよい.

3.2.3　不信頼度の推定法

ワイブル解析において最も重要な手続きの1つが，得られた寿命データに対して，各々の時点tにおける不信頼度$F(t_0)$を推定する手続きである．用いるデータの形態や着目する分布特性によって，適切な方法を用いる必要がある．表3.1にデータの構造に対して用いられる代表的な推定法と，その特徴や適用範囲を示す．表中のnはサンプル数，iはデータを大きさの順に並べたときの小さい方からの順番(i番目)を示す．なお，同値のデータも省略せず，その数

表3.1　不信頼度の代表的な推定方法

推定方法	特徴および適用範囲
経験分布法	データ数が大きい場合のみ用いることができる$\left(F_i=\dfrac{i}{n}\right)$.
平均ランク法	データ数が小さい場合に用いられる$\left(F_i=\dfrac{i}{n+1}\right)$．目安として，20個以上のときに用いる.
メジアンランク法	データ数が小さい場合に用いられる(巻末の数値表，もしくはBenardの近似式$\left(F_i=\dfrac{i-0.3}{n+0.4}\right)$が用いられる).
累積ハザード法	完全データ，定数打切りデータ，定時打切りデータはもちろん，多重打切りデータ，ランダム打切りデータなどの，故障と故障の間に打切りが入る場合にも用いられる.
カプランマイヤー法	ランダム打切りデータから寿命分布の信頼度を推定するときに用いられる(分布型を規定しないノンパラメトリックな信頼度の最尤推定量).
Self-consistent アルゴリズム	時点tにおいてはすでに故障していた,「見逃し」を含むデータも解析しうる.
TurnBullの方法	区間で打ち切られたデータも解析しうる.
区間データの推定方法	人為的に設定された時点tに対して用いられる$\left(F_k=\dfrac{i_k}{n}\right.$；$i_k$は$k$番目の観測時点での故障数$\left.\right)$.

だけ並べる[1]．

最も単純な推定法である経験分布を用いる方法は，大抵の場合，以下の理由で適切ではない．最小値から上向きに数えた場合の順位をiとすると，最大値から下向きに数えた順位(これを逆順位と呼ぶ)は$n-i+1$となり，両者の和は$n+1$となる．すなわちこの方法では，上向きに計算した経験分布と下向きに計算した経験分布が異なるという不都合が生じてしまう．また，最大値のデータは100%となるため，ワイブル確率紙にプロットができない．そこで，順序統計量として扱ったn個中のi番目のデータt_iそのものが従う分布に基づいて，対応する不信頼度の分布の平均やメジアンの推定値を用いる．本書では，表3.1より平均ランク法，メジアンランク法，累積ハザード法，さらに信頼性試験でよく見られる区間データの推定方法について述べる．なお，各推定方法の詳細な推定手順や統計的特性などは，参考文献[1]，[5]などを参照されたい．

(1) 平均ランク法

母集団分布の確率密度関数を$f(t)$とする．このとき，n個の観測のうち小さいほうからi番目の寿命T_iの確率密度関数$f_i(t)$は以下の形になる．

$$f_i(t)=\frac{n!}{(i-1)!(n-i)!}\{F(t)\}^{i-1}\{1-F(t)\}^{n-i}f(t) \tag{3.3}$$

このとき，$T_i=t$の値に対する$F(t)$の平均値は以下のようになる．

$$E[F(T_i)]=\int_0^{\infty}F(t)\frac{n!}{(i-1)!(n-i)!}\{F(t)\}^{i-1}\{1-F(t)\}^{n-i}f(t)\,dt$$

$$=\frac{i}{n+1} \tag{3.4}$$

1) ワイブル分布は連続分布なので，理論的には同値のデータはありえない．しかし，実際の信頼性試験においては，時間に関する測定分解能などの問題によって，見かけ上の同値が観測される場合がある．したがって，データが独立に観測されたという条件下では，同値のデータも異なる値として解析すべきである．

表 3.2　各種推定法による不信頼度の推定結果

i	t_i [$\times 10^2$ 時間]	$\hat{F}(t_i)$			
		経験分布	平均ランク法	メジアンランク法(近似)	累積ハザード法
1	5.0	0.1	0.091	0.067	0.095
2	5.5	0.2	0.182	0.163	0.190
3	7.4	0.3	0.273	0.260	0.285
4	9.3	0.4	0.364	0.356	0.381
5	9.9	0.5	0.455	0.452	0.476
6	10.0	0.6	0.545	0.548	0.571
7	10.6	0.7	0.636	0.644	0.666
8	12.2	0.8	0.727	0.740	0.760
9	13.8	0.9	0.818	0.837	0.855
10	16.1	1.0	0.909	0.933	0.947

この式(3.4)をもって $F(T_i)$ の推定値とするのが，平均ランク法である．

表 3.2 に，10 個の機械部品の寿命データについて，式(3.4)を用いて不信頼度関数を推定した結果の例を示す．

(2)　メジアンランク法

上記の式(3.4)と同様にして，$F(T_i)$ のメジアンを求めるのがメジアンランク法である．つまり，

$$\int_0^u \frac{n!}{(i-1)!(n-i)!}\{F(t)\}^{i-1}\{1-F(t)\}^{n-i}f(t)\,dt = 0.5 \tag{3.5}$$

となる u の値から求まる $F(u)$ の値である．ここで，$F(t) = \zeta$ とすると，式(3.5)は下のようになる．

$$\int_0^{F(u)} \frac{n!}{(i-1)!(n-i)!}\{\zeta\}^{i-1}\{1-\zeta\}^{n-i}d\zeta = 0.5 \tag{3.6}$$

この $F(u)$ を求めたものがメジアンランクである．式(3.6)より求めた値を巻

末のメジアンランク表に示す．また，Benardの近似式 $F_i = \dfrac{i-0.3}{n+0.4}$ は $F(u)$ の近似にあたる．表3.2には，このBenardの近似式を用いて求めた推定結果を示す．

平均ランク法，メジアンランク法のいずれにおいても，定時打切りデータ，定数打切りデータに対応することが可能である．サンプル数 n として未故障データを含む全データを用い，故障が観測された r 個のデータについてのみ $F(T_i)$ を求めてプロットすればよい．すなわち，グラフ上には r 個の点のみプロットされるが，$F(T_i)$ の推定においてすべてのサンプルを考慮するため，未故障データを考慮したプロットとなる．ただし，平均ランク法，メジアンランク法ともに順序統計量に基づく推定であるため，故障の順位が正確に定義できないランダム打切りデータには，これらの方法は適用できない．そのため，ランダム打切りデータの解析には次の累積ハザード法や，カプランマイヤー推定法などが用いられる．

(3) 累積ハザード法

累積ハザード法は，最も汎用性の高い不信頼度関数の推定方法である．時間 t の直前まで動作していたものが，次の Δt の期間に故障する条件付き確率 $\Pr\{t < T \leqq t + \Delta t \mid T > t\}$ は Δt の長さに依存し，Δt で除して $\Delta t \to 0$ としたときの極限値が瞬間故障率を与える．すなわち，

$$\lambda(t) = \lim_{\Delta t \to 0} \frac{\Pr\{t < T \leqq t + \Delta t \mid T > t\}}{\Delta t} \tag{3.7}$$

となる．T が連続確率変数のときには，瞬間故障率 $\lambda(t)$ と確率密度関数 $f(t)$ と信頼度関数 $R(t)$ には，以下に示されるような関係が成り立つ．

$$\lambda(t) = \frac{f(t)}{R(t)} = -\frac{d}{dt} \ln R(t) \tag{3.8}$$

$$R(t) = \int_t^{\infty} f(x)\,dx = \exp\left(-\int_0^t \lambda(x)\,dx\right) \tag{3.9}$$

ここで，故障率 $\lambda(t)$ を時間について積分した以下の関数，

$$H(t) = \int_0^t \lambda(x)\,dx \tag{3.10}$$

を累積ハザード関数と呼ぶ．よって，不信頼度関数と累積ハザード関数には以下の関係が成り立つ．

$$F(t) = 1 - R(t) = 1 - \exp[-H(t)] \tag{3.11}$$

次に，実測データから累積ハザードを推定する代表的な推定量について述べる．観測した最大の時点まで，以下のネルソン - アーラン推定量[6]，[7]が定義される．

$$\hat{H}(t) = \begin{cases} 0 & (t \leqq t_1 \text{のとき}) \\ \displaystyle\sum_{i:t_i \leqq t}^{n} \frac{d_i}{\mathrm{Y}_i} & (t_1 \leqq t \text{のとき}) \end{cases} \tag{3.12}$$

ここで，t_1 は最初の故障観測時点，d_i は i 番目の故障観測時点 t_i における故障発生数，Y_i はリスクセット数を示す．すなわち，$\hat{\lambda}(t_i) = \dfrac{d_i}{\mathrm{Y}_i}$ である．リスクセット数とは，故障しうるもののうち，その時点の直前まで正常に動作しているものの数である．故障観測時点における故障発生数とリスクセット数のみから推定することから，ランダム打切りデータに対しても容易に累積ハザード関数が推定可能である．さらに，式(3.11)を用いれば不信頼度関数が求められるので，確率紙への打点が可能である．ただし，この場合には故障データに対してのみプロットがなされ，打切りデータはグラフ上の点としては現れないことに留意する必要がある．

表 3.2 には式(3.12)および式(3.11)を用いた推定結果が示されている．また，ランダム打切りデータの場合の不信頼度関数の推定結果の例を表 3.3 に示す．

なお，上記の推定量は元青山学院大学教授の阿部俊一氏が世界で一番早く 1968 年に提案し．本推定量の確率的挙動を厳密に解明している [8]．

表 3.3 累積ハザードによるランダム打切りデータの不信頼度の推定結果

i	t_i [×10 時間]	累積ハザード法			
		逆順位 (15−i+1)	$\hat{\lambda}(t_i)$	$\hat{H}(t_i)$	$\hat{F}(t_i)$
1	92	15	1/15	0.067	0.064
2	93	14	1/14	0.138	0.129
3	−	13	−	−	−
4	136	12	1/12	0.221	0.199
5	−	11	−	−	−
6	175	10	1/10	0.321	0.275
7	182	9	1/9	0.433	0.351
8	195	8	1/8	0.558	0.427
9	−	7	−	−	−
10	222	6	1/6	0.724	0.515
11	293	5	1/5	0.924	0.603
12	−	4	−	−	−
13	319	3	1/3	1.258	0.716
14	−	2	−	−	−
15	340	1	1/1	2.258	0.895

(4) 区間データの推定方法

例えば，電子部品の寿命試験を行う際，故障の発生時点をリアルタイムで検出することがむずかしい場合がある．そのため，あらかじめ設定した時点における測定で判定を行い，前の測定時点との間に故障が発生したか否かのみを知るような場合がある．このようなデータを区間データと呼ぶ．区間データでは，i 番目の時点 t_i における観測の結果に基づいて $F(t_i)$ を求める必要がある．これには，式(3.13)を用いればよい．

$$\hat{F}(t_i)=\frac{f_i}{n} \tag{3.13}$$

ここで，f_i は t_i までに観測した故障数(累積度数)，n はサンプル数である．

表 3.4 に区間データに関する不信頼度の推定例を示す．

表 3.4 のデータでは，100 個のサンプルを用いた試験の結果が示されている．

表 3.4　区間データにおける不信頼度の推定例

i	t_i［時間］	故障数［個］	未故障数［個］	f_i［個］	$\hat{F}(t_i)$
1	24	0	100	0	0
2	48	1	99	1	0.01
3	168	2	97	3	0.03
4	500	3	94	6	0.06
5	700	2	92	8	0.08
6	1000	4	88	12	0.12
7	2000	5	83	17	0.17

特に，$\hat{F}(24)=\dfrac{0}{100}$となるような，故障の累積度数が 0 の区間のデータは，ワイブル確率紙上にはプロットできない．また，故障の累積度数がサンプル数と一致する区間のデータ，すなわち $\hat{F}(t)=1$ となる点もプロットできないことに留意する必要がある．

3.2.4　ワイブル解析の応用例

プロットした点が直線状に並ばない場合，データの構造や背景を慎重に検討して，不信頼度を推定し直すことにより，有益な情報を得ることができる場合がある．一般的には，以下のような項目を検討する．

(1)　ワイブル分布以外の寿命分布の場合

そもそも母集団の変数がワイブル分布に従うものではないときには，上記の手順でワイブル確率紙にプロットを行っても直線には並ばない．主な例を図 3.6 に示す．①は正規分布に従う変数の例の 1 つで，極端に傾きが大きな直線になる場合である．②も正規分布に従う変数の例の 1 つで，裾を引く曲線になる場合である．前者は標準偏差が小さい場合，後者は標準偏差が大きい場合の特徴である．③は対数正規分布に従う場合などによく見られる．特にサンプルサイズが小さい場合には，データがワイブル分布に従うか否かの判断は難しい．

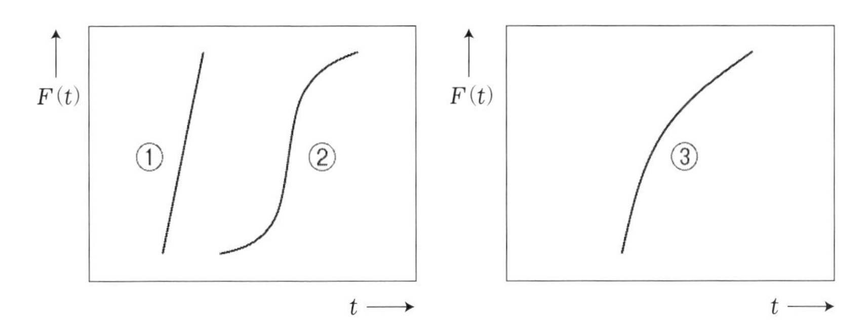

出典） 日本信頼性学会編：『新版 信頼性ハンドブック』，日科技連出版社，第Ⅳ部第 2 章，p. 433，図 2.3，2014 年．

図 3.6 ワイブル分布以外の分布に従うデータのワイブルプロット

(2) 位置パラメータを有するワイブル分布の場合

故障が起こりうる時点が 0 時点とは異なる場合には，位置パラメータを有する 3 母数ワイブル分布を仮定しうる．$\gamma > 0$，$\gamma < 0$ の場合には，図 3.7 に示すように，γ の正・負によって左下がり・左上がりの曲線となる．この場合には，適切な値の γ を仮定する必要がある．

位置パラメータを仮定するか否かは，対象となるアイテムの故障メカニズムを十分に検討する必要がある．特に，故障の起こりうる時点を定数として与え

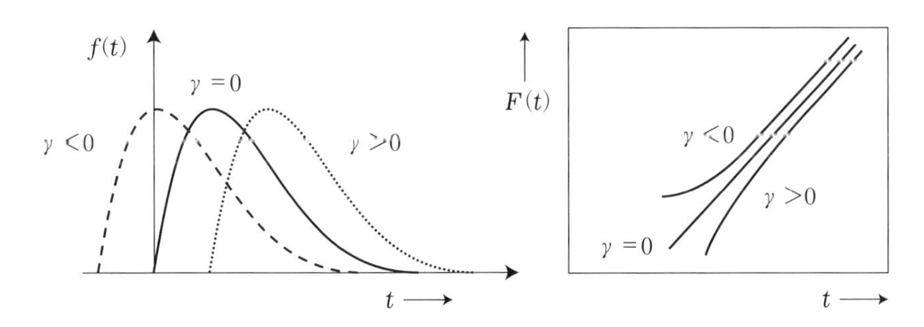

出典） 日本信頼性学会編：『新版 信頼性ハンドブック』，日科技連出版社，第Ⅳ部第 2 章，p. 435，図 2.7，2014 年．

図 3.7 位置パラメータを有する 3 母数ワイブル分布のワイブルプロットの例

ることの妥当性を考慮する必要がある．例えば，破断試験の場合に最低引っ張り応力を考えるときには，変数として取り扱うほうが妥当な場合もある．その際には，後述する重畳分布などを考えるのが適切である．

また，データの構造に関する検討も必要である．製品の出荷時点から故障発生時点までを寿命時間としたとき，出荷時点から使用開始時点までの非稼動時間を含んだ解析となる．$\gamma < 0$となる場合には，エージング（慣らし運転）が実施されていないかなど，履歴検討が重要である．

(3)　混合型分布の場合

寿命の母集団が層別可能で，それぞれの群が異なるワイブル分布に従うとき，それらをまとめてワイブル確率紙上にプロットすると，データは図3.8のように折れ曲がった曲線状に並ぶ．例えば，2種類のワイブル分布$F_1(t)$，$F_2(t)$が混合して母集団を形成し，その構成比率をそれぞれp_1，p_2とすると，母集団の分布は以下の確率特性を有する．

$$F(t) = p_1F_1(t) + p_2F_2(t) \tag{3.14}$$

$$p_1 + p_2 = 1 \tag{3.15}$$

このように，分布が明確に2つの分布に分かれるような場合には，異常ロッ

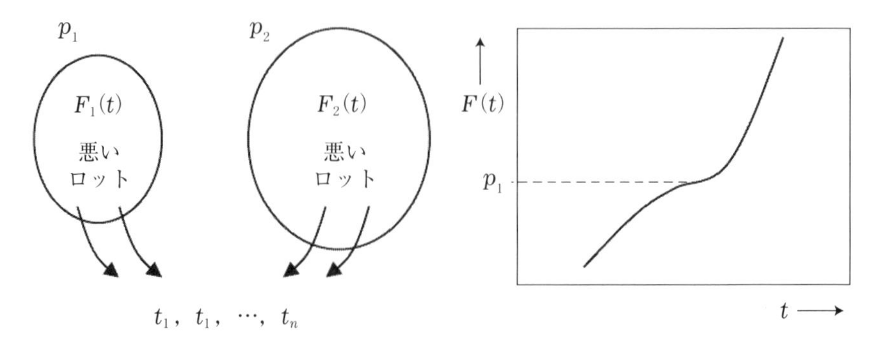

出典）日本信頼性学会編：『新版 信頼性ハンドブック』，日科技連出版社，第Ⅳ部第2章，p. 433，図2.4，2014年．

図3.8　混合型ワイブル分布の概念図

トの混入や使用環境の混在を想定し，データを適切に層別して解析を進めるのが原則である．また，分布が明確に複数に分かれず，無数の分布の無限混合になるような場合には，1.3.8 項(3)の一般化 Burr 分布(タイプ XII 型)のような無限混合分布を用いることが妥当な場合もある．このようなときには，プロットはワイブル確率紙上で上に凸の曲線になる．

(4) 競合リスク型分布の場合

2 つのユニット A，B からなる直列システムにおいて，A が初期故障型，B が摩耗故障型の特性をもつとする．いずれのユニットが故障した場合でも，システムとしての故障となるため，ユニット A，B の区別なくシステムの故障時点をプロットすると，初期故障型と摩耗故障型の混在した折れ線となる．すなわち，バスタブ曲線の左側と右側が混在したようなデータをプロットしたようなときには，プロットは直線にはならない．前者のワイブル分布を $F_1(t)$，後者のワイブル分布 $F_2(t)$ とすると，競合リスク型ワイブル分布の分布関数は式(3.16)のようになる．すなわち，直列系の寿命分布である．競合リスク型ワイブル分布の場合，図 3.9 に示すように，ワイブル確率紙へのプロットは下に凸の曲線になる．

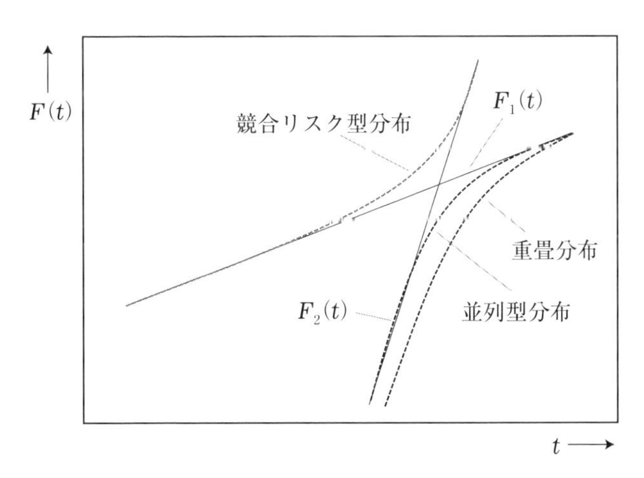

図 3.9　競合リスク型分布，並列型分布，重畳分布の概念図

$$F(t) = 1 - (1 - F_1(t))(1 - F_2(t)) \tag{3.16}$$

故障モードや故障部位などで層別して解析する際には，図3.4の(d)から(e)へのような，中途打切りによるランダム打切りデータとしての取り扱いが必要になる．

(5)　並列型分布の場合

前項の競合リスク型ワイブル分布は，2つの故障モードに関する直列系と考えることができる．これに対応するものを形式的に考えると，2つの故障要因が両方とも発現して初めて故障が顕在化するような分布になることが考えられる．これは，並列系の寿命分布にあたり，その分布関数は式(3.17)のようになる．

$$F(t) = F_1(t)F_2(t) \tag{3.17}$$

このときのワイブル確率紙へのプロットは，図3.9に示すように競合リスク型ワイブル分布の場合と逆に，上に凸の曲線となる．

(6)　重畳分布の場合

故障が顕在化するためには，連続する2つの過程が発現する必要がある場合である．第1の過程に要する時間をt_1，第2の過程に要する時間をt_2とすると，寿命tは$t = t_1 + t_2$となる．このとき，t_1およびt_2の密度関数を$f_1(t_1)$，$f_2(t_2)$とし，t_1とt_2が互いに統計的に独立とすると，寿命tの分布関数$F(t)$は$f_1(\cdot)$，$f_2(\cdot)$の重畳(たたみ込み)となり，

$$F(t) = \int_0^t f_1(t_1) f_2(t - t_1)\, dt_1 \tag{3.18}$$

あるいは，

$$F(t) = \int_0^t f_1(t - t_2) f_2(t_2)\, dt_2 \tag{3.19}$$

となる．このような分布を重畳分布と呼ぶ．

実際の故障を考えたとき，故障メカニズムが1つの過程のみで決定されると

は限らない．例えば，故障にいたる事象が物理的に進行し始めるまでに潜伏時間を有するような場合には，潜伏時間を t_1，その後の事象の進行に要する時間を t_2 とすれば，重畳分布となることが妥当である．図 3.9 に示すように，重畳分布はワイブルプロットで上に凸の曲線となるが，2 つの過程の和として成り立つため，並列型分布の場合よりも寿命の長い分布となる．

3.3
偶発故障データの解析

修理系が主となる複雑なシステムでは，初期運用時にデバギングを行い，初期故障を取り除いてから運用に入ることが多いため，定常運用時の故障の発生パターンは偶発故障型となることが多い．そのような場合，故障間動作時間 T には指数分布を仮定しうる．

1.3.5 項に述べたように，指数分布は故障率一定となることが特徴の分布である．この指数分布を，比較的多くの部品によって構成されている複雑なシステムにおいて発生する故障のパターンにあてはめることについての妥当性は，ドレニック（R. F. Drenick）の研究 [9] によるところが大きい．そこで示されているのが，「多くのコンポーネントによって構成されるシステムにおいて，各コンポーネントが故障したときに，ただちに修理が行われシステムは修復するものとする．このとき，コンポーネントの寿命分布がいかなる分布であろうとも，システムの故障間動作時間の分布は近似的に指数分布に従う」というもので，ドレニックの定理と呼ばれている．実際には，突出して高い故障率のコンポーネントがない，という条件が必要となる．複雑性や，運用時間が増したシステムにおける故障間動作時間や，機器が最初に故障するまでの時間の分布が指数分布と見なせることは経験的に知られていたが，ドレニックの研究により理論的な裏付けが示された．

実際の信頼性試験においては，観測される故障が特定の故障モードに限定されないような場合に，偶発故障が観測されているとして指数分布に基づく解析が行われる．そのため，完全データとなることはほとんどなく，打切りデータの解析を行うことが一般的である．また，故障時間や故障間動作時間のデータがある程度の数量得られた場合には，前述のワイブル解析を行うなどして，データが指数分布に従うと見なすことの妥当性を検討すべきである．

3.3.1　完全データと定数打切りデータの解析

指数分布に従う n 個の完全データとして，t_1，t_2，…，t_n が得られたとする．なお，故障時間，故障間動作時間でも取扱いは同じである．このときMTTFまたはMTBFの推定値は式(3.20)により得られる．

$$\widehat{MTTF}\text{（もしくは}\widehat{MTBF}\text{）}=\frac{1}{n}\sum_{i=1}^{n}t_i \tag{3.20}$$

すなわち，MTTFとMTBFは非修理系アイテムの平均故障寿命と修理系の平均故障間動作時間である．また，MTTFとMTBFの数学的な取り扱いは同じなので，これ以降MTTFに統一して示す．

また，観測されたデータが，n 個のうち r 個の故障が観測された時点 t_r で観測を打ち切る定数打切りデータであった場合には，推定値は以下のようにして得られる．

$$\widehat{MTTF}=\frac{1}{r}\left(\sum_{i=1}^{r}t_i+(n-r)t_r\right) \tag{3.21}$$

すなわち，式(3.20)はすべてのアイテムで故障が観測される場合$(n=r)$に対応する．

式(3.20)，式(3.21)ともに，MTTFの推定値はアイテムの総動作時間 T を観測した故障数 r で除すことによって得られることを示している．これは，指数分布の場合に，どのような種類の寿命データであっても成り立つ．また，指数分布においては故障率 λ はMTTFの逆数となる(1.3.5項参照)ため，故障率の推定値は，

$$\hat{\lambda}=\frac{r}{T} \tag{3.22}$$

として得られる．この推定値を 1.3.5 項の式(1.9)，式(1.10)などに代入することによって，ある任務時間における信頼度や不信頼度を求めることができる．

3.3.2 定時打切りデータの解析

あらかじめ設定した時間 t_c に達した時点で観測を打ち切る定時打切り方式で得られたデータでも，故障率の推定値は式(3.22)の形で求めることができる．すなわち MTTF の推定値も，式(3.23)のように総動作時間 T を故障観測数 r で除することによって求められる．

$$\widehat{MTTF} = \frac{1}{r}\left(\sum_{i=1}^{r} t_i + (n-r)t_c\right) \tag{3.23}$$

ここで，式(3.21)や式(3.23)の最尤法による導出について示す．なお，最尤法の詳細については 8.4 節，参考文献[1]などを参照されたい．ここでは，式(3.23)の導出を例として示す．信頼性試験を行った結果，時間 t_c で試験を打ち切った際に n 個のうち r 個の故障が観測されたとする．このとき，指数分布を仮定した際の尤度関数 L は式(3.24)のように求められる．

$$L = \prod_{i=1}^{r}[\lambda\exp(-\lambda t_i)]\cdot[\exp(-\lambda t_c)]^{n-r} \tag{3.24}$$

式(3.24)の両辺に対数をとり，対数尤度関数 $\ln L$ を求めると，式(3.25)の形が得られる．

$$\ln L = r\ln\lambda - \lambda\sum_{i=1}^{r} t_i - (n-r)\lambda t_c \tag{3.25}$$

対数尤度を最大化する λ が推定値を与えるため，$\dfrac{\partial}{\partial\lambda}\ln L = 0$ を解いて $\widehat{MTTF}$ を求めると，

$$\widehat{MTTF} = \frac{1}{\hat{\lambda}} = \frac{1}{r}\left(\sum_{i=1}^{r} t_i + (n-r)t_c\right) \tag{3.26}$$

となる．

3.3.3　MTTF の区間推定

実際の偶発故障のデータ解析においては，MTTF や故障率を区間推定することが多い．区間推定とは，データから未知母数の値の存在範囲を区間として推定する方式である．ここでは，故障率 λ に関する区間推定を考える．このとき，区間が広ければ真の λ の値を含みやすくなるが，範囲を広く取りすぎると λ を過大に評価することとなり，推定の価値が薄れてしまう．

故障率の区間推定における区間を $(\lambda_L,\ \lambda_U)$ と書き，これを信頼区間，λ_L を信頼下限，λ_U を信頼上限と呼ぶ．真の λ が信頼区間 $(\lambda_L,\ \lambda_U)$ の間に入る確率を信頼率といい，通常 $1-\alpha$ で表される(8.4 節参照)．すなわち，

$$\Pr(\lambda_L < \lambda < \lambda_U) = 1-\alpha$$

となる区間を信頼率 $1-\alpha$ の信頼区間という．

偶発故障の場合, MTTF の区間推定には χ^2 分布を用いる．指数分布の場合，完全データ $(t_1,\ t_2,\ \cdots,\ t_n)$ に関する $\dfrac{t_i}{MTTF}$ $(i=1,\ 2,\ \cdots,\ n)$ は，パラメータ 1 の指数分布に従う．したがって，$\dfrac{T}{MTTF}$ は尺度パラメータ 1，形状パラメータ n のガンマ分布となる．よって，$\dfrac{2T}{MTTF}$ は自由度 $2n$ の χ^2 分布となる．自由度 ϕ の χ^2 分布における上側 $100\times P\%$ 点を $\chi^2(\phi\ ;P)$ とすると，

$$\Pr\left(\chi^2\left(2n\ ;1-\frac{\alpha}{2}\right) < \frac{2T}{MTTF} < \chi^2\left(2n\ ;\frac{\alpha}{2}\right)\right) = 1-\alpha$$

$$\therefore \Pr\left(\frac{2T}{\chi^2\left(2n\ ;\dfrac{\alpha}{2}\right)} < MTTF < \frac{2T}{\chi^2\left(2n\ ;1-\dfrac{\alpha}{2}\right)}\right) = 1-\alpha$$

が得られる．すなわち，MTTF の信頼率 $1-\alpha$ の信頼区間は，

$$\left(\frac{2T}{\chi^2\left(2n\,;\frac{\alpha}{2}\right)},\ \frac{2T}{\chi^2\left(2n\,;1-\frac{\alpha}{2}\right)}\right) \tag{3.27}$$

より求められる．同様にして，故障数 r，総動作時間 T の定数打切りデータの場合にも $\frac{2T}{MTTF}$ が自由度 r の χ^2 分布に従うことが示される．これより，MTTF の信頼率 $1-\alpha$ の信頼区間は，

$$\left(\frac{2T}{\chi^2\left(2r\,;\frac{\alpha}{2}\right)},\ \frac{2T}{\chi^2\left(2r\,;1-\frac{\alpha}{2}\right)}\right) \tag{3.28}$$

にて与えられる．

故障率 λ と信頼度については，点推定と同じく故障率 λ は MTTF の逆数となるという関係を用いればよい．すなわち，MTTF の信頼下限を $MTTF_L$，信頼上限を $MTTF_U$ とすれば，

$$MTTF_L < \frac{1}{\lambda} < MTTF_U$$

より，

$$\frac{1}{MTTF_U} < \lambda < \frac{1}{MTTF_L} \tag{3.29}$$

が得られる．同様に，任務時間 t_0 の信頼度 $R(t_0)$ は，次のように求められる．

$$\exp\left(-\frac{t_0}{MTTF_L}\right) < R(t_0) < \exp\left(-\frac{t_0}{MTTF_U}\right) \tag{3.30}$$

MTTF や信頼度の区間推定については，信頼上限，信頼下限の両側ではなく，信頼下限のみを保証したいという場合が多い．言い換えれば，これ以下に悪くなる確率は α しかない，という形で推定を行う場合である．このときには，

$$\Pr\left(\frac{2T}{\chi^2(2r\,;\ \alpha)} < MTTF\right) = 1-\alpha$$

より，MTTF の片側信頼区間として，

$$\left(\frac{2T}{\chi^2(2r\,;\,\alpha)},\ \infty\right) \tag{3.31}$$

を考えればよい．同様にして信頼度も求められる．また，故障率 λ については信頼上限を考えればよい．

定時打切りデータの場合，MTTF の区間推定は式(3.28)ではなく，以下の式(3.32)を用いる．

$$\left(\frac{2T}{\chi^2\left(2(r+1)\,;\,\frac{\alpha}{2}\right)},\ \frac{2T}{\chi^2\left(2r\,;\,1-\frac{\alpha}{2}\right)}\right) \tag{3.32}$$

これは，総動作時間 T における故障数は$(r,\ r+1)$の間にあるので，安全側をとって MTTF の下限は故障が$(r+1)$回，上限は r 回生じたものと考えて求めればよい．

3.3.4　故障数 0 のときの解析法

信頼性試験を行った結果，現実的な条件と時間では故障が観測されないことがある．対象となるサンプルの故障率が低いほど，試験を行ったが故障数 0 となる可能性が高くなる．このようなとき，点推定ではなく区間推定を行い，故障の観測数が少ないことをカバーする必要がある．例えば，観測した故障数が 3 個のときと 30 個のときでは，点推定値は同じであったとしても信頼区間の幅が異なるためである．

偶発故障の場合，寿命分布には指数分布が仮定される．この場合，定められた一定時間$(0,\ T)$間に発生する故障数 X は，ポアソン分布，

$$\Pr(X=k\,|\,T)=\frac{(\lambda T)^k}{k!}\exp(-\lambda T) \tag{3.33}$$

として与えられる．したがって，$(0,\ T)$間に故障が C 件以下発生する累積確率は，

$$F(C)=\sum_{k=0}^{C}\frac{(\lambda T)^k}{k!}\exp(-\lambda T) \tag{3.34}$$

より求められる．試験時間 t_c において観測された故障数が 0 のとき，総動作時間 T は $T = n \cdot t_c$ より求められる．また，式(3.34)において $C = 0$，および $F(0) = \alpha$ とすれば，

$$\alpha = \exp(-\lambda_U T) = \exp\left(-\frac{1}{MTTF_L}T\right)$$

より，$\hat{\lambda}_U$ および $\widehat{MTTF}_L$ が得られる．すなわち，故障率 λ の信頼率 $(1-\alpha)$ の区間推定は，

$$\left(0,\ -\frac{\ln\alpha}{nt_c}\right) \tag{3.35}$$

として求めることができる．故障率と MTTF の関係より，MTTF の信頼率 $(1-\alpha)$ の区間推定は，

$$\left(-\frac{nt_c}{\ln\alpha},\ \infty\right) \tag{3.36}$$

より求められる．

故障率一定が成り立たずワイブル分布が仮定しうる場合でも，形状パラメータ m が既知であれば，観測された故障数が 0 のときでも，適切な変数変換を施すことによって尺度パラメータ η の区間推定範囲を求めることができる．すなわち，

$$\left(\left[-\frac{nt_c^m}{\ln\alpha}\right]^{\frac{1}{m}},\ \infty\right) \tag{3.37}$$

となる．

逆に，λ_U や η_L が与えられたとき，これらを保証するために必要な試験時間とサンプル数は表 3.5 のように求められる．求めた試験時間において故障数が 0 であれば，λ_U や η_L が保証されることになる．

表 3.5　λ_U および η_L を信頼率 $1-\alpha$ で保証するために必要な試験時間とサンプル数，および故障数 $r=0$ の際の $\hat{F}_U(t_0)$ と $\widehat{MTTF}_L$ の推定法

	サンプル数 n のときに必要な試験時間	試験時間 t_c のときに必要なサンプル数	$F(t_0)$ の信頼上限：$\hat{F}_U(t_0)$	MTTF の信頼下限：$\widehat{MTTF}_L$
指数分布	$-\dfrac{\ln\alpha}{n\lambda_U}$	$-\dfrac{\ln\alpha}{t_c\lambda_U}$	$1-\exp\left(\dfrac{\ln\alpha}{n}\dfrac{t_0}{t_c}\right)$	$-\dfrac{nt_0}{\ln\alpha}$
ワイブル分布	$\eta_L\left(\dfrac{-\ln\alpha}{n}\right)^{\frac{1}{m}}$	$-\ln\alpha\left(\dfrac{\eta_L}{t_c}\right)^m$	$1-\exp\left[\dfrac{\ln\alpha}{n}\left(\dfrac{t_0}{t_c}\right)^m\right]$	$\left(-\dfrac{nt_0^m}{\ln\alpha}\right)^{\frac{1}{m}}\Gamma\left(1+\dfrac{1}{m}\right)$

【第3章の演習問題】

［問題 3.1］　その故障が偶発故障となるデバイスを10個ランダムサンプリングして信頼性試験を行った．あらかじめ t_c = 1000時間の打切り時間を定めて試験した結果，打切りにいたるまでに7個の故障が観測された．観測された故障時間は以下である．

82，112，202，407，489，540，990　［時間］

このとき，

（ア）　故障率 λ と MTTF の点推定値を求めよ．

（イ）　t_0 = 500時間における信頼度を求めよ．

（ウ）　MTTF の区間推定を行い，信頼下限を推定せよ．ただし，片側区間推定として，信頼率 $1-\alpha$ = 0.9 とする．

［問題 3.2］　演習問題3.1をワイブル確率紙を用いて解析し，偶発故障と考えてよいか考察せよ．（ア），（イ）について求めよ．また，B_{10} ライフを求めよ．

［問題 3.3］　あるデバイスの信頼性試験を行った結果，A，Bの2つの故障モードが表3.6のように観測された．以下の手順に従って故障モードA，Bに対してワイブル解析を行うこと．

（ア）　DA図を作成せよ．

（イ）　逆順位，および故障モードA，Bに対するハザード値，累積ハザード

表 3.6　デバイスの信頼性試験結果

デバイスID	故障時間	故障モード
1	3.90	A
2	6.18	A
3	1.05	B
4	10.16	A
5	4.12	B
6	2.77	A
7	7.81	A
8	1.57	A
9	2.30	B
10	4.90	A

値を求めよ．

（ウ）　累積ハザード法で，故障モードA，Bに対する $\hat{m}$，$\hat{\eta}$ を求めよ．

第3章の参考文献

[1]　信頼性技術叢書編集委員会監修，鈴木和幸編著，石田勉，益田昭彦，横川慎二著：『信頼性データ解析』，日科技連出版社，2009年．

[2]　久保拓弥：『データ解析のための統計モデリング入門』，岩波書店，2012年．

[3]　石田基広監修，萩原淳一郎，瓜生真也，牧山幸史著：『基礎からわかる時系列分析』，技術評論社，2018年．

[4]　電気通信大学　横川慎二研究室ホームページ　Rリポジトリ「Weibull plot」http://www.yokogawa.iperc.uec.ac.jp/custom5.html

[5]　市田嵩，鈴木和幸：『信頼性の分布と統計』，日科技連出版社．1984年．

[6]　Nelson, W. (1969): "Hazard Plotting for Incomplete Failure Data", *Journal of Quality Technology*, Vol.1, pp.27-52.

[7]　Aalen, O. (1978): "Nonparametric Inference for a Family of Counting Processed", *The Annals of Statistics*, Vol.6, pp.701-726.

[8]　阿部俊一：「短期間の観測データによる現用機器の寿命推定法」，『鉄道技術研究報告』，鉄道技術研究所，No.636，1968年．

[9]　Drenick, R. F. (1960): "The Failure Law of Complex Equipment", *Journal of the Society for Industrial and Applied Mathematics*, Vol.8, No.4, pp.680-690.

第4章

信頼性試験の概念と進め方

信頼性はお客様がアイテム(製品およびサービス)を安心して利用するための重要な特性であり，信頼性試験はアイテムの信頼性を保証するうえでの具体的な手段である．信頼性試験の実施には相応の期間とコストがかかるため，計画的で合理的な進め方が必要になる．

本章は，最初に，国際規格および JIS 規格に基づいた信頼性試験の基本用語，ならびに種々の観点から分類される信頼性試験についての知識を紹介する．

さらに，信頼性試験を合理的に実施するための心構えや計画的な活動手順について述べる．信頼性試験を計画し，実行し，試験結果をとりまとめるまでの標準的なプロセスにおいて考慮する事項とその要点を説明する．

4.1

信頼性試験の定義

本節では，JIS Z 8115：2019「ディペンダビリティ(総合信頼性)用語」に採択されている試験および信頼性試験にかかわる用語の定義を紹介する．この規格は，国際規格IEC 60050-192：2015 “International Electrotechnical Vocabulary, Part 192：Dependability” との整合がとられている．それとともに，JIS 独自の信頼性用語も含まれている．

国際規格では，試験にかかわる基本用語が定義され，JIS 規格でも採用されている．最も基本となる “試験” は，総合信頼性(ディペンダビリティ)の分野で使われる場合に限定した定義になっている[1]．

試験(test <in dependability>)（192-09-01）

ディペンダビリティの分野において，アイテムの１つ以上の特性を決定又は検証するための手順．

注記 1：アイテムのサンプル試験は，サンプルが採られたアイテムの母集団の情報を確かめるために行う．

注記 2：信頼性又は保全性に係わるディペンダビリティ特性を確認するために実施する．(以下省略)

“試験” は試験の目的(特性の決定または検証)によって，決定試験と適合試験に大別される．なお，国際規格には “決定試験” が含まれていないため，JIS 規格で独自に追加している．

決定試験(determination test)（192J-09-110）

アイテムの特性又は性質を示す値を決定する試験．

適合試験(compliance test)（192-09-02）

1)　枠内に掲載する内容は，順に＜用語名＞＜(英文表記)＞＜(用語分類記号)＞＜定義文＞＜注記＞となっている．

アイテムの特性又は性質が規定の要求事項に適合するかどうかを判定する試験.

試験の目的は上記に示すとおりであるが，何を確認する試験なのかを明確にするために，例えば，信頼性試験，保全性試験，総合信頼性(ディペンダビリティ)試験，アベイラビリティ試験，故障率適合試験，MTBF 決定試験などと称される.

さらに，JIS 用語では産業界で広く使われている信頼性試験，信頼性決定試験および信頼性適合試験を独自に採択して定義している.

信頼性試験(reliability test)（192J-09-101）

信頼性の特性又は性質を分類するために行う試験.

注記 1：大別して，信頼性適合試験及び信頼性決定試験に分類される.

信頼性決定試験(reliability determination test)（192J-09-111）

アイテムの信頼性特性値を決定する試験.

注記 1：この試験は，統計的推定に対応する.

注記 2：決定試験には，定型的な試験と非定型的な試験とがある．定型的な試験とは，例えば国家機関又は業界団体が定めた試験を指し，非定型的な試験とは，その他の試験を指す.

信頼性適合試験(reliability compliance test)（192J-09-106）

アイテムの信頼性特性値が，規定の信頼性要求(例えば，故障率水準)に適合しているかどうかを判定する試験.

注記 1：この試験は，統計的検定に対応する.

注記 2：適合試験には，定形な試験と非定形的な試験とがある．定形的な試験とは，例えば国家機関又は業界団体が定めた試験を指し，非定形的な試験とは，その他の試験を指す.

図 4.1 は目的による信頼性試験の分類図である.

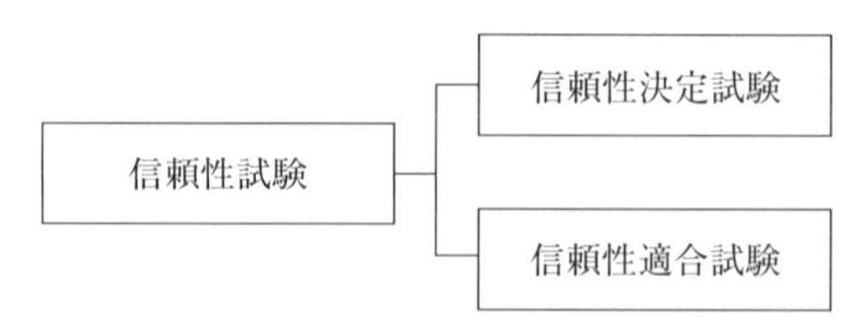

図 4.1　信頼性試験の目的による分類

4.2 信頼性試験の分類

信頼性試験にはいろいろな種類があり，いろいろな呼称がある．例えば試験の目的，試験の対象，試験の場所，試験の時期，試験の属性などの観点から，信頼性試験は分類される．4.1 節では試験の目的による分類を説明したが，本節では，それ以外の観点からの信頼性試験の種類を紹介する．前節同様，JIS Z 8115：2019 から代表的な用語を紹介する．

4.2.1　試験の対象による分類

信頼性試験の対象は，総合信頼性(ディペンダビリティ：dependability)の対象となるすべてのアイテムである．すなわち，材料，部品，構成品，デバイス，機能ユニット，機器，サブシステム，システムなどである．これらは，ハードウェア，ソフトウェア，人間(ヒューマンウェア)またはそれらの組合せのいずれかとして形成される．換言すれば，製品およびサービスのすべてが信頼性試験の対象になる．

本書では，製品(材料，部品，デバイス，装置，機器，システム，ネットワークなど)に着眼した信頼性試験について述べられる[2)]．

2)　ソフトウェアの信頼性に関する試験，検査については，本叢書の『ソフトウェアの信頼性』を参照されたい．

4.2.2 試験場所による分類

信頼性試験は実施する場所によって，試験室試験とフィールド試験に分けられる．

試験室試験(laboratory test)（192-09-05）
フィールド条件を模擬してもしなくてもよいが，指定され，調整された条件で行う試験．
フィールド試験(field test)（192-09-06）
利用者の運用状態で実施する試験．
注記：試験時には，運転，環境，保全及び測定の条件を監視又は記録するとよい．
試験室信頼性試験(laboratory reliability test)（192J-09-112）
信頼性に関わる試験室試験．
注記 1：信頼性に関する指定の条件には，動作条件，環境条件などがある．
フィールド信頼性試験(field reliability test)（192J-09-113）
信頼性に関わるフィールド試験．

試験室信頼性試験は，試験室や実験室などにおいて，実使用をシミュレートした，またはあらかじめ規定した，動作・環境条件で実施する信頼性試験である．印加するストレスの種類は制限されるが，単独のまたは複合したストレスの水準を変化させて試験ができる利点がある．ストレスと信頼性特性値の物理的な関係や法則を確認するために実施する場合もある．通常は，実使用時よりも厳しいストレス条件で試験することが多い．

フィールド信頼性試験は，製品を使用または運用する現場(フィールド)において，実使用状態における製品の動作・環境・保全などの条件を記録して行う信頼性試験である．フィールドでの試験であるため，動作・環境条件をみだりに変更することはできず，試験時間もあまり長くはとれないという制限があるが，実使用状態で試験ができるという強みが大きい．

4.2.3　試験の時期による分類

製品のライフサイクルのどの段階(phase)で試験が実施されるかにより，信頼性試験を分類できる．製品のライフサイクルは，構想・定義(企画)の段階，開発・設計の段階，製造段階，据付け段階，運用・保全段階および廃却段階に分けられる．一例として，各種信頼性試験の典型的な実施段階を図4.2に示す．

4.2.4　試験の属性による分類

信頼性試験の再現性，普遍性，公平性などを確保するために，試験を実施する前にあらかじめ設定しておく事項がある．例えば，試験の終了条件，打切り条件，加速の条件などである．

(1)　試験の終了条件

供試されたサンプルが故障するまで試験を続行するかどうかで，信頼性試験は分類される．アイテムの耐久性を確認する試験を寿命試験または耐久性試験という．耐久性は次のように定義されるアイテムの能力である．

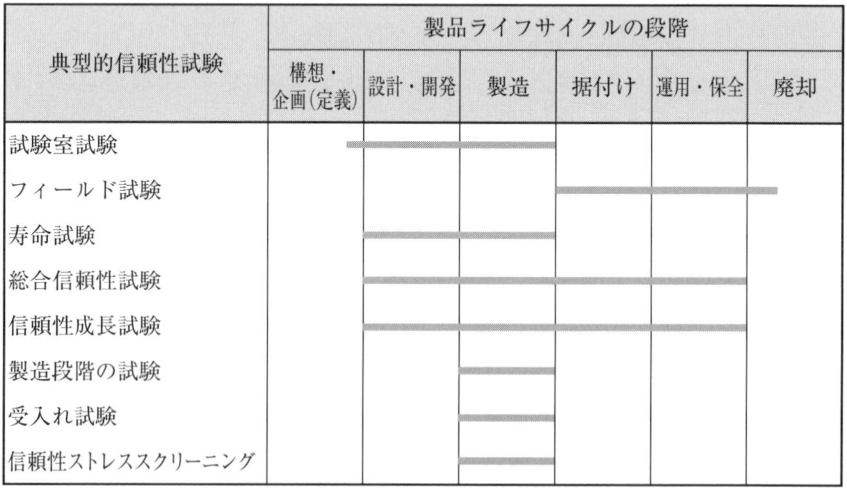

典型的信頼性試験	製品ライフサイクルの段階					
	構想・企画(定義)	設計・開発	製造	据付け	運用・保全	廃却
試験室試験						
フィールド試験						
寿命試験						
総合信頼性試験						
信頼性成長試験						
製造段階の試験						
受入れ試験						
信頼性ストレススクリーニング						

図4.2　各種信頼性試験の典型的な実施段階

耐久性(durability <of an item>)（192-01-21）
　与えられた運用及び保全条件で，有用寿命の終わりまで，要求通りに実行できるアイテムの能力．
注記 1：与えられた使用条件は，放置条件，及びストレス(192J-01-108)の定められた順序又は複合を含む，合理的に予見できる全使用条件を包含する．（以下省略）
　これを踏まえて，寿命試験(耐久性試験)は次のように定義される．
寿命試験，耐久性試験(life test，durability test)（192-09-17）
　耐久性を推定又は検証するための試験．

　したがって，寿命試験は全サンプルが故障するまで試験を続行することが基本であるが，「数と時間の壁」の克服対策として，打切り試験になることが多い．一方，必ずしもサンプルの故障を前提としない試験を耐久試験という．

耐久試験(endurance test)（192-09-07）
　規定のストレスの持続的又は反復的印加が，アイテムの性質へ及ぼす影響を調査するために行う手順．

　耐久試験は必ずしも有用寿命の終わりまで実施する必要はない．
　ちなみに，耐久性試験は寿命試験と同じ意味であるが，耐久試験と耐久性試験は異なる目的の試験であることに注意すること．ただし，耐久試験を故障が生じるまで実行して，“寿命試験”という場合もある[3]．

(2)　試験の打切り条件

　信頼性試験は「数と時間の壁」の問題からすべてのサンプルが故障するまで実施せず，適切に打ち切ることが行われる．

3)　寿命試験，耐久性試験(192-09-17)の注記 2 による．

> **打切り**(censoring)（192-09-15）
> 　規定の持続時間又は規定の事象数の後に，得られた特定の評価データから観測を終了すること．
> **中途打切り**(censoring)（192J-09-122）
> 　複数のアイテムについて実施する試験において，規定故障数の発生時点又は規定動作時間への到達時点での観測(試験)の終了．

信頼性試験でよく用いられる中途打切りは，打切りの特別な場合である．

> **打切り試験，中途打切り試験**(censored test)（192J-09-123）
> 　複数のアイテムについて実施して，供試アイテムのすべてが故障してしまう前に打切りする試験．
> 注記1：打切り試験には，"定時打切り試験"(192J-09-124)と"定数打切り試験"(192J-09-125)とがある．
> 注記2："信頼性逐次試験"(192J-09-126)では，一般的に中途打切りが適用される．(以下省略)

定時打切り試験，定数打切り試験，信頼性逐次試験については，第6章で解説する．

(3)　加速の条件

"加速"は，「数と時間の壁」を打ち破る要(かなめ)となる方法で，JIS用語では，加速試験を次のように定義している．

> **加速試験**(accelerated test)（192-09-08）
> 　ストレスに対する反応が生じるのに必要な期間を短縮させるために，所定の動作条件下で生じるストレス水準，又はストレス印加率を超えて実施する試験．
> 注記1：例えば，部品の熱的又は機械的な疲労寿命を決定する試験法．

注記2：試験では，基本的な故障モード，故障メカニズム，又はこれらの相対的な関係を変更しないことが望ましい．

注記3：信頼性を改善するために，アイテムに内在する故障，弱点などを顕在化させる目的で，仕様に決められた条件に関係なく厳しい条件で行う試験も，定性的加速試験という場合がある．

加速試験は，ストレスの印加の仕方によって，定ストレス試験やステップストレス試験(192-09-10)などに分けられる．また，加速する信頼性特性値(信頼性尺度)によって，時間加速試験(寿命加速試験)と故障率加速試験に分けられる．これらの詳細は第5章で解説する．

◆◆◆「環境試験」◆◆◆

産業界では，総称として“環境試験”(environmental test)が広く用いられている．様々な意味で使われているが，アイテムが環境要因に曝される試験であることで一致している．しかし，以前から国際規格およびJIS規格には「環境試験」の用語は採択されていない．技術用語として定義するには，「環境」の表現は曖昧であるためと推測される．JIS規格では，個別アイテムの信頼性試験規格において，印加ストレスとして具体的な環境要因が規定される．なお，ストレス(stress)(192J-01-108)は「アイテムが受ける影響で，その振る舞いに関わるもの」と定義され，その注記2に「環境に関わる影響(温度，湿度，気圧など)を環境ストレス，アイテムの動作に関わる影響(電圧，電流，機械適応力など)を動作ストレスと呼ぶことがある」と述べられている．

4.3
信頼性試験の計画

市場における信頼性問題の発生は，企業の存続を左右する状況につながる可能性がある．一方で，信頼性は時間の関数であり，その確認には時間が必要であり，多額な費用が発生する．したがって，信頼性試験を実施するうえでは試験の計画が重要になってくる．

試験の開始にあたっては十分な検討を行い，試験計画書または試験仕様書として文書化し関係者と共有するようにする．計画書には，試験手順書や試験データフォーマットなども定めておく必要がある．計画書には以下に示すような項目を盛り込む必要がある．

①　信頼性試験の目的

図4.2に示したように，信頼性試験は新製品開発の各段階で行われ，それぞれの段階に応じて実施される．確認したい内容によって試験対象となるアイテムも，試験片からアッセイ，サブシステム，機器レベルまで多様であり，それに応じて試験の規模や必要とする機器や設備も異なってくる．目的を明確にし，それに伴って対象とするアイテムや試験の体制，スケジュールなどを検討する必要がある．

試験は一般的には限られた数の試作品を使用して限られた条件で実施されることが多く，すべての問題を確認できるわけではない．製品開発段階では操作性の確認，規格の取得などの目的で多くの試験が平行して実施される．これらとの関係も明確にし，問題をできる限り確認するようにしておくことが重要である．

②　信頼性試験の対象（アイテム）

信頼性試験の対象は，試験片から機器にいたるまで幅広い．試験対象のアイテムによって試験方法や必要となる機器，設備は異なってくる．試験目的を明確にしたうえで試験対象のアイテムを選定する．

③ 試験体制とスケジュール

信頼性試験は，品質保証上の問題の確認や故障原因の技術的な解明を行い，確実な対応を行うために，試験実施部門だけでなく，品質保証，開発・設計，製造部門が連携し，組織的に実施することが重要である．

関連する人がどのような役割を果たし責任をもつかを明確にした試験体制を明確にしておく必要がある．また，信頼性試験の結果は製品の市場導入可否判断とも関連する．製品開発のスケジュールと合わせて実施スケジュールを明確にしておく必要がある．

④ 試験の手順

信頼性試験の結果は製品開発段階で次の段階への移行を判断するうえで重要なものであり，再現性があるものでなければならない．計画段階では，試験の対象となる試料作製をどのような手順で行うのか，確認をどう行うかなどの手順を明確にしておく必要がある．また，試験の設定や供試品をどのような手順で試験開始をするかなどの手順を明確にしておくことが，試験の信頼性を高め再現性を確保するうえで重要である．

⑤ 印加する環境ストレス条件とアイテムの動作条件，負荷条件

機器，ユニット，部品などは，その内部に故障と関連する固有の物理・化学的なメカニズム(故障メカニズム：酸化，拡散など)をもっている．図 4.3 に示すように，使用される外部の環境・使用条件(温度，湿度，電圧など)によりストレスが印加され，対象内部の故障メカニズムによる変化が進展し，対象の外

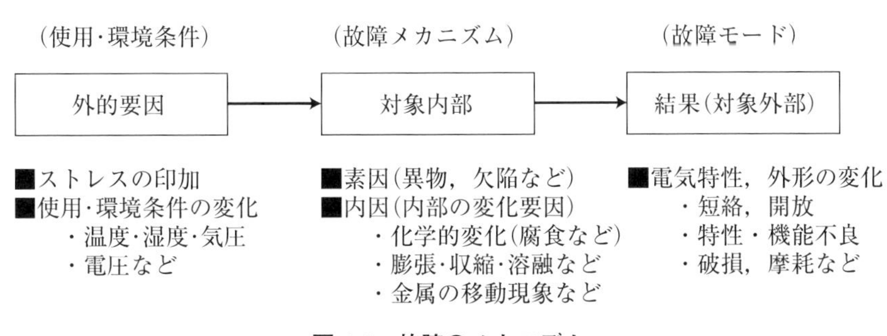

図 4.3 故障のメカニズム

部に故障モード(故障現象：開放，短絡，特性変動など)として表れる．

したがって，信頼性試験を計画する際には，表4.1，表4.2に示すような，使用・環境条件に応じたストレスを検討し実施することが重要になる．最近は，市場がグローバル化し想定していなかったような条件での故障が発生し，問題になることが多い．使用される地域の環境条件などは言うに及ばず，国民性から来る操作方法や物流条件の相違など幅広く調査を行い，試験条件に反映することが必要である．

⑥　アイテムの観察・測定項目および条件

故障は電球などのように一目で故障と判断できるものもあるが，時間とともに特性値が劣化し故障にいたるものも多い．また，状態を確認するためにも多くの特性値をモニタリングしておくことが必要である．試験中での観察・確認には多くの労力が必要とされるので自動化(機械化)を行うことの検討も必要である．

特性値は測定時の環境条件などに左右されることも多い．適切な判断が実施できるように，測定条件を明確にしておくことが必要である．

表4.1　自動車の環境・使用条件(例)

環境条件	想定される故障形態
高温	樹脂・ゴム劣化，摺動部焼き付き
低温	シール部漏れ，作動荷重増大
冷熱	シール部ガスケットへたり，はんだ亀裂
湿度	樹脂強度低下
悪路	車体疲労亀裂，ブッシュ破損
砂利道	飛び石による塗装剥がれ
泥水，多塵	フィルタ系の詰まり，摺動部摩耗
雪，雨，浸水	電気系漏電，腐食
塩水，融雪塩	車体・足回り錆，腐食
電波，磁気	電子部品誤作動

使用条件	想定される故障形態
高速走行	摺動部摩耗
加減速	ブレーキ摩耗，タイヤ摩耗，ギア摩耗
高出力走行	ミッションギア摩耗
始動	バッテリィ劣化，始動系劣化
旋回走行	タイヤ摩耗，ベアリング損傷
積載条件	車体疲労
トーイング(牽引)	車体疲労
坂道	ブレーキパッド摩耗
操作	各部スイッチ疲労，レバー・ペダル損傷
運行頻度距離	車両各部の耐久摩耗

表 4.2　輸送過程におけるストレス環境と故障(例)

			機械的条件			気象的条件					化学的活性条件				機械的活性条件	生物的条件	
			振動	衝撃	静負荷	湿度	温度	気圧	雨水	太陽光	海塩	無水亜硫酸	硫化水素	薫蒸剤	砂／ほこり	カビ	虫／ねずみ
物流活動	輸送	陸	○	○		○	○		○	○		△	△		○	○	
		海		○		○	○		○	○	○					○	
		空	○	○		○	○	○	○	○							
	保管	屋内			○	○	○					△	△			○	○
		屋外			○	○	○		○	○		○	○		○	○	○
	荷役	機械		△													
		人的		○													
	梱包／開梱			○													

		機械的条件	気象的条件	化学的活性条件	機械的活性条件	生物的条件
代表的な故障	内容品	・振動：電気部品の足折れ，はんだクラック，外装のスリ傷帯電による電子部品の静電破壊 ・衝撃：外装および部品の折れ，割れ ・静負荷：積圧による外装の割れ	・温度：部材の特性変化 ・湿度雨水：錆，腐食 ・太陽光：塗装の退色	・部材の腐食 ・アルミ電解容量抜け ・電気回路の接触不良 ・電気回路の断線 ・錆	・傷，汚れ ・光学部品の特性劣化 ・メカ部の動作不良 ・メカ部の寿命低下	・カビによる汚れ ・生物の死骸，糞による汚れ ・電気部品の接触不良
	包装	・振動：クッションの座屈へたり，つぶれ、印刷擦れ ・衝撃：クッションの座屈／割れ カートンつぶれ、傷 封緘テープの切れ ・静荷重：カートンの胴ぶくれ，つぶれ	・温度：部材の特性変化 ・湿度雨水：カートン強度低下 ・太陽光：印刷の退行		・カートンの汚れ	・カートンの汚れ ・カートンの穴あき

無水亜硫酸：二酸化硫黄(温泉(硫黄泉)で御馴染みの卵が腐ったような臭いのガス)，カートン：厚紙製の箱
金子武弘：「最近の家電品包装①」，『電機』，日本電機工業会，2005 年 9 月号，表 1，p.57 に筆者加筆.

⑦　故障の定義と判定条件

試験を実施していると，明確に動作しないといった，明らかに故障と判断できること以外に，動作が不安定など通常と異なることが確認されることが多い．目標とする信頼度や MTTF を推定するためには，故障とは何かということを明確にしておくことが重要である．

お客様に信頼性を保証するという観点で考えたときに，これらの異常な現象も把握し原因を究明したうえで，問題となるかどうかを判断することが重要である．

また，白熱電球の玉切れなどのように，事前に兆候なく突発的に発生する誰しもが故障と認識できる，いわゆる突発故障は問題ないが，一方で LED 電球などは徐々に明るさが低下しやがて故障と判断される劣化故障の場合には，どの位明るさが低下したときに故障と考えるかは判断する人により異なる．

信頼性試験を実施するうえでは，何を故障とするのか，どの程度になると故障とするかは，アイテムの信頼性の程度を把握したり目標の達成を判断するうえで重要な要素となる．故障をどう判断するのか，どの程度の変化を故障とするかの判定基準を明確にしておく必要がある(図4.4)．

⑧　試験試料(サンプル)の個数

研究や技術開発段階では，その技術の完成度やコストなどの問題から，試験は数個，場合によっては1個の試作品を使用して実施することが多く，目的も技術の実現性，弱点や限界を知るということが主要な目的になる．一方で，製品で使用する部品の採用決定や開発後期になると，信頼性特性を知ることが主体となりばらつきを調べるという観点から，多くの試作品を使用して試験が行われる．

信頼性試験は故障を対象とする関係から破壊試験となり，対象の全数を試験することなく抜取りで試験することが多い．また，信頼性が時間の関数であることから，試験対象の全数が故障する以前に試験を打ち切られることが多い．信頼性抜取試験に関しては第6章に記述されているので，そちらを参照されたい．

⑨　試験試料の製造条件，試験条件

いうまでもないことであるが，試験結果は設定した試験条件下で実施された

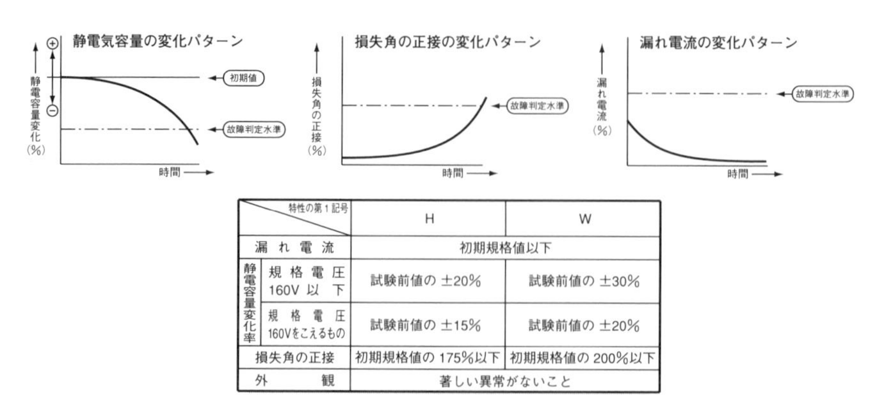

特性の第1記号		H	W
漏れ電流		初期規格値以下	
静電容量変化率	規格電圧 160V以下	試験前値の ±20%	試験前値の ±30%
	規格電圧 160Vをこえるもの	試験前値の ±15%	試験前値の ±20%
損失角の正接		初期規格値の 175%以下	初期規格値の 200%以下
外観		著しい異常がないこと	

図4.4　故障判定基準の例

試験試料からのものである．実際に製造され市場に出荷されたものが異なるものであれば，当然異なる結果が得られる．試験試料には試作品が使用されることが多いが，結果を担保するために量産を踏まえたうえで，製造条件や検査条件などを明確にしておくことが重要である．

4.4
信頼性試験の実施手順

信頼性試験を実施するうえで重要なことは，事前の準備を十分に行うことである．部品レベルの試験では担当者１人で実施することもあるが，機器レベルの試験では，関係者も多く，チームで実施することになる．それぞれの役割や分担を明確にした組織体制を明確にする．

試験は，一般的に対象にストレスを印加して行われる．そのためには試験設備が必要となる．また，通電や駆動するためには電源や駆動装置などの確保が必要である．必要な設備などをリストアップし，抜け落ちなく用意する必要がある．

また，試験中に観測された故障や発生時の状況を記録する報告書，異常な状況が確認されたときの確認手順や報告書などの準備は重要である．

試験が開始されてからは，基本的には試験実施手順に沿って実施することになるが，気をつけなければならないのは異常発生時の対応である．例えば高湿条件下の試験では，高温恒湿槽が止まってしまった場合には結露が起き，不用意に立ち上げると本来発生しない異常が発生することがある．

試験実施中には，特性の測定結果や故障の発生状況について定期的にレビューし，試験が適切に実施することを確認したりすることが必要である．

4.5
信頼性試験結果のまとめ方

4.5.1　故障および異常現象のとりまとめと解析

信頼性試験は製品がもつ信頼性を保証するために，製品開発フェーズの各段階で実施され，その結果は次フェーズへの移行や製品の市場導入を判断するうえで重要なものである．したがって，試験から得られた結果をもとに適切な解析を行うことが必要になる．

結果のまとめに入る前に大事なことは，試験期間中に発生した異常現象のレビューを行うことである．故障の定義が明確にされているものは故障として解析を行うことになるが，機器レベルの試験では，例えば異音や異臭など，必ずしも明確に故障と定義されていない現象が確認されることが多い．発生の都度，状況を確認しておくことが重要であるが，最終的にこれらが故障として問題になるものかどうかを決定する必要がある．

試験中に発生した故障や現象を整理したあとは，以下のように解析を行う．信頼性試験を実施した結果として以下に示すものが得られる．

① 故障にいたるまでの時間，もしくは無故障であった時間

② 各種特性値の時間的な変化

③ 故障品もしくは試験期間中に無故障であった供試品

これらの結果をもとに，目的に応じて必要な解析を行い試験の目的に応じた判断を行う．信頼性試験結果の代表的な解析法は以下に示す2つである．

(1)　統計的な方法による解析(データ解析)

詳細は第3章に譲るが，この解析の対象となるのは，故障時間(含む，未故障時間)および特性値の経時変化データである．解析は，目標とする．

MTTF(MTBF)，故障率などに対する合否判定，寿命特性(初期故障，偶発故障，摩耗故障)の解析，MTTF(MTBF)・故障率の推定を目的に実施される．

① 目標とするMTTF(MTBF)，故障率などに対する合否判定(抜取試験)

電子部品など，多くの信頼性試験結果に対して多く実施されるものである．あらかじめ統計的に保証される試験規模(供試品数X試験時間)と合格判定個数などを設定しておき，試験結果を対比させて判断を行うものである．代表的な抜取試験の方式として，計量抜取方式(MTTF･故障率などの計量値をもとに合否判定を実施)，計数抜取方式(計数値：故障数より合否判定を実施)がある．

② 寿命特性の解析，MTTF(MTBF)・故障率の推定

新規部品・構造・材料などの開発にあたって寿命特性(初期故障，偶発故障，摩耗故障)を知り，改善を実施することを目的に実施される．寿命特性の解析には，形状母数 m により寿命特性(初期，偶発，摩耗)を知ることができることからワイブル分布がよく使用される．

MTTF(MTBF)・故障率などの推定は寿命分布(例えば，指数分布，ワイブル分布，対数正規分布)を仮定して行われることが多い．推定法には数値解析(例えば，最尤法)と確率紙による方法がある．

③ 特性値の経時変化データの解析

故障の発生の仕方は，事前に何の兆候も観測されず突然発生する突発故障と，特性が徐々に劣化しあるレベルにいたったときに故障と判断される劣化故障に大別される．突発故障の場合には，故障時間のみしか観測されないが，劣化故障の場合には図4.5に示すような特性値の経時的な変化を示すデータが得られる．

このデータは寿命の予測，異常の有無を知るうえで有効な情報である．機械系の部品などでは，これらの経時変化のデータから寿命を推定することが行われている．寿命を推定するにあたっては，適当な回帰式をあてはめて劣化量の推移を予測したり，片対数，両対数グラフなどにプロットして直線になるものから劣化量を推定し寿命を予測することが行われる．

(2) 故障物理的なアプローチによる解析(故障解析)

この解析の対象となるのは，試験期間中に発生した故障品および無故障であ

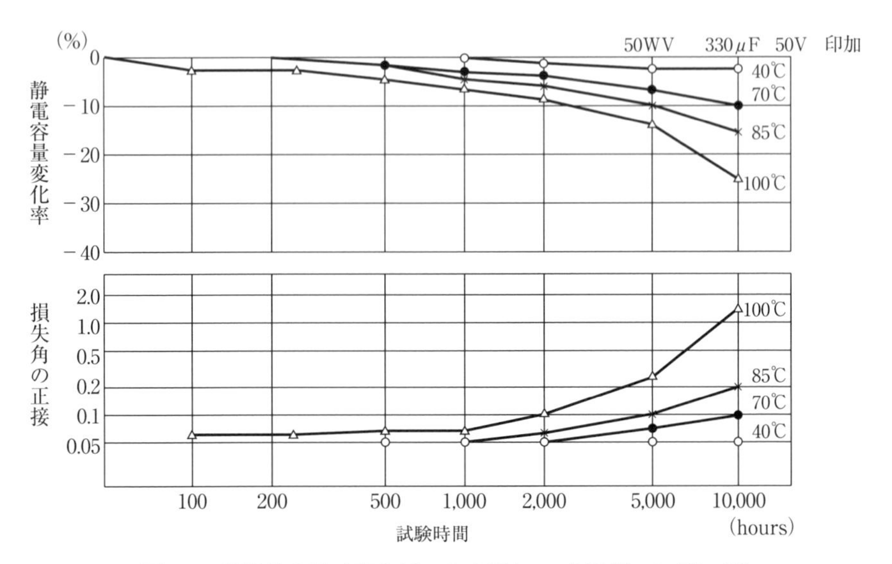

図 4.5　特性値の経時変化データの例(アルミ電解コンデンサ)

った供試品である．この方法による解析の目的は

① 故障品の故障原因の明確化による信頼性の改善

② 未故障品の解析による潜在的な不具合の抽出と改善

である．詳細は第2章を参照されたい．

4.5.2　試験結果報告書の作成

信頼性試験の結果を報告書としてまとめておくと，新たな試験計画立案，データ解析の再利用，PL関連問題の追跡調査，開発記録資料，教育資料などの利用価値が生じる．表4.3に試験成果報告書の内容例を示す．

表 4.3 試験結果報告書の内容例

内容	記載項目
表紙	試験タイトル，発行部門，担当者・承認者，発行日，管理ナンバー
試験の概要	試験品，適用規格，試験目的，期日，場所，使用設備，環境，試験数，解説記事，その他
試験結果	試験項目，判定基準値，試験データ総数，合否判定，コメント，不具合などの説明，統計・解析グラフ，解析資料
データの解説・評価	重要試験データの解説および技術的な評価・解説記事
添付資料	試験設備などの動作記録　など
引用・参考文献	データ解析・技術検討参考資料，文献資料引用などの出典記録・写し（解析実施に応用した資料）

【第 4 章の演習問題】

［問題 4.1］次の文のアからエの括弧の中を文字で埋めよ．

(1)　信頼性試験は大別して信頼性決定試験と信頼性（　ア　）試験に分けられる．

(2)　統計的検定に対応するのは信頼性（　イ　）試験である．

(3)　（　ウ　）試験は寿命試験と同義である．

(4)　加速試験では，信頼性特性値の（　エ　）や寿命を加速の対象にする．

［問題 4.2］次の文の中で間違っているのはどれか選べ．

(1)　信頼性試験結果の代表的解析方法はデータ解析と故障解析である．

(2)　信頼性試験は試験実施部門だけで行い，品質保証，開発・設計，製造などの他の部門は必要に応じ対応するとよい

(3)　信頼性試験は実施する場所によって，試験室信頼性試験とフィールド信頼性試験に分けられる．

(4)　信頼性試験の計画段階で，試験計画書または試験仕様書を文書化して関係者で共有するとよい．

第4章の参考文献

[1]　JIS Z 8115：2019「ディペンダビリティ(総合信頼性)用語」
[2]　「信頼性技法実践講座　信頼性試験テキスト」，日本科学技術連盟，2018年.
[3]　日本信頼性学会編：『新版 信頼性ハンドブック』，日科技連出版社，第Ⅲ部第19章，2014年.

第5章

加速試験

本章では加速試験を解説する．加速試験は，通常よりも厳しい条件で行う試験方法であり，限られた時間内に信頼性を確保するための有効な手段である．加速試験は，迅速な新製品開発に必要となる短期間に信頼性を改善するための情報を得るもので，故障メカニズムの同一性の確保など多くの注意すべき点がある．また近年では，潜在的な故障を積極的に顕在化するための試験も加速試験として活用される．

本章では，加速試験が要求される理由から，加速の意味と試験の実施方法，代表的なモデルについて紹介するとともに，実際の活用で留意すべき点について述べる．

5.1
数と時間の壁

5.1.1　信頼性試験の「数と時間の壁」

信頼性試験や故障データ解析の目的は，アイテムの信頼性を改善する情報を得ることである．故障データは基本的に故障にいたる時間という要素をもつ故障データだが，故障データを得る信頼性試験は本質的に破壊試験であり，コスト面からも十分なサンプル数の確保がむずかしいだけでなく，いつ発生するかわからない故障を扱うために試験時間をあらかじめ設定できず，結果として解析に必要な十分な数のデータを得ることがむずかしいという特徴がある．

こうした，十分な数のデータを決められた時間内に得ることがむずかしいという性質を，信頼性試験の「数と時間の壁」という．加速試験はこの「数と時間の壁」を克服する施策の1つとして用いられる．

5.1.2　定型試験と非定型試験

信頼性試験は，定型試験と非定形試験に分類される．

定型試験は，JIS Z 8115：2019の，信頼性適合試験(192J-09-106)および信頼性決定試験(192J-09-111)の注記2で，「例えば，国家機関又は業界団体が定めた試験」としているが，本章ではその内容を考慮して，「対象となるアイテムについて，その故障に関する経験や知識，実績などが反映された試験法」として紹介する．代表的な定型試験の例を表5.1に示す．

定型試験には，標準化された部品や材料，回路などの試験に有効で，仕様に対する適合性の判断が容易という特徴がある．また，複数の試験機関間でデータの引用や同条件での比較が可能なだけでなく，試験方法や判定の方法や基準が明確で，設備を共用化することで効率よく試験ができるといった多くの特長がある．実際に，定型試験は同じ技術のアイテムや標準的な環境条件，仕様の製品に適用され，高温動作試験，温度サイクル試験などの条件が標準化されて

表 5.1 代表的な定型試験の例

試験名称	説明
高温試験・低温試験	通常よりも高温(低温)で行う試験．機能の安定性や劣化の有無，保管の影響などの確認．
温湿度サイクル試験 温度サイクル試験	周期的な温度や温湿度の変化を強制的に加速させて，劣化の進行や機能への影響を確認する．温度勾配，湿度設定などの検討が必要．
振動試験	通常の使用や輸送の条件よりも厳しい振動条件で行う試験．破損や故障の有無，機能への影響を確認が必要． 振動数，振幅，振動方向，振動波形など設計要求に対応した検討が必要．梱包状態，非梱包状態，動作時／非動作時など，輸送・使用環境に合わせた確認が必要．
衝撃試験	同上．角度，方向，Gなどの他，荷扱いや設置後の衝撃荷重などの想定も必要となる場合もある．
圧力試験 (加圧，減圧，真空)	輸送条件や高地での使用，宇宙での使用など，設計への要求条件に対する確認．機能や性能の低下だけでなく，故障率や劣化などの確認が要求される場合もある．
耐水試験	基本機能や性能の維持だけでなく，防水能力の耐久性，水分による劣化の有無など
特殊環境試験	塩水噴霧試験，紫外線暴露試験，耐放射線試験など使用条件想定されるストレスを加速して印可することで，影響の確認や，改善箇所を抽出する．
砂塵・粉塵試験	使用環境から想定される砂塵・粉塵に対する影響の確認や，防塵性能の確認，流入経路の確認と対策などの目的で行われる．振動などとの複合環境で行われる場合も多い．
操作性確認試験	実際の顧客と同様の操作を行なって，使い勝手の良し悪しの他，人間工学的な確認や安全性の有無，ガイドの有効性などを確認する．
異常操作試験	実際の市場で考えられる異常な操作が行われた場合の，製品への影響，安全性の確保，フォールトトレランス性の確認などを目的に行う試験．

いる．

定型試験は特定のストレスに対する加速試験として行うことも多く，信頼性を確認するうえで使い勝手のよい試験法といえる．一方で定型試験は取り上げたストレスに対するアイテム固有の技術的な信頼度(固有信頼度と呼ぶ)に着目した試験であり，新しい技術や素材，あるいは故障メカニズムが異なる場合には適用できない．同じ理由で，特殊な運用条件や環境条件に適用することがむずかしいといった点に注意が必要である．

一方，お客様の使用環境で発揮される信頼度を「運用信頼度」または「使用信頼度」と呼ぶが，製品開発で最終的に求められるのは運用信頼度である．固有信頼度を改善して定型試験に合格しても，お客様の運用信頼度を満足するとは限らないために，新製品の実運用試験やソフトウェアで用いられる β テストのように，実際の運用状態で運用信頼度を測る試験も必要となる．こうした試験を非定型試験と呼ぶが，非定型試験では運用条件の調査を含めて大きなコストがかかるだけでなく，発生した不具合を解析して対策をとることで改善するというサイクルに陥りやすいという点に注意が必要となる．

5.1.3　加速試験が必要な理由

新製品開発において信頼性の確認や検証は不可欠である．その中で信頼性試験は，機能限界や寿命の把握，故障メカニズムの探索や設計余裕の確認，信頼性要求に対する適合性判断，潜在的な不具合の発見など多岐にわたる目的で行われる．信頼性試験には故障物理に基づく方法や数理統計を用いる方法があり，それぞれ理論的にも確立され再現性もある．しかし目標となる信頼性が高くなるほど「数と時間の壁」が問題となることから，加速試験は「数と時間の壁」を克服する目的で行う．具体的には，信頼性改善につながる情報として次のような事項を加速させる．

- 信頼性にかかわる潜在的な不具合を短時間に顕在化させる
- 早い段階で設計上の弱点や不足を明らかにして対策する
- 信頼性の適合判断を早めて，速やかに経営判断を行う

また近年の製品では，要求機能や運用条件の変化が激しく，アイテムに内在する故障の顕在化を目的に加速試験が計画されることがある．これは有効な方法ではあるが，本来は不具合を発生させない設計活動が重要で，加速試験は短期間に故障分布を把握して十分な設計的余裕を確保し，信頼性目標を達成させる手段として活用することが基本である．

5.2 加速試験の定義

加速試験とは，所定の条件よりも厳しい条件で行う試験の総称である．加速試験の定義は，4.2.4 項(3)で紹介してある．

加速試験には，劣化を加速させる時間加速試験(または寿命加速試験)と，実際よりも厳しい運用条件で故障率を高める故障率加速試験がある．また，加速条件により寿命が短くなる割合，あるいは故障率が高くなる程度を試験加速係数という．

時間加速，故障率加速とバスタブ曲線との関係と加速係数の定義を図 5.1 に示す．加速係数は既定の動作条件と加速条件との反応速度の差を示すもので，加速係数が時間(寿命)と故障率のどちらを示すものかは，明確にしておく必要がある．

5.3 加速の条件

加速試験では短時間に，あるいは高い頻度で故障が発生するために，それだけで信頼性を改善する情報が得られたという勘違いが起きやすい．だが，単に厳しい条件で故障が発生しても，その故障が実際には発生することがないメカニズムによって発生したのでは，信頼性の改善情報としての価値は低い．加速試験は実際の運用条件で発生する不具合を短い時間で発生させることをねらい，内在する故障メカニズムを加速させる試験である．そこで以下のような，加速が成立する条件の確認が必要となる．

- 加速条件と通常条件での劣化量や寿命分布に差がない(分布の特徴に変化がないこと(図 5.2 参照))
- 故障メカニズムが同じで，劣化の伝播や故障モードに変化がない
- 加速条件でも寿命にいたるまで劣化量の減少 / 増加に変移点がない(劣化

試験加速係数：試験標本の，加速条件下でのストレス反応速度と，規定の動作条件下でのストレス反応速度との比．
注記1．両方のストレス反応速度は，試験アイテムの寿命を表す同じ時間尺度を用いる．
注記2．ストレス反応速度は，故障までの時間，故障率，故障強度及び劣化率(例えば摩耗)などで測られる．(JIS Z 8115：2019)

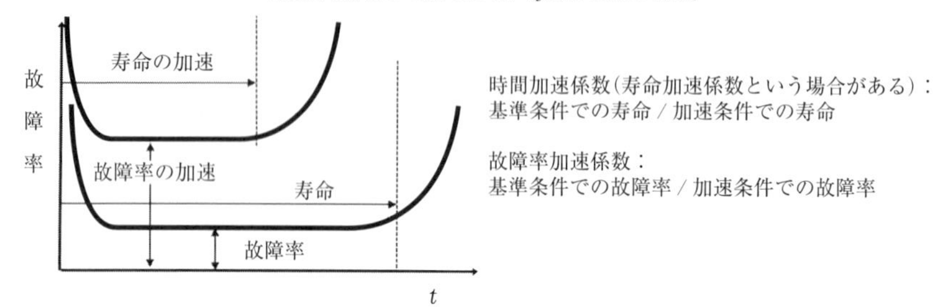

時間加速係数：同じ故障メカニズム，故障モード及びそれらの相対的関係をもつ2つの異なるストレス条件にある．試料数が同一の2種類のサンプル(試料)において，同じ規定の故障数または劣化した件数を得るために必要な期間の比．
故障率加速係数：基準条件で行った試験と加速試験の間の，ある規定時間での故障率の比．

図 5.1　加速の概念と加速係数

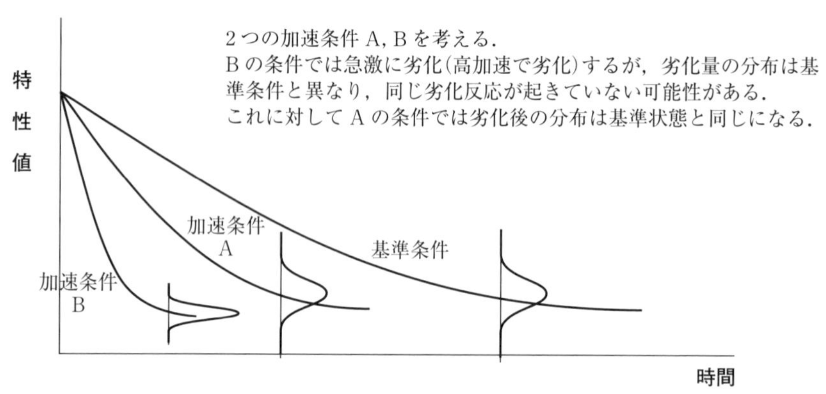

図 5.2　分布の特徴に変化がないことの例

量の単調減少性 / 増大性)

加速が成立することの確認は，まず故障の解析結果や試験条件の確認で行うが，故障解析や試験条件で加速性が成立すると考えられる場合でも，その確からしさはデータのばらつきとなって表れる．そこで，データ上で分布の特徴に変化がないことを確認することで誤りを回避する．

また試験条件がガラス転移点，キューリー点，沸点などのアイテムの物性上の変移点を超えないことも，加速を成立させる条件として重要である．電子デバイスでの10℃則は加速の代表的なモデルとして知られているが，試験条件が電解コンデンサの使用温度上限を超える場合では，実際とは異なり内部の電解液が気化することで内圧上昇による故障が発生する．これは本来の熱膨張の繰り返しによる電解液の漏れというメカニズムでの故障と異なるが，コンデンサの特性(例えば tan δ)だけを観察していると同じ故障と判断してしまうことがあるので注意が必要である．

こうした誤りを避けるには，加速条件と通常条件での試験結果のワイブル解析におけるワイブルプロットの傾き(形状パラメータ)に変化がないことの確認も有効である．故障メカニズムの変化は形状パラメータの変化に現れるので，図5.3のように加速条件の形状パラメータが異なる場合には，別の故障メカニズムを疑うべきである．

実際問題として，加速条件で発生した故障が実際の市場と同じ故障メカニズムかどうかの判断は，困難な場合が多い．こうした際には過去の不具合に対する故障解析の結果，市場の運用条件や信頼性の実績，予備実験結果のデータ

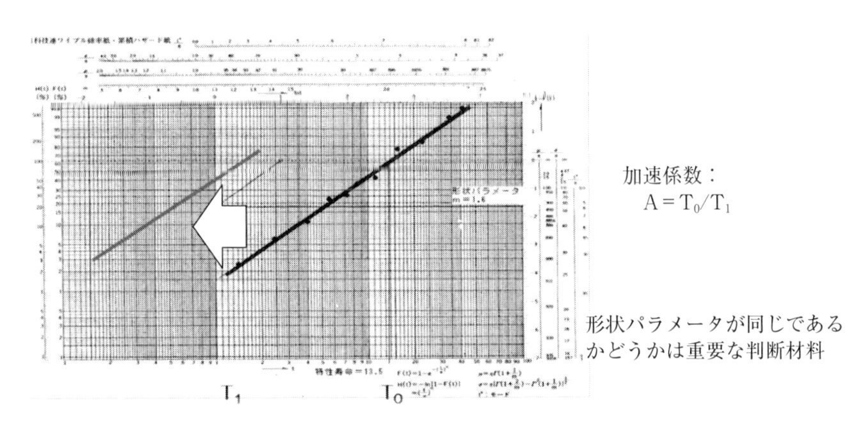

図 5.3　ワイブルプロットでの確認例

ベース化など，それまでの信頼性改善で培ったノウハウの活用がポイントとなる．また実際の故障メカニズムは，解析の結果判明することも多い．そこで計画の際にストレスの種類と大きさを明確にしておき，さらにはサンプルの初期特性の測定や故障解析の体制なども整備しておくとよい．

5.4 加速試験の原理と種類

加速試験では，既定の条件よりも厳しい条件で試験を行うことで，劣化の速度や故障となる確率を高くする．通常，故障はストレスの累積やアイテムの強度を超えるストレスに曝されることで発生するため，大きなストレスで設計的な余裕を減少させることにより故障の発生確率を高める，あるいは故障にいたる時間を加速させることができる．以上の加速試験の概念を図5.4に示す．

5.4.1　代表的な加速法と試験法

故障メカニズムの加速には，一般にストレス加速，動作加速という方法やアイテムの特性値に着目して，その推移から故障を判定する方法(判定加速)がある．それぞれの方法の概略を以下に示す．

- 動作加速

連続動作などで動作回数や時間を増やして劣化を加速する方法．実際の製品ではオン・オフをする動作がストレスとなることも多く，短時間に実際の運用条件以上の動作をさせるなど，多くの部品で用いられる．

- ストレス加速

強制劣化試験とも呼び，動作条件や環境条件を実際より厳しいストレス条件に設定し，短時間に故障させる方法．ストレスの選定や水準，加え方が重要で，固有技術的な分析や故障解析結果から故障物理モデルにあてはめることが多い．

- 判定加速

信頼性特性値やストレスと劣化量の関係があらかじめわかっている場合に，

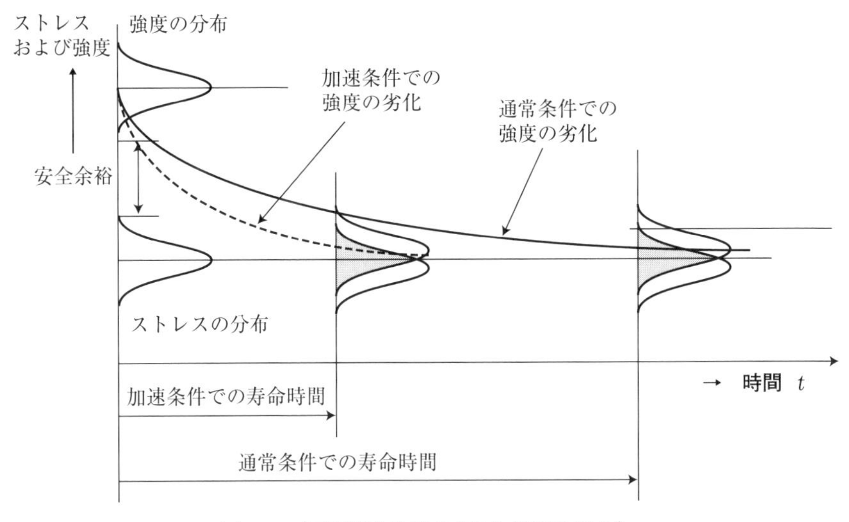

図 5.4　加速試験の概念(寿命加速の場合)

特性値の推移から寿命判定点を実際の限界値よりも厳しく設定して短時間で判定する方法．技術的なノウハウとしての情報蓄積が必要となる．

上記のどの方法にも共通するのは，短期間に故障現象を発生させることではなく，故障にいたるメカニズムを加速することが目的という点である．そのためには，設計的なノウハウとして故障とストレスとの関係を示す情報を社内の信頼性データベースに蓄積・活用することが求められる．このデータベースには，ストレスと故障の関係だけでなく，アイテムの信頼性特性値と設計パラメータとの関係を蓄積しておくと，設計的な改善活動を促すことができる．

これらの故障メカニズムに基づく加速試験法としては，定ストレス試験，ステップストレス試験，連続ストレス増加試験などがある．

定ストレス試験は，一定のストレスを印加して，ストレスと寿命の関係を求める方法で，ストレスとの関係がわかりやすく，加速性を判断しやすい．

ステップストレス試験は，時間を一定にして，ストレスを劣化が起きるまで段階的に変化させ，各ストレス水準での寿命分布からストレスと寿命の関係を求める方法である．ステップストレス試験は，故障となる限界のストレスを探索する場合にも用いるが，実際にはストレスを上げることで劣化が加速するため，後に述べるような累積損傷(蓄積劣化ともいう)モデルの故障を対象にする場合に有効である．一般に定ストレス試験よりも短時間で全故障期間の情報が得られるが，過渡効果や履歴効果の誤差が入りやすいので注意が必要となる．

連続ストレス増加試験は，ストレスを連続的に増加させ，特定の種類のストレスに対する破壊限界や故障モードを明確にするもので，アイテムの破壊限界の探索や，後で述べるHALTで用いる例が多い．

上記のどの試験法の場合でも，ストレスを大きくすることで実際とは異なる故障メカニズムやディレーティングが発生する場合がある．電圧を上げることで抵抗の自己発熱が大きくなり，湿度ストレスに対してディレーティングとなる例や，マイクロスイッチで動作を加速したことで，接点の酸化膜が安定する前にリフレッシュされて回数寿命が実際よりも多くなる例もある．こうしたことを避け，誤った判断をしないために，5.3節で述べた加速の条件を満たすことを十分に検証することが望ましい．故障メカニズムを無視した加速試験からの情報は，設計改善に生かせない場合が多いので注意が必要である．

アイテムに関する設計情報や故障解析結果などを基礎として，設計標準や信頼性データベースとして蓄積された故障メカニズムの情報は，加速試験を支えるための欠かせない環境になる．また加速試験は，印加した種類のストレスと故障の関係を示すものであり，加速試験の結果から運用信頼度を正確に予測することはむずかしい．ここでも，市場の信頼性情報や地道な故障解析結果，あるいは取り上げた故障メカニズムがアイテムの信頼性に対して高い寄与率をもつことを裏付ける信頼性データベースが，加速試験を支えるものとなる．

5.4.2　加速試験の種類と役割

加速試験の基本は故障メカニズムを加速することで，故障の事象や故障分布を短時間で求めるものである．ストレス加速，動作加速などの方法は，故障メカニズムあるいは故障にいたる技術的な仮説が根拠となるが，こうした加速試験を定量的な加速試験(quantitative accelerated test)と呼ぶ．

定量的な加速試験は，実際の運用条件における故障分布を予測し，その影響の大きさを把握して信頼性改善につなげるものである．そのため，故障メカニズムに関する情報蓄積が求められ，運用信頼度を推定する場合も，取り上げた故障がもつ寄与率など多くの情報が要求される．

一方で近年の製品の信頼性は高く，短時間の試験では故障が発生せずに故障メカニズムがわからない場合も多い．こうした場合は，実際の故障を発生させることで改善を促すことが有効である．「数と時間の壁」を克服する手段として，潜在的な故障や設計上の弱点を顕在化することを目的とした試験を定性的な加速試験(qualitative accelerated test)と呼ぶ．

実際の製品開発でも，故障メカニズムが既知であれば，十分な設計余裕を確保することで高い信頼性が得られる．そこで定量的な加速試験では，故障メカニズムに対する情報蓄積や技術的な仮説設定能力が重要になる．一方，何が起こるかがわからない新規技術や複雑な製品では，発生した故障を解析することで設計的な弱点や故障メカニズムが明らかになることも多い．こうした場合には，定性的な加速試験を用いて，短期間に設計的な弱点を発見し，その原因除去や影響低減を図ることが，図 5.5 に示すように，信頼性の改善に有効な手段となる．

信頼性の確保には，製品の特性や開発フェーズに併せて定量的，定性的な加速試験の活用が必要となる．特に定性的な加速試験では，故障情報を起点とした故障解析による重要度の判断が重要になる．

5.4.3　定量的な加速試験の方法

定量的な加速試験では，故障メカニズムに変化がない条件で動作加速，ストレス加速を行う．第 1 章に示した故障にいたる過程と加速試験の関係を図 5.6 に示す．

通常，アイテムは多くの部品，材料などのサブアイテムから構成されるので，定量的な加速試験では，それぞれの故障メカニズムに着目してストレスの

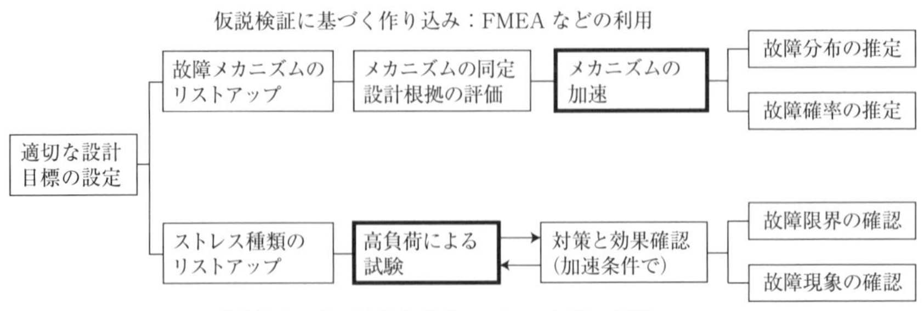

図 5.5　加速試験による改善アプローチ

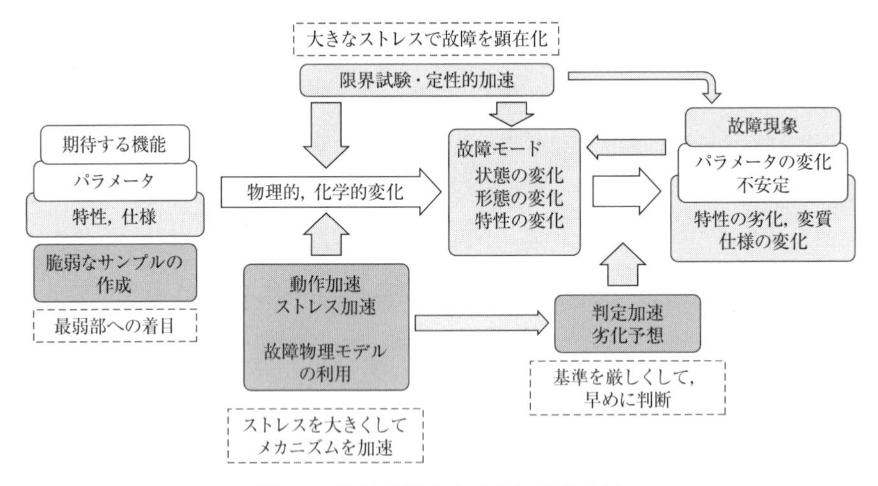

図 5.6　故障の概念とその加速の方法

種類や水準を選定することになり，多くの種類の試験が必要となる．そこでアイテムの種類によっては，物理的・化学的なストレスを複合した加速試験として実施する．加速試験の分類例を図 5.7 に示す．こうした加速試験は，アイテムごとにその条件が決まるもので，JIS などでも規定されている試験法は多いが，その多くはアイテムの固有信頼度の確認や適合性を判断するための定型試験として実施される．そのため，使い勝手はよいがアイテムの特性に合わせた

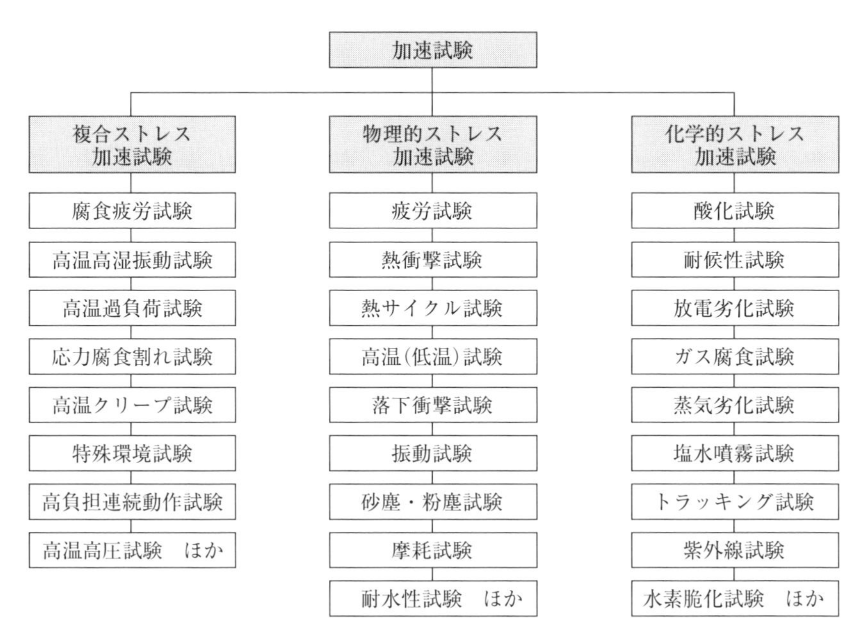

図 5.7　加速試験の分類例

適切な選択と条件検討が必要である．

定量的な加速試験は，アイテムの信頼性を検証する目的でも使われる．その際には試験条件によってアイテムの一部が急速な劣化を示し，実際の使用環境で発生する劣化の範囲を大きく超えることがないように注意が必要である．半導体デバイスなどでは，定格を超えた条件で加速試験を行う場合も多い．例えばプリント配線基板(PWB)の高温試験では，コンデンサの保証温度を超える試験条件や自己発熱への配慮不足などが原因で一気に故障となる場合がある．材料の場合も同様で，金属，ゴム，樹脂，絶縁材に影響するストレスは，温度，湿度，光，オゾン，放射線，埃，温度衝撃，温度サイクル，微生物など多岐にわたるため，条件によっては限界値を超えた時点で急速な劣化を示すことがある．さらに材料や部品によっては電気的，機械的，化学的なストレスが加わることで，図 5.8 のように急激な特性の変化が発生する場合があるので注意が必要である．

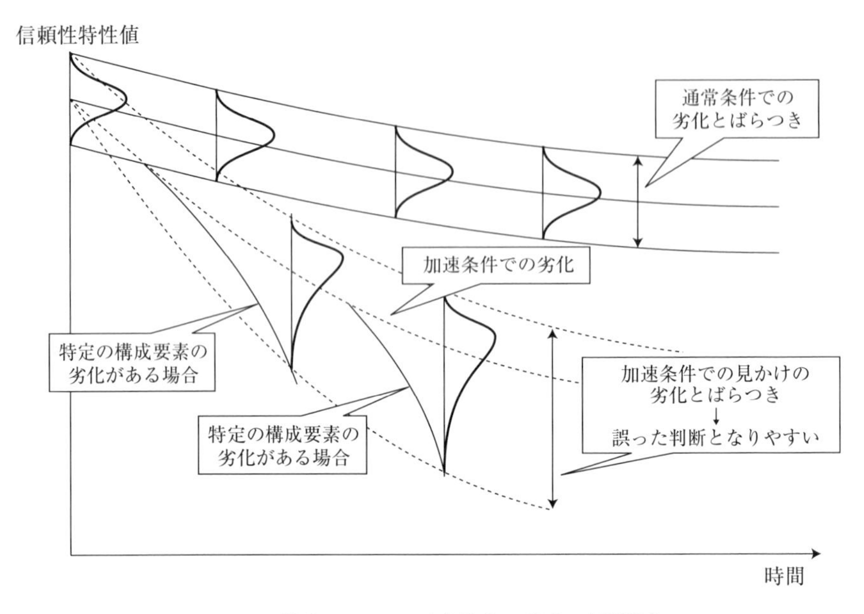

図 5.8　特定アイテムが劣化する場合の影響例

そこで加速条件を検討する際は，以下のようなことがないことを予備実験などで確認しておくとよい．

- アイテムの構成要素に破壊的な故障を発生させない
- アイテムを構成する特定のサブアイテムの故障に集中しない
- 対象となるアイテムの周辺アイテムや制御装置へストレスを与えない
- 特定の構成要素の劣化を進行させない
- 試験の経過で，それまでのトレンドを超える急激な劣化がない

実際の運用条件下ではある一定の変動幅で劣化するものが，ストレスを複合した条件での加速試験では，特定の種類のストレスによる劣化が早い時期に急激に進む場合がある．そこで先に述べたように，発生した故障現象の解析から，実際の運用条件における劣化と同じかどうか把握することも必要となる．こうした場合，故障した現品の解析以外にもワイブル解析などが有効になる．

代表的な故障メカニズムが変化しない範囲で加速試験の条件を設定するに

は，多くの設計ノウハウが要求される．そこで過去の故障解析結果やアイテムの材料劣化の要因の情報をデータベース化して活用することが必要となる．

(1)　故障物理モデルの利用

第2章で紹介した故障物理モデルは，故障メカニズムをストレスと寿命時間との関係でとらえるもので，定量的な加速試験では広く利用される．故障はストレスにより生じる状態の変化，すなわち蒸発，拡散，参加，腐食などのメカニズムが進行した結果と考えられるので，ストレスと寿命時間との関係に着目することで，特定のストレスの変化(電圧加速など)が寿命時間の変化に与える程度をモデル化できる．寿命の減少と，ストレスの変化の大きさとの関係を示すモデルを「べき乗則」といい，温度の10℃則が有名である．また，特定の種類のストレスが寿命に与える影響をモデル化する際に，温度と電圧のように独立したストレスの複合加速試験を行うこと可能な場合，個々の加速係数の積が全体の加速係数となるために，高加速での試験が可能になる．

【例題 5.1】

電圧が1.03倍となると寿命が半減(反応速度が2倍)する場合，1.1倍の電圧を印加した場合の加速係数を求めよ．

【略解】

1.03倍のストレスで加速係数が2.0となるので，$2 = (1.03/1.0)^{23.5}$ となる．

この関係から，1.1倍の電圧をかけた場合は，$(1.10/1.0)^{23.5} = 9.39$ となる．

すなわち，9.39倍の加速となる．このように，寿命がストレスの大きさのべき乗に反比例する関係をべき乗則と呼び，電圧や荷重と寿命の関係で用いられる，この場合も同じ故障メカニズムであることの確認が必要となる．

【例題 5.2】

温度と湿度がそれぞれ独立してストレスとなることがわかっており，温度が

10℃，また湿度が10%上がることで寿命が半減することがわかっている場合で，基準条件よりも30℃，20%高い条件で複合加速試験を行った場合の加速係数はいくらか．

【略解】

温度による加速：$2^{(30/10)} = 8$

湿度による加速：$2^{(20/10)} = 4$

より，$8 \times 4 = 32$ 倍の加速係数の試験となる．

信頼性に関わる代表的なストレスには，通常，温度，振動，電圧 / 電流，応力などがある．そのため加速試験では，温度の影響を導出するアレニウスモデルが広く使われる．また，アイテムがもつ強度とストレスの相対的な関係を示すストレス強度モデルや，劣化や疲労の蓄積が原因で故障にいたる累積損傷モデルなどが加速試験で応用される．

(2)　アレニウスモデルの実施例

アレニウスモデルは温度ストレスの加速で用いられる代表的なモデルで，故障メカニズムが温度により加速される場合，以下の手順で活性化エネルギーを求めることができる．

手順1：寿命加速試験を実施する温度水準を決定する．水準数は加速が成立する条件内で3水準以上が望ましい．発生メカニズムが同一という確信がない場合には，最も低い温度水準を通常の使用温度とするとよい．

手順2：加速寿命試験を行い，温度水準ごとのワイブルパラメータを求める．この際に，水準ごとのプロットが平行であることを確認するとともに，発生した故障がねらいどおりかどうかの確認は必ず行う．

手順3：図5.9に示すように，縦軸に各水準の寿命の代表値 L，例えば特性寿命 η の対数を，横軸に試験温度 T(絶対温度：単位 K)の逆数 $1/T$ をプロットして直線をあてはめ，その傾きから E_a を求める．

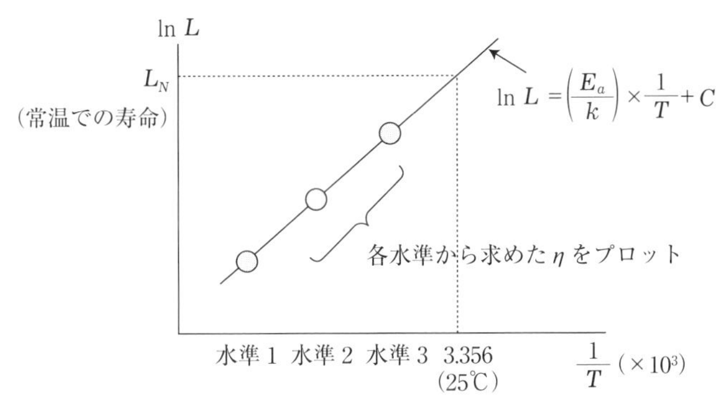

試験の結果をプロットすることで，温度と寿命の関係がわかる．
X 軸は絶対温度で表した試験温度の逆数であることに注意．

図 5.9　アレニウスプロット

プロットした結果が直線とならない場合は，アレニウスモデルにあてはまらないか，途中で故障メカニズムが変化していると考えられる．通常はワイブル解析の時点で形状パラメータ m の違いが見られるので，故障解析をやり直して，故障メカニズムを見直す必要がある．

【例題5.3】

あるダイオードの寿命加速試験を 3 水準で行い，図 5.10(a)のような結果を得た．この結果から活性化エネルギーを求めよ．

【略解】

試験データのアレニウスプロットを図 5.10(b)に示す．115℃のデータを用いた場合と，用いない場合で傾きが異なるが，105℃と 115℃の間で傾きの変化が見られるため，105℃までのデータで活性化エネルギーを求めると，$B=(E_a/k)$，k はボルツマン常数 $8.6\times10^{-5} ev/k$ より，$E_a=0.38$ を得る(図 5.10)．

(3)　ストレス－強度モデルの場合

ストレス－強度モデルは，アイテムの強度がストレスを下回ったとき故障が

試験温度	ワイブル解析結果		$\frac{1}{T}$	$\mathrm{Ln}(\eta)$
	m	η		
85	4.5	220	2.79×10^{-3}	5.39
95	4.6	160	2.72×10^{-3}	5.07
105	4.5	115	2.65×10^{-3}	4.74
115	5.1	69	2.58×10^{-3}	4.23

(a)　加速試験の結果

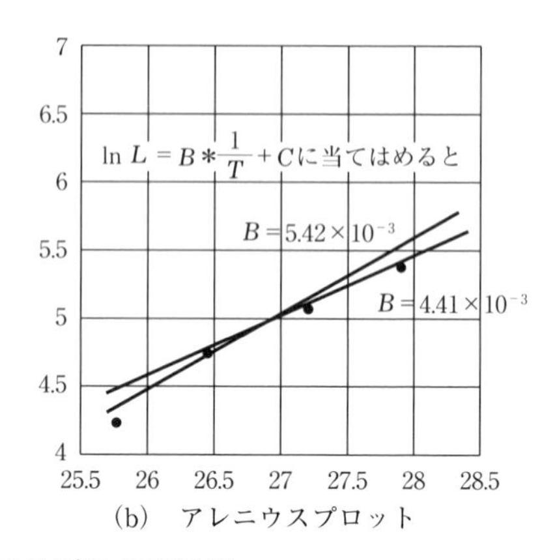

(b)　アレニウスプロット

図 5.10　アレニウスモデルの解析例

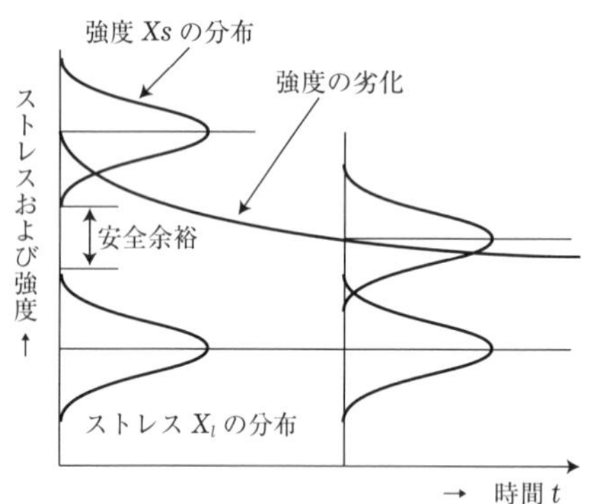

強度を X_s，ストレスを X_l
確率密度関数をそれぞれ $f(x)$，$g(x)$
分布関数を $F(x)$，$G(x)$ とすると，
故障となる確率は次式となる．

$$\Pr(X_s < X_l) = \int_0^{\infty} f(x)\cdot\{1 - G(x)\}\,dx$$
$$= \int_0^{\infty} F(x)\cdot g(x)\,dx$$

図 5.11　ストレス–強度モデル

発生するという材料強度的なモデルである．強度が劣化すると2つの分布が重なる部分が多くなるが，この重なる部分の時間的な増加は $F(t)$ として示される．

図 5.11 に示すように，安全余裕は強度の分布の下限とストレスの分布の上限との差であり，安全余裕が少ない場合は，強度とストレスの分布が重なる部分が多くなり，故障となる確率が増加する．この故障となる確率の計算は分布関数の推定が必要となるが，材料強度など，正規分布を仮定できる場合には分散の加法性を利用することができる．

【例題 5.4】

ある部品にかかる荷重は，平均 50N，標準偏差 10N の正規分布に従う．この部品の強度が平均 75N，標準偏差 5N の正規分布である場合に故障となる確率を求めよ．

【略解】

この場合，強度を超える荷重(ストレス)が加わることで故障になるので，強度と荷重の差の分布を求めて，負の値となる確率を求めればよい．

ともに正規分布であるから，差の分布は分散の加法性を利用して，

$$\mu_{差} = 75 - 50 = 25,\ \sigma^2_{差} = 10^2 + 5^2 = 125 \ \rightarrow \sigma_{差} = 11.2$$

の正規分布となる．故障となるのは負の値となる確率に等しいから，

$$\mu_{差} / \sigma_{差} = 25/11.2 = 2.23$$

これより，ストレスが強度を上回る確率は，2.23σ の外側確率となるから，正規分布表から約 1.3%となることがわかる．または Excel を使うと，

$$\Pr(> 0) = 1 - \mathrm{NORMDIST}(2.23) = 0.0129$$

と求まる．

ストレス - 強度モデルで，双方が正規分布という確信がもてない場合には，別の分布(例えばワイブル分布)を仮定することになるが，その場合にはモンテカルロシミュレーションを用いて重なる確率を求めるとよい．

ストレス強度モデルでは，実際の条件よりも厳しいストレス分布を設定して2つの分布が重なる確率を大きくすることで，故障発生を加速させることができる．また重なる部分の確率は，その時点での $F(t)$ となるので，材料強度などの時間的な劣化を加速と併用することで $F(t)$ の推移が把握できる．

(4) 累積損傷則の場合

累積損傷則(マイナー則)は，ストレスの大きさに応じて寿命が減少して，その累積値が一定の値(寿命)を超えた時点で故障となるというモデルである．

金属材料では劣化現象としては腐食，酸化，クリープ，応力腐食，脆性劣

化，摩耗などの劣化があるが，運用条件（あるいは試験条件）の影響で金属疲労のように劣化が累積して定量に達した時点で故障となる場合にあてはまる．

累積損傷則は，運用条件が変化する場合に，設計余裕となる残存寿命の大きさを予測する場合に適用できる．故障がストレス強度モデルに従う場合でも，ストレスが一定ではなくダイナミックに変化する場合には，高いストレスでは寿命を食いつぶす量が大きくなり，$F(t)$が異なる．この場合，図5.12のように考えられるので，累積損傷則を用いることができる．

通常は，ストレス－強度モデルや累積損傷則は材料・機械部品における故障に適用される．

【例題5.5】

ある部品は突入電流の繰り返しで寿命にいたる．電流は機械の状態によって大きさが異なり，図5.13に示す条件での B_{10} ライフがわかっている．使用条件の異なる市場で使用した場合に B_{10} ライフを確保できるかどうかを検討せよ．

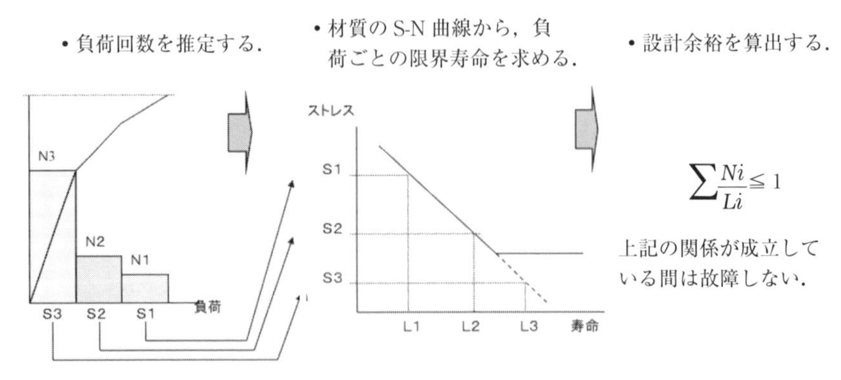

操作時に荷重がかかる部品の解析例で，市場の調査結果から数種類の大きさの負荷(S1～S3)がN1～N3回かかることがわかっている．

このような場合対象となる部品のS-N曲線から，累積損傷則を用いて設計余裕をもった設計をすることができる．

図5.12　累積損傷則の例

	B_{10} ライフ	現行市場の回数 / 年	累積比率
Power On	5000 回	1200 回	24%
Cold Start	30000 回	9000 回	30%
Warm Start	180000 回	45000 回	25%
Operation	2500000 回	200000 回	8%
			87%

新市場の回数 / 年	累積比率
800 回	16%
15000 回	50%
50000 回	28%
220000 回	9%
	103%

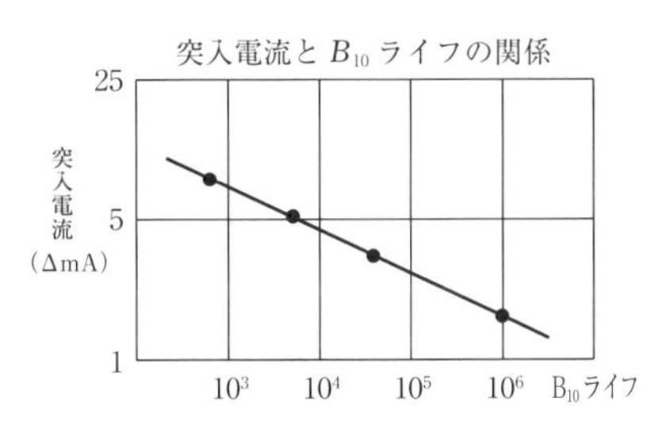

図 5.13　累積損傷則を用いた解析例

【略解】

図 5.13 より，新しい市場に導入した場合には累積の比率が 100% を超えるために，B_{10} ライフを得られないことがわかる．

対策品を確認する場合は，新しい市場での条件の前に，ストレスの大きい条件で寿命データを採取するとともに，劣化曲線の傾きが同じかどうかをまずは確認すればよい．

定量的な加速試験の特徴の 1 つは，こうした故障メカニズムや故障解析に関する情報が必要となる点で，自社のもつ信頼性情報を活用できる仕組みを用意しておく事が望ましい．こうした知識ベースは加速試験に適用する故障モデルだけでなく，その検証方法や試験規模，さらには故障にいたるメカニズムを明らかにするための計測や解析の技術に関する幅広い情報を網羅するとよい．

5.4.4　定性的な加速試験の方法

定量的な加速試験では，過去の故障経験や故障メカニズムの知識を活用して論理的なメカニズムの検証や予測ができるが，以下のような弱点がある．

- 自社のもつ技術的なノウハウの多寡に依存する

- 使用環境や条件の要求変化がある場合の適用可能範囲が不明
- 製品の高度化，複雑化で故障が多様化し，故障メカニズムも複雑化
- お客様の要求が信頼性から総合信頼性の確保へ拡大

そこで短時間に高い信頼性を確保するために，製品やそれを構成するアイテムに内在する故障の可能性(潜在故障)を積極的に抽出して，故障となる要因の除去や発生した場合の影響緩和を含む改善が必要となる．加速試験の国際規格であるIEC 62506の中でも，「迅速な商品提供のために，“failure mode discovery and mitigation”が重要となる」と紹介している．

定性的な加速試験は，故障の顕在化を目的とした試験で，「潜在的な設計の弱さや生産プロセスが原因となる脆弱性を顕在化させる目的で設計される試験」(IEC 62506[4])の総称である．その特徴は以下である．

- ストレスの水準は動作限界に関係なく，考えられる限り高く設定する
- アイテムの信頼性の定量化ではなく，運用期間中のどこかで発生する可能性がある，影響の大きい不具合を顕在化させることが目的である
- 仕様外の条件でも故障が発生せず，より高い信頼性を達成する頑健な製品を作るための製品設計や生産プロセスの改善情報を収集する
- 製品開発段階で実施して，内在する故障モードの影響を緩和させて，頑健性を増加させることで信頼性を向上させる

定性的な加速試験は，短い製品開発期間の中で高い信頼性を達成するために，不具合を顕在化させることで改善策を考えるという目的に特化した試験である．経験的にもわかるように，実際の故障の多くは設計の仕様限界を超えたところで発生するので，大きなストレスでアイテムのもつ潜在的な故障モード，設計的な弱さを顕在化させるという方法は直感的にもわかりやすい．こうした目的の試験には，半導体で用いられるPCTや特定の種類のストレスに対する限界を測定するための試験などがあり，これらも定性的な加速試験の一種と考えてよい．定性的な加速試験には以下のようなメリットがある．

- 実際の故障現象を顕在化させるため，技術的な改善策を立てやすい
- 短時間で試験が終了するため，改善サイクルを繰り返すことができる

- 短時間で改善の効果を確認し，設計仕様を固めることができる．

一方で，故障現象を起点に改善活動が進むことから，実際に加わるストレスの大きさや伝播の正確な測定，故障にいたるメカニズムの解析が必要となる．例えば振動試験では，アイテムの固定方法や周波数などの影響を受けることから予備実験が必要となる場合も多い．こうした場合では故障解析の結果から，重要度や発生可能性を判断していく必要がある．

定性的な加速試験として近年注目を集めているのが，5.5 節で詳しく紹介する高加速限界試験と呼ばれる HALT（Highly Accelerated Limit Test）である．代表的な HALT の方法は，仕様に関係なく高いストレスを加えて破壊限界を確認するもので，アイテムのもつ設計的な弱点を積極的に顕在化させることを目的としている．

複雑な構造や機能をもつアイテムでは，不具合が発生することで改善すべき弱点がわかることは多い．また製品の信頼性が高く，実際の運用条件では故障がほとんど発生しないアイテムでは，潜在的な欠陥・故障を顕在化させて改善することも必要となる．こうした場合に HALT に代表される定性的な加速試験は信頼性改善に有効な手法といえる．

一方で，定性的な加速試験には以下のような弱点があることに注意すべきである．

- 設計仕様の確認または適合性の判定はできず，故障率や寿命の推定は困難
- 特殊な試験設備が必要で，運用にも高い費用がかかる
- サンプル数は少なく，母集団を代表する情報かどうかはわからない
- 設計限界を超える条件のため，発生した不具合の致命度を判断することがむずかしい
- 故障の顕在化が目的であり，同じ結果でも同じ信頼性とは言い切れない

定性的な加速試験は，故障現象の顕在化を優先させるので，アイテムのもつ潜在的な弱さや故障の原因除去や影響緩和につなげる情報の獲得という点では有効である．しかしながら，実際の市場では発生しない不具合が起きている可能性もあり，故障メカニズムの同一性や実際の市場での影響を後追いで確認す

る必要がある．また，実際の運用条件における故障率や寿命の予測は困難で，どこまで改善をするかという判断がつかない場合が多く，実施のタイミングや結果のマネジメントを十分に行う必要がある．

加速試験に限らず信頼性試験は，信頼性の改善と目標とする信頼性に対する適合性判断という目的をもつ．市場における信頼性の値を予測し，故障率や故障分布の推定するためには，定量的な加速試験との併用が必要となる．

5.5 HALT（高加速限界試験）

5.5.1　HALTの概要とその背景

HALTはHighly Accelerated Limit Testing（高加速限界試験法）1)の略で，米国のG.K.Hobbsによる造語であり，1988年ごろより用いられたが，2000年に出版された図書[1]で広く知られるようになった．HALT2)は製品の信頼性についての新しい試験方法であり，設計開発段階で用いると短期間に設計上の信頼性に関する不具合を検出できるとされている．我が国では2004年に学会で紹介された[2]が，すでに韓国や中国では導入が進められていた．我が国の産業界にHALTの導入が進むのには，それから数年を要している．その理由は，HALTが従来の加速寿命試験法（ALT：Accelerated Life Testing）の枠から少し外れた位置にあり，信頼性理論の裏付けも十分とはいえない点にあった．現在，IEC 62506 "Methods for product accelerated testing"（製品加速試験法）において，HALTは定性的加速試験法に分類されている．

1)　Hobbsの論文ではHighly Accelerated Life Testing（高加速寿命試験法）であったが，最近のIEC 62506では，このように変更されている．
2)　製品の製造段階でHALTと同じ仕組みで行うスクリーニング法をHASS（Highly Accelerated Stress Screening：高加速ストレススクリーニング）という．HASSについては第7章で触れる．

(1) HALTの理念

HALTは，少なくとも1台の製品を破壊するという理念のもとに行う，設計作り込み手法の1つといえる．米陸軍では1990年代以降，戦車などの兵器においてMIL-HDBK-217などによる信頼度予測法の結果が満足できるものではなく，また，MIL-STD-781などに基づく信頼性試験法も実環境に対して十分ではない状況が明確になった．このため，兵器の使用限界を知るための試験を行う必要に迫られ，RET(Reliability Enhancement Test：信頼性促進試験)の導入が行われた．このときHALTはRETの具体的手段の1つとして加わった．

(2) HALTの特徴

HALTにおいては，次のタスクを実施することが強調されている．

① 故障するまでストレスを印加する

② ストレスを印加している間，製品の機能を監視する

③ 検出された故障は必ず故障解析を行い，根本原因を捉える

④ 根本原因を除去して故障の発生を阻止する

HALTのねらいは，製品に内在する設計上，製造上の欠点や弱点を促進して，故障として顕在化させ，その根本原因を追究して，それを除去または抑制することにより，未然に故障の発生を抑制することである．しかし，このねらいは従来のALTでも同じである．HALTの特徴は極めて短時間であるが，図5.14に示す概念のように，破壊ストレスまでのストレスを印加する点にある．ALTでは動作マージン内のストレスを印加して加速を図り，定量的なデータを取得することを企図するが，HALTでは耐久マージンに踏み込んでストレスを印加し，強制的に製品を故障に追い込み，製品機能の限界を調査することをめざす．このことから，HALTは頑健性のある設計を実現させる手法といわれる．

(3) HALTにおけるストレスの印加法

ALTの理論的根拠である時間依存のストレス－強度モデルでは，初期には

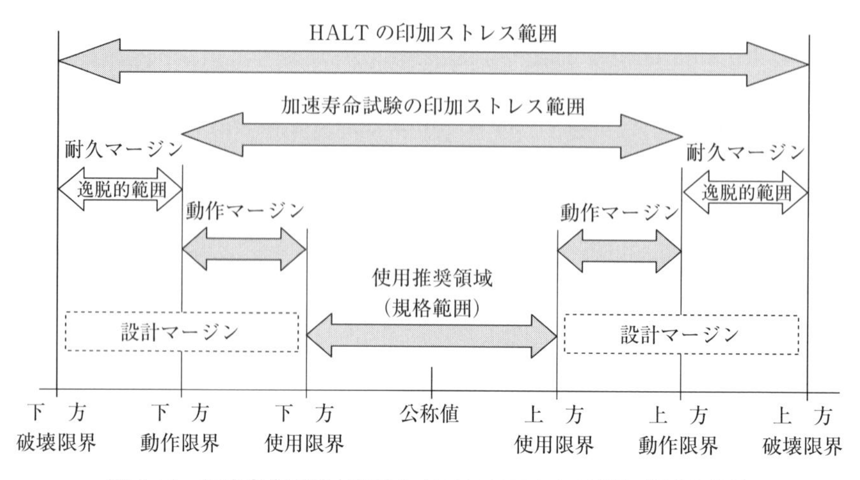

図5.14　加速寿命試験(ALT)とHALTのストレス印加範囲の比較

十分な安全余裕をとって設計された製品の強度が時間の経過とともに劣化してストレスの分布に近づいて行き，強度がストレスを下回ったときに故障となる．ALTはストレスを強制的に高めた状態で長時間の試験を実施することで劣化を促進し，故障の発生を早める方法であった．中でも，ステップストレス試験はストレスを段階的に高めていく方法で，それぞれの段階の滞留時間は強度の経時劣化が促進されるのに十分な長さに設定する．HALTもステップストレス試験と同様に段階的にストレスを高めていくが，それぞれの段階の滞留時間は分単位で極めて短く，初めの段階では強度の経時劣化の生じる余裕はなく，短時間に限界のストレスまで高められる．次のステップへのストレスの急峻な立ち上がりもHALTの特徴の1つである．図5.15に示すように，ストレスが強度分布に近づいて行って故障となるモデルとなる．

(4)　HALTで発見される不具合・故障

HALTでは製品の劣化過程がほとんど生じないため，ALTのような信頼性特性値の推定は困難である．HALTは動作マージンの設計ミス，短寿命部品の採用ミス，亀裂の促進，異物混入など，初期故障や最初から存在する不具合

加速寿命試験の故障メカニズム

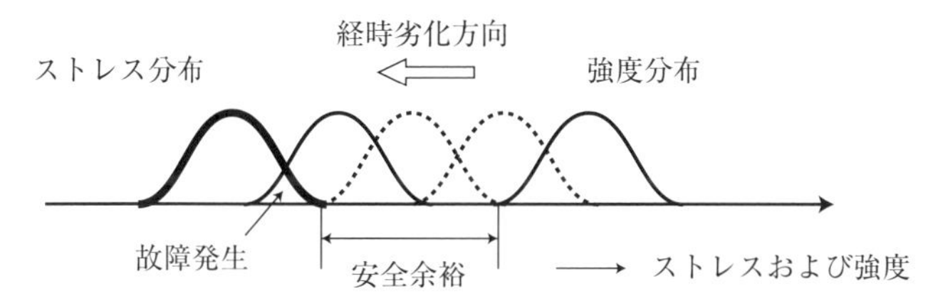

(a) 自然の摂理による故障発生のイメージ

HALT の故障メカニズム

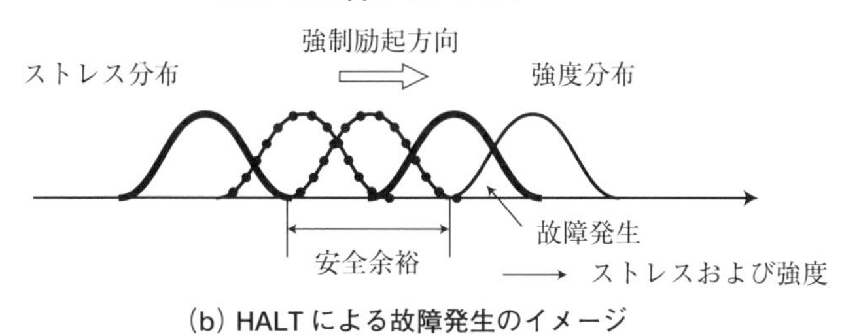

(b) HALT による故障発生のイメージ

図 5.15 加速寿命試験(ALT)と HALT の故障発生イメージ

などの検出に効果がある．劣化に関わるエレクトロケミカル・マイグレーションや機械的摩耗故障の検出には ALT を用いなければならない．

(5) 複合ストレスの同時印加

通常，ALT では温度，電圧，振動などのストレスを単独に印加し，それぞれのストレスにおける加速性を評価する．HALT では，温度と振動などの複数のストレスを同時に印加して試験する点に特徴がある．例えば，温度と振動の複合環境試験を可能にするために，HALT 試験槽は液体窒素を用いた冷却機構と反復して衝撃的振動を印加できる機構を兼ね備えている．振動試験も，ALT では 1 軸ごとに製品をセットして実施するが，HALT は多軸の振動を同時に印加できるようにしている．すなわち，X，Y，Z の 3 軸と各軸での回転方向を合わせて 6 つの自由度をもたせている．

(6)　HALTによって得られる効用

HALTの効用は多々あるが，代表的なものは次のとおりである．

①　製品知識の獲得
- 製品のストレス耐性の確認
- 製品の設計マージンの評価・改善
- 製品の弱点および欠点の抽出と除去

②　管理面の効率アップ
- 試験時間の短縮
- 試験費用の削減

5.5.2　HALTの事例

ここからの情報はアイテムの設計改善以外にも，製造段階でのHASS（Highly Accelerated Stress Screening）やHASA（Highly Accelerated Stress Audit）につなげることができる．

ここでは，HALTの事例を示す．代表的なHALTでは，温度ストレス，振動，温度サイクル，それらの複合と順次試験を実施し，それぞれの段階で発生する不具合を観察する．本例では，低温試験（具体的には液体窒素による冷却）で順次温度を下げて，故障現象を確認している．

IEC 62506にあるHALT条件の例を図5.16に示す．HALTの特徴の1つは動作状態で試験を行うことで，高ストレスに伴い発生する故障を記録し，対策を導入する．この例では－70℃で起動不安定やリップルを確認している．同様に高温試験，振動試験，温度サイクル試験と順次実施し，複合試験へと拡張していく．

実際のHALTでは，物性限界を超えるなどで，試験条件に耐えられないことが明らかな一部のユニットを分離して試験を行うことや，機器の状態での故障現象を探索するために，先の例よりも低いストレスで試験を開始するといった工夫がなされることが多い．

試験条件	試験結果	推定原因
低温	－70℃で起動不安定 －75℃で動作 破壊限界は確認できず	5V，3.3V の起動不安定 リップル
高温	－125℃で出力の 12V 消滅 破壊限界は確認できず	内部温度上昇
振動 20℃一定 5min ごとに 5 Grms 上昇	25Grms でネジの緩み 40Grms で出力不安定	ねじ締結の不足 手はんだの不具合
温度サイクル －70℃から +125℃ 保持時間 4～10 分	20 サイクルで問題発生なし	
温度サイクルと複合振動 －70℃～＋125℃ 5G～25G	部品の落下 5V 出力不安定	不適切な部品固定方法 要調査

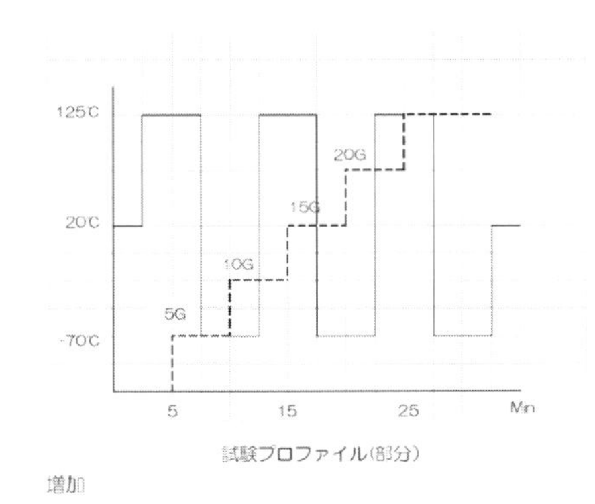

ストレスは温度ストレスから，振動，サイクル，複合と順次増加

図 5.16　HALT 条件の例（IEC 62506 より引用）

5.6

製品開発と加速試験

信頼性は設計で決まるために，加速試験で明らかになった故障や不具合に関わる情報は，設計活動に反映されて改善されることで価値を生む．加速試験の結果は一種の予測結果であり，大切なことは予測が当たるかどうかではなく，アイテムの信頼性を改善することである．

5.6.1　加速試験の実施時期

実際の製品開発において加速試験をどの時期で行うかは，重要な検討事項となる．通常，信頼性改善を効率よく行うには，図5.17に示すように設計源流での活動が有効である．

加速試験に限らず，信頼性試験の情報は有効な改善を促すもので，製品開発活動の全体的な効率を考えて実施時期を決める必要がある．

一般に，定性的な加速試験と定量的な加速試験では，その性質から効果的な実施時期は異なる．定性的な加速試験では，運用条件に関係なく破壊限界や動作限界を超える大きなストレスを加えた試験を行い，潜在的な故障を顕在化させる．顕在化した故障は技術選択を含めて改善する必要があるので，こうした試験は製品開発の初期段階，すなわち技術選択や設計変更の自由度の高い源流で行うことが望ましい．

これに対し，定量的な加速試験では既知の故障のメカニズムや故障とストレスの関係を扱うために，短期間で設計結果の検証や妥当性確認を行う際に有効な方法となる．故障メカニズムが既知であれば，試験だけでなく実際の製品に加わるストレスの計測，信頼性を確保する設計の前提条件の確認，また信頼性

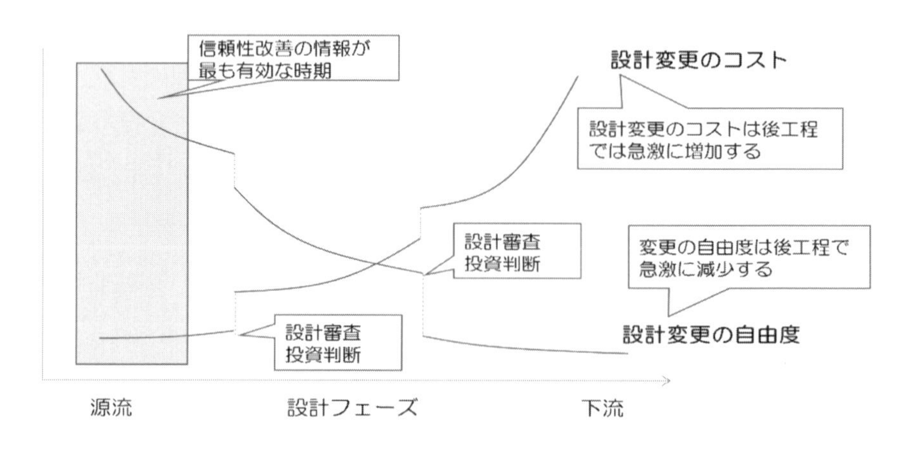

図5.17　設計変更の自由度と変更コスト

試験の種類	サブシステム設計	システム設計	検証	生産準備	生産	保守・サービス
定性的な加速試験	FMEA/FMECA 設計改善・設計の完成度を上げる	HALT	設計の完成度を確認する		HASS/HASA	
定量的な加速試験		信頼性成長試験 設計の完成度(出来栄え)の評価		信頼性適合試験	信頼性実証試験	
製品構成要素への適用	部品での定性的な加速試験	部品での定量的な加速試験 サブシステムでの定性的な加速試験・定量的な加速試験	システムでの定量的な加速試験			

図 5.18　加速試験の実施時期の例(IEC 62506 を参考に作成)

特性値の推移を把握するという活動が容易となる．そこで，定量的な加速試験は設計がある程度終了し，設計目標が検証可能になった時点から実施することが望ましい．加速試験の実施時期の例を図 5.18 に示す．

5.6.2　故障率加速試験の場合の注意

故障率加速試験は，主に故障率が信頼性特性となるアイテムの場合に要求される．多くの故障メカニズムをもつ場合や複雑なアイテムでは，故障はサブアイテムだけでなく，サブアイテム間の相互作用が崩れることでも発生する．そこでこうしたアイテムの試験では，サブアイテム間の相互作用やサブアイテムに故障が発生した際の影響の大きさから改善の優先度を決めるために，事前に信頼性ブロック図などを利用してシステムの構成を明確にしておく必要がある．また故障率加速試験では，運用信頼度を測るために多くの種類ストレスを複合させた非定型の試験となることが多い．このような場合には，直交表を利用することで多くの情報を得ることができる．印字装置の故障率加速試験条件の例を図 5.19 に示す．

故障率加速試験では，複数の種類のストレスを印加することで多くの種類の故障が発生する．その場合，サブアイテムや故障メカニズムごとに加速性が異

試験No.	環境	走行モード	用紙サイズ	データ量	出力イメージ	用紙紙質	原稿紙質	原稿書式	電源電圧
No.1	高温高湿	連続	混合	多い	図面	厚紙	厚紙・薄紙	コピー	高圧
No.2	低温低湿	断続	混合	少ない	テキスト	普通	厚紙・薄紙	コピー	低圧
No.3	高温高湿	連続	固定	少ない	画像	薄紙	普通	印刷	通常
No.4	低温低湿	連続	固定	多い	図面	薄紙	厚紙・薄紙	印刷	通常
No.5	高温高湿	断続	混合	平均的	画像	普通	普通	手書き	低圧
No.6	低温低湿	連続	混合	平均的	テキスト	厚紙	普通	手書き	高圧

その他
ノイズ条件
レスト時間
清掃の有無
用紙水分
原稿の繰り返し　など

図 5.19　印字装置での割り付け例

なる場合が多く，試験で発生した故障を分類して加速性を見直しながら，システムの信頼度を予測するといった工夫が必要になる．その際には故障解析結果に加え，先の信頼性ブロック図や実際の運用条件の情報が必要になる．

5.6.3　加速試験と設計支援

加速試験は通常の運用条件よりも厳しい条件で行うため，実際に発生する可能性や影響の大きさの評価が必要とされる試験法である．特に定性的な加速試験は，現在の設計結果がもつ故障の可能性の一部が顕在化するもので，同じ故障が実際の運用条件でも発生するかどうかはわからない．そこで改善の優先度を決めることが必要になる．

発生した故障の重要度や致命度の判断に際しては，設計情報に加えて顧客要求や運用環境に関する情報が必要になる．具体的には，これまでの加速試験結果や故障解析結果，故障メカニズム情報，FMEA や FTA などの設計段階での検討結果，市場の運用条件，市場のクレームなどの情報が有効である．これらの情報は信頼性設計での準備として求められる内容に他ならない．

信頼性試験の結果は，信頼性設計を支援する情報と捉えて，ノウハウとして活用することが必要である．特に加速試験ではストレスの種類と大きさが明確なために，故障が発生した場合にはその技術的なメカニズム解析を行うべきである．それらの解析事例や設計開発段階での実験結果などの情報は設計ノウハウとなり，信頼性設計プロセスの強化につながることになる．

5.7

加速試験の国際規格

5.7.1 IEC 62506

IEC 62506は2013年に制定された国際規格である．IEC 62506の目次の抜粋を図5.20に示す．IEC 62506が制定された背景には，加速試験が国際的に様々な目的や解釈で行われていることや，製品開発においてHALTを中心とした定性的な加速試験の重要性が高くなってきたことがある．実際この規格の中でも，HALTを中心に多くのページが割かれている．

IEC 62506では，加速試験の戦略において信頼性管理の計画作成段階で参照すべき点が整理されている．定性的な加速試験(タイプA)としてHASTと

1 適用範囲
2 引用規格
3 用語，定義及び略語
4 加速試験法の概要
5 加速試験モデル
　5.1 タイプA，定性的な加速試験
　5.2 タイプB及びC—定量的な加速試験
　5.3 故障メカニズム及び試験設計
　5.4 ストレスレベル，プロフィール及び組合せの決定　以下略
6 製品開発における加速試験戦略
　6.1 加速試験サンプリングプラン
　6.2 試験ストレス及び持続時間に関する一般的考察　以下略
7 加速試験法の限界
付属書

図5.20 IEC 62506目次の一部

HASS/HASAに関する記述や実施のガイド，技術面から見た長所と短所を解説し，定量的加速試験(タイプB/C)についても，その一般事項と進め方をまとめている．IEC 62506には代表的なモデルや加速試験の注意点なども整理されている．製品開発における加速試験の役割は大きいが，説明責任を果たすうえでも，共通認識や用語の概念がもてる国際規格を活用するとよい．

5.8 本章のまとめ

5.8.1 加速試験を実施する際の注意点

「数と時間の壁」をもつ信頼性試験では，重大な故障現象やその傾向を見逃す場合も多い．特に厳しい条件で実施する加速試験は正確に母集団の性質を示していない可能性があるために，以下の注意が必要となる．

- 正確な加速要因の決定プロセスは複雑で，ノウハウに依存する．
- 故障メカニズムの把握はむずかしく，過大・過小評価となる場合がある．
- 特殊な試験装置や測定装置の開発や準備，運用が必要になることが多く，準備期間や試験装置の制約を受ける場合がある．
- HALTでは一般にサンプル数が少なく，アイテムの平均的な(本来の)強度や設計的な破壊限界と異なる結果となることがある．
- 破壊的な故障，すなわち焼損など物理的な状態が大きく変わる場合，故障モードを決定することが難しく，誤った信頼性情報となるリスクがある．
- 加速試験は考慮したストレスとその組合せに関する情報だけが得られもので，信頼性のすべての情報が得られるものではない．
- 加速試験結果からの信頼性予測はいくつかの前提条件を置くことが必要で，アイテムの環境や使用条件，故障メカニズムが異なる場合の予測は，別の試験が必要になる．
- 実際の運用条件は加速試験の条件とは異なるので，加速試験から推定した結果と異なる場合がある．

- アイテムが複雑なシステムのような場合，一部のサブアイテムが故障となってもフォールトになるとは限らず，さらには複数の故障メカニズムの分離・解析作業が必要となる．

5.8.2 おわりに

本章での解説からもわかるように，加速試験は十分な準備と過大評価を含むリスク管理が必要とされる．加速試験は開発の初期段階から実施して，アイテムの信頼性情報を短期間で獲得して改善を促す手法であり，その目的はストレスとの関係の把握が基本である．そのために故障解析技術だけでなく，アイテムの信頼性に関わる様々な情報蓄積と活用が求められるだけでなく，加速試験の結果から信頼性を予測するために市場の運用条件，アイテムの技術的な強度，故障メカニズムなどの情報が要求される．

加速試験は設計変更の自由度が高く，コストも安い源流での信頼性設計を加速させる手法である．また加速試験は，故障のメカニズム情報や分析を通じて変更，信頼性設計を支援する知識ベースの構築を促すという効果をもつ．すなわち，加速試験は品質を「確保・確認・確信」するための有効な手段で，効率的な新製品開発のために欠かせない手法といえる．

【第 5 章の演習問題】

［問題 5.1］ 加速試験についての下記の理解が，正しくない理由を挙げて説明せよ．

① 加速試験は故障現象を短時間に発生させることが目的で，とにかく故障が発生する条件や手段で行うべきである．

② 故障物理モデルを用いた加速試験の場合は，ストレスと故障の関係がわかるので，ワイブル解析などの数理解析は必要ない．

③ 加速試験には定量的な方法と定性的な方法があり，アイテムの特徴やコストに応じて，どちらかを行えばよい．

④　HALTのような定性的な加速試験で発生した不具合は，実際に発生した不具合なので，無条件に対策することが必要である．

第5章の参考文献

[1]　JIS Z 8115：2019「ディペンダビリティ(総合信頼性)用語」
[2]　IEC 62506：2013 “Method for product accelerated testing”
[3]　北川賢司：『寿命試験技術』，コロナ社，1986年.
[4]　川崎義人：『日科技連信頼性工学シリーズ1　信頼性・保全性総論』，日科技連出版社，1984年.
[5]　「エスペック信頼性セミナー2017　予稿集」，pp.2-15.
[6]　塩見弘，久保陽一，吉田弘之：『日科技連信頼性工学シリーズ10　信頼性試験総論・部品』，日科技連出版社，1985年.
[7]　「応用物理学会先進パワー半導体分科会　2018年度チュートリアル予稿集」
[8]　益田昭彦：「未然防止技術におけるHALT/HASS」，『エレクトロニクス実装学会誌』，Vol.11，No.5，pp.326-336，2008年.
[9]　G. Hobbs：*Accelerated reliability engineering HALT and HASS*，John Wiley & Sons，2000.
[10]　益田昭彦：「韓国と米国における電子部品の信頼性評価技術の状況」，『信学技法』，R2004-20，2004年.

第6章

信頼性抜取試験

信頼性抜取試験は，信頼性試験において立ちはだかる「数と時間の壁」を突破する手段の 1 つである．信頼性抜取試験は加速寿命試験と組み合わせて実施するとさらに効果的である．信頼性試験に供試されたサンプルは機能・性能・外観などの劣化が懸念されるため，信頼性試験は抜取方式で行われる．数理統計学で裏付けされた信頼性抜取試験を実施することにより，合理的で客観的な判断を行うことができる．

本章では，偶発故障を生じるアイテムの信頼性抜取試験方式の原理と設計の方法を中心に紹介する．さらに，故障時間がワイブル分布に従う場合の信頼性抜取試験の簡単な例についても紹介する．

信頼性試験では，「数と時間の壁」を超えるための種々の工夫が積み重ねられ，第5章で解説した加速寿命試験法(ALT)などが確立された．

信頼性抜取試験は，この加速寿命試験と組み合わせて適用することにより，「数と時間の壁」の克服に対してさらなる効果をあげることができる．

そもそも信頼性試験は，環境・動作条件の限界を確かめたり，経時的な変化(主として劣化)を確認したりする試験であるため，供試されたサンプルが例え外観的には変化なく，あるいは支障なく機能していたとしても，サンプルの内部に後遺症が残っていたり，または深層で劣化が進んでいたりする可能性が残される．そのため，供試されたサンプルは顧客に販売されることはなく，廃棄されるのが普通である．したがって，信頼性試験においては原則として全数試験は行われず[1)]，サンプルを用いた抜取試験になる．抜取試験の目的はサンプル自体の良否を分けるのではなく，その背後にあるロット(母集団)の合否を判定することである．

古くはロットから適当数のサンプルを抜き取って，設定した試験条件の下で，規定の時間動作させ，異常がなければよしとする試験が行われていた．その方法に科学的なメスを入れ，数理統計学に基づいて合理的にサンプル数，試験時間，合否判定個数などを定めたのが近代的な抜取試験法である．

6.1 抜取試験の原理

信頼性抜取試験が適用されるのは，信頼性適合試験においてである．信頼性適合試験[2)]は「アイテムの信頼性特性値が，規定の信頼性要求(例えば，故障率水準)に適合しているかどうかを判定する試験」をいい，一般に，統計的検定理論に基づく抜取試験が適用される．すなわち，サンプルが要求事項を満足しているかどうかを確認し，その結果からロットの合否を判定する試験であ

---

1)　信頼性ストレススクリーニングでは全数試験も行われる．詳細は第7章で解説する．
2)　JIS Z 8115：2019の信頼性適合試験(reliability compliance test)(192J-09-106)．

る．

統計的検定は，ものごと（事象）の差異を判断するために仮説を立てて，数理統計学を用いてその妥当性を判断する仮説検定である．仮説検定は背理法に基づく判断であり，例えば「サンプルの特性値と要求値には差がない」とする帰無仮説 H_0 と，例えば「サンプルの特性値と要求値には差がある」とする対立仮説 H_1 の2つの仮説を立てて，確率論的に帰無仮説に矛盾が見出されればそれを棄却し（すなわち，無に帰し），対立仮説を採択するという判断をする．帰無仮説に矛盾が見出されなければ判断を保留するか，または帰無仮説をとりあえず容認する．抜取試験では帰無仮説に望ましい条件を，対立仮説に望ましくない条件をおくので，元来望ましくないロットを検出することに視点を置いた方法であるといえる．

偶発故障をする（故障率が一定の）アイテムの場合には，信頼性特性値に故障率を選んで，例えば

$$\left.\begin{aligned} H_0 &: \hat{\lambda} = \lambda_0 \\ H_1 &: \hat{\lambda} = \lambda_1 \quad (> \lambda_0) \end{aligned}\right\} \tag{6.1}$$

と設定することができる．ここで，λ_0：要求故障率，λ_1：望ましくない故障率とする．

抜取試験の判定基準は，サンプルから推定した故障率が λ_0 以下ならばロットを合格にし，λ_1 以上ならばロットを不合格にするものとする．しかし，抜き取られたサンプルに基づく確率的な判断であるため，真実はロットの故障率が λ_0 であるのに誤ってロットを不合格としてしまう危険が存在する．そのような危険率を $\alpha\ (0 < \alpha < 1)$ とする．逆に，真実はロットの故障率が λ_1 であるのに誤ってロットを合格としてしまう危険も存在する．そのような危険率を $\beta\ (0 < \beta < 1)$ とする．α は生産者危険または第1種の誤りといわれ，本当は受け入れてよい製品であるのに，誤って＜ロット不合格＞と判断してしまう割合になる．β は消費者危険または第2種の誤りといわれ，本当は受け入れてはいけない製品であるのに，誤って＜ロット合格＞と判断してしまう割合になる．そこで，α と β は1に比べて極力小さい値をとるようにしたい．

以上の判断を一般化して表6.1にまとめる．表6.1の網かけされた箇所が誤った判断である．

真実はどちらであれ，「帰無仮説 H_0 が正しい」と判定する確率をロット合格率という．逆に，「対立仮説 H_1 が正しい」と判定する確率を検出力という．

両者の間には

(ロット合格率) = 1 − (検出力)

の関係がある．統計的検定では検出力が重要であるが，抜取試験ではロット合格率が重要になる．

図6.1は横軸に信頼性特性値(図では故障率)をとり，縦軸にロット合

表6.1　統計的検定における判定結果に対する対応

真実は ＼ 判定は	帰無仮説 H_0 が正しい	対立仮説 H_1 が正しい
帰無仮説 H_0 が正しい	確率 $1-\alpha$ で H_0 を容認する．	確率 α で H_0 を棄却する．(生産者危険)
対立仮説 H_1 が正しい	確率 β で H_1 を棄却する．(消費者危険)	確率 $1-\beta$ で H_1 を採択する．

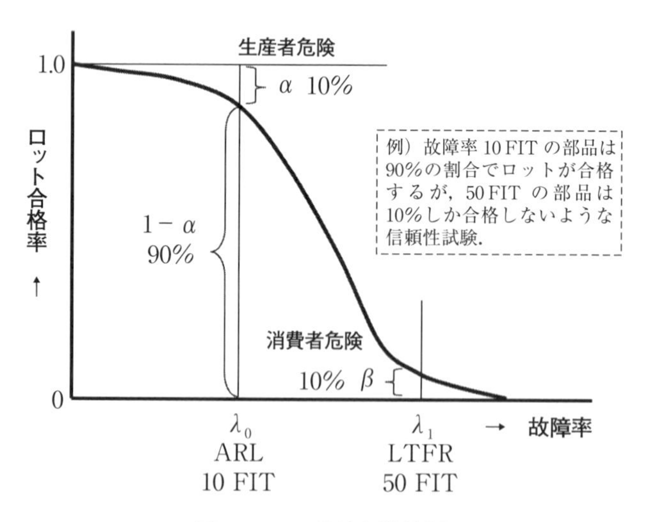

図6.1　OC曲線と数値例

格率をとって描いたグラフで，検査特性曲線またはOC曲線(Operating Characteristic curve)と呼ばれるものである．OC曲線は抜取方式の特性を表しており，その選択に用いられる．この図において，λ_0とλ_1は，

λ_0：合格信頼性水準(ARL：Acceptable Reliability Level)[3]または合格故障率(AFR：Acceptable Failure Rate)

λ_1：ロット許容故障率(LTFR：Lot Tolerance Failure Rate)

といわれる(なお，図6.1にはαが10%，βが10%，λ_0が10FIT，λ_1が50FITの例も併記している)．

理想的には，図6.2のようなOC曲線が設計できるとよい．すなわち，故障率がλ_1以上のロットはすべて拒絶し，故障率がλ_0以下のロットはすべて受容する方式である．λ_0とλ_1の間のグレーゾーンは判断が保留されるため，この区間はできる限り狭くしたほうがよいが，λ_0とλ_1が一致する場合は全数試験になる．$\dfrac{\lambda_1}{\lambda_0}(>1)$を判別比といい，OC曲線の設計指標の1つである．

しかし，実現可能なOC曲線は図6.1のような連続した曲線になる．

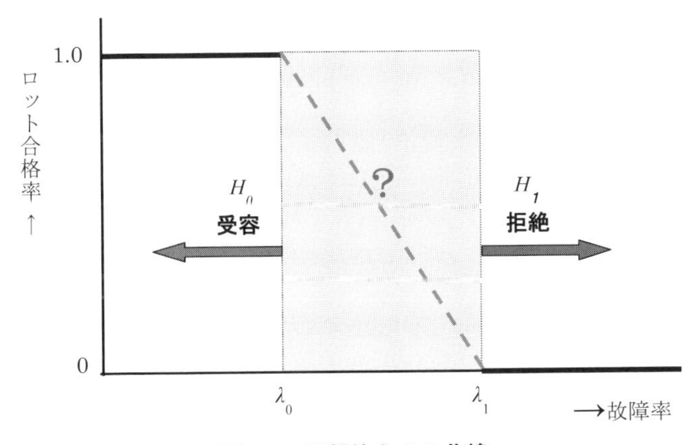

図6.2　理想的なOC曲線

3)　JIS Z 8115によれば，合格信頼性水準(ARL)(192J-09-197)は故障率の他にも，平均寿命(MTTF，MTBF)，信頼度などにも用いられる．

6.2
信頼性抜取試験の分類

信頼性抜取試験は，抜取方式によって分類することができる．これまで，品質管理で用いられる抜取検査方式と同様に，計数抜取方式と計量抜取方式に大別されてきた．アイテムの故障までの動作時間(以降，故障時間と略す)の確率分布を想定するパラメトリックな抜取試験と，想定しないノンパラメトリックな抜取試験に分けることもできる．故障時間の分布には，偶発故障に対応する指数分布が広範囲に使われている．指数分布に基づく抜取試験はEpstein and Sobelの先駆的研究があり，その成果は米軍規格に採用されている．劣化故障や摩耗故障などに対してはワイブル分布，対数正規分布，正規分布などに基づく抜取試験が研究されてきた．ワイブル分布についてはKao，Goodeの先駆的研究がある．しかしながら，公表されている抜取試験規格は指数分布に基づくものである．

現在，入手可能な指数分布に基づく抜取試験の規格を次に列挙する．

- JIS C 5003：1974「電子部品の故障率試験方法通則」[2]
- IEC 61123 “Reliability testing-Compliance test plans for success ratio”[5]
- IEC 61124 “Reliability testing-Compliance tests for constant failure rate and constant failure intensity”[4]
- MIL-STD-690D：2013 “CHG-1 Failure rate sampling plans and procedures”
- MIL-HDBK-108(H-108)：1960(2002年に廃止)“Sampling procedures and tables for life and reliability testing(Based on exponential distribution)”[3]
- MIL-HDBK-781A：1996 “Handbook for reliability test methods, plans, and environments for engineering, development qualification, and production”

表6.2にこれらの規格に規定されている抜取方式をまとめた．

6.3節以降は，アイテムが偶発故障をする場合，すなわち故障時間が指数分布に従う場合の抜取試験方式について述べる．

表 6.2 指数分布に基づく信頼性抜取試験規格の試験方法分類

<table>
<tr><th>想定分布</th><th>抜取方式</th><th>計数／計量</th><th>保証型</th><th>取替の有無</th><th>代表的規格</th><th>主な対象</th></tr>
<tr><td rowspan="7">指数分布
(パラメトリック)</td><td rowspan="5">一回抜取</td><td rowspan="3">計数型
(タイプI打切り)</td><td>LTFR 保証</td><td></td><td>JIS C 5003
MIL-STD-690D</td><td>部品</td></tr>
<tr><td rowspan="6">規準型
(ARL,LTFR)</td><td>取替なし</td><td>IEC 61124
IEC 61123
MIL-HDBK-108</td><td rowspan="4">部品
機器</td></tr>
<tr><td>取替あり</td><td rowspan="5">IEC 61124
MIL-HDBK-108
MIL-HDBK-781A</td></tr>
<tr><td rowspan="2">計量型
(タイプII打切り)</td><td>取替なし</td></tr>
<tr><td>取替あり</td></tr>
<tr><td rowspan="2">逐次抜取</td><td rowspan="2"></td><td>取替なし</td><td rowspan="2">機器
システム</td></tr>
<tr><td>取替あり</td></tr>
<tr><td rowspan="3">二項分布
(ノンパラメトリック)</td><td>一回抜取</td><td rowspan="3">計数型</td><td rowspan="3">規準型
(AQL,LTPD)</td><td>取替なし</td><td>MIL-HDBK-108</td><td>部品</td></tr>
<tr><td>一回抜取</td><td rowspan="2"></td><td rowspan="2">IEC 61123
MIL-HDBK-781A</td><td rowspan="2">部品
機器
システム</td></tr>
<tr><td>逐次抜取</td></tr>
</table>

6.3 計数抜取試験方式

信頼性試験において，計数抜取試験方式は n 個のサンプルに生じた故障の数 r が合格判定個数 A_c 以下であればロットを合格とし，不合格判定個数 R_e 以上であればロットを不合格にする．計数一回抜取試験方式は $R_e = A_c + 1$ の場合で，1 回の判定で済み，実務上でも簡便なため，広く行われている．計数一回抜取試験方式はタイプ I 打切り（定時打切り）に相当し，故障の数 r が変数になる．

6.3.1 LTFR を保証する計数一回抜取試験方式

ロット許容故障率（LTFR）を保証する試験の設計は，消費者危険 β および LTFR λ_1 を決めて，

$$L(\lambda_1) \leqq \beta \tag{6.2}$$

を満足する総試験時間 T と合格判定個数 c の組を求めることである．

偶発故障の場合には，故障数の分布は母数 λT のポアソン分布に従うため，ロット合格率 $L(\lambda)$ は次式から求められる．

$$L(\lambda)=\sum_{x=0}^{c}\frac{(\lambda T)^x}{x!}\exp(-\lambda T)$$

式(6.2)から，

$$L(\lambda_1)=\sum_{x=0}^{c}\frac{(\lambda T)^x}{x!}\exp(-\lambda T)\leqq\beta \tag{6.3}$$

を満足する必要がある．

ここで，故障したサンプルは速やかに取り除き，新しいサンプルに取り替えて試験を続行するものとする4)．試験は規定の総試験時間 T^* に達したら終了する．サンプル数を n，試験終了時間 t^* とすると，

$$T^*=nt^* \tag{6.4}$$

なので，規定試験時間 T^* を決めると，供試するサンプル数 n を決定できる．

ところで，この抜取方式の設計では，消費者危険 β と合格判定個数 c を与えて，式(6.3)を満足するようなLTFR　λ_1 と総試験時間 T の積を求めることになるが，この式から計算することはかなりむずかしい．

そこで，ポアソン分布の累積和と χ^2(カイ2乗)分布との関係から，

$$L(\lambda)=\sum_{x=0}^{c}\frac{(\lambda T)^x}{x!}\exp(-\lambda T)=P(\chi^2(2(c+1),\ L(\lambda))\geqq 2\lambda T)$$

が成り立つことを利用すると，次式が得られる[1]．

$$\lambda_1 T\geqq\frac{\chi^2(2(c+1),\ \beta)}{2} \tag{6.5}$$

$\lambda_1 T$ は右辺の値を超えない最小の値に選ぶとよいので，等号の値になる．右辺は β と c を決めれば，χ^2 表から読み取ることができる．ExcelのCCHISQ.INV.RT関数を用いると，

4)　故障したアイテムが交換または修理される間は試験を中断し，試験時間には入れない．交換または修理の時間が無視できる程度に短ければ，試験を中断しないこともある．

$$= \text{CCHISQ.INV.RT}\frac{(\beta, 2(c+1))}{2}$$

として計算できる．

この方式の抜取試験規格には，JIS C 5003 および MIL-STD-690 がある．JIS C 5003[2] は MIL-STD-690 を参考にして作成されたもので，本質的に同一設計で，確立した品質管理のもとに，連続的に製造された電子部品を対象にしている．偶発故障(一定故障率)を想定しており，故障率水準の初期判定，その後の維持，およびより低い故障率水準への拡張についての原則をまとめている．また，故障率(λ)，測定点，試験時間(t)の水準を設けて基準化している．測定点，試験時間および総試験時間は［時間(h)］または［動作回数(回またはサイクル)］で表し，各水準の許容差を示している．動作回数は 1 時間にほぼ 10 回動作するという考え方で決められている．故障率水準は米軍規格と同様に記号化されている．JIS C 5003 では表 6.3 のように設定されている．

この表で，原則として M，P，R，S，T の水準を使用することが推奨されている．ちなみに，1 FIT は T 水準に相当する．故障率の信頼水準$(1-\beta)$は 90% と 60% が設定されている．しかし，その後の維持判定は 10% で行われる．ただし，より低い故障率水準へ拡張する場合は，初期判定と同様に 90% か 60% を用いる．これらの試験は原則として定格で行うが，加速寿命試験と併用してもよいとされている．この場合，定格に換算した総試験時間の 1/4 以上は定格で試験を行うこととされている．また，試験時間は原則として 10^3 時

表 6.3　JIS C 5003 の故障率水準(記号および故障率)[2]

記　号	故　障　率 (%/10^3h または 10^{-6}/ 回)	記　号	故　障　率 (%/10^3h または 10^{-6}/ 回)
L	5	R	0.01
M	1	E	0.005
N	0.5	S	0.001
P	0.1	H	0.0005
Q	0.05	T	0.0001

間以上(10^4 回以上)，サンプル数は10個以上で行うこととされている．

抜取表は，式(6.5)を用いてExcelで計算して容易に作ることができる．表6.4は合格判定個数 c と信頼水準 $1-\beta$ を与えたときの $\lambda_1 T^*$ を求める表である．λ_1 は保証したいLTFRであり，既知であるため，規定の総試験時間 T^* が求められる．

【例題6.1】 信頼水準60%で，故障率水準Mを保証する抜取方式で，合格判定個数が1のときの総試験時間を求めなさい．

【略解】 表6.4から信頼水準 $1-\beta=0.6$(60%)，合格判定個数 $c=1$ の場合，$\lambda_1 T=2.022$ となる．故障率水準 M は表6.3から 1.0×10^{-5}(/h)となるので，

$$T^* = \frac{\lambda_1 T^*}{\lambda_1} = \frac{2.022}{10-5} = 2.022\times10^5\,(\mathrm{h})$$ となる．

取換えなしの試験でも，サンプル数に比べて故障数が十分少なく，$T^* \approx nt^*$ と見なすことができれば，同様に取り扱うことができる[5]．

表6.4の抜取表のOC曲線を描くには，$2\lambda T=\chi^2(2(c+1),\ L(\lambda))$ の関係を用いる．χ^2 分布の右側確率はExcelのCHISQ.DIST.RT関数を用いると得られる．すなわち

= CHISQ.DIST.RT(2*λT, 2*(c + 1))

表6.4　指数分布に基づくLTFRを保証する計数一回抜取試験方式

信頼水準 $1-\beta$	合格判定個数 c					
	0	1	2	3	4	5
0.6	0.9163	2.022	3.105	4.175	5.237	6.292
0.8	1.609	2.994	4.279	5.515	6.7210	7.906
0.9	2.303	3.890	5.322	6.681	7.994	9.275
0.95	2.996	4.744	6.296	7.754	9.154	10.513

(合格判定個数 c と信頼水準 $1-\beta$ の交点の値が $\lambda_1 T^*$ となる.)

5) IEC 61124によれば，$\lambda_0 t^* < 0.1$ を条件としている．

として，$L(\lambda)$が計算できる．スプレッドシートでは，合格判定個数cを固定して，λTを変数としてロット合格率$L(\lambda)$を求める．図6.3はそのようにして計算したOC曲線の一例である．この図でわかるように，$\beta = 0.1$のLTFRは保証されているが，例えば$\alpha = 0.05$で固定して考えると，判別比は一定ではない．合格判定個数cが大きくなるにつれ，曲線は立ってくるので，判別比は小さくなる．ちなみに，判別比は$c = 1$で11.1，$c = 2$で7.1，$c = 3$で4.9である．

サンプル数nと試験終了時間t^*の組合せは無数に存在するので，実用的には，費用や期限などを考慮して，次の例のように決めるとよい．

- 供試可能なサンプル数の上限n_{max}が与えられる場合：試験時間 $t^* = \dfrac{T^*}{n_{max}}$
- 実行可能な最大試験時間t_{max}が与えられる場合：サンプル数 $t^* = \dfrac{T^*}{t_{max}}$
- 試験費用を最小にしたい場合：

  1個あたりのサンプル費用a_s(円/個)，時間当たりの試験費用a_t(円/h)とするとき，総試験費用C_Tは，

$$C_T = a_s n + a_t t + a_f = \frac{a_s T^*}{t} + a_t t + a_f \quad (a_f \text{は固定費})$$

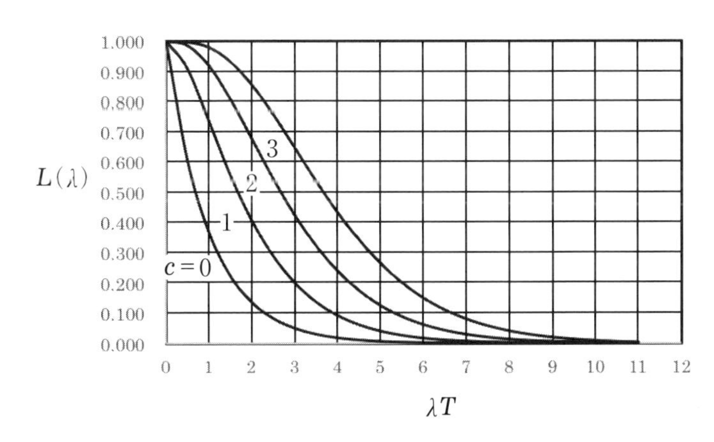

図6.3 表6.4のOC曲線の一例

となる．総試験費用を最小にする試験時間 t_{opt} は，

$$t_{opt}=\sqrt{\frac{a_sT^*}{a_t}} \tag{6.6}$$

と求められる．サンプル数 n_{opt} は，

$$n_{opt}=\frac{T^*}{t_{opt}}=\sqrt{\frac{a_tT^*}{a_s}} \tag{6.7}$$

となる．なお，サンプル数は整数になるように調整する．

【例題 6.2】 信頼水準 90% で LTFR 0.0001(/h) を保証する計数一回抜取方式を設計しなさい．ただし，試験に要する固定費を 20 万円，サンプル 1 個あたりの費用 1000 円，寿命試験 1 時間当たりの運用費を 5,000 円として，費用を最小にしたい．なお，総試験費用は 100 万円以内に抑えたい．

【略解】 前掲の表 6.4 の信頼水準 0.9(90%) の行が条件に合致する λ_1T^* になるので，規定の総試験時間 T^* は表 6.5 のように求められる．

次に，式(6.6)および式(6.7)から，合格判定個数ごとの試験費用を最小にする試験時間およびサンプル数を求めた．総試験時間が 100 万円以下になるのは $c=0$ および 1 の場合である．

実務上は業務時間を考慮して試験時間を選ぶとよい．例えば 24h の倍数を選んで，$c=0$ の場合は 72h(3 日)，$c=1$ の場合は 96h(4 日) とする．仮に午前10時に試験を開始すると，試験終了時刻は最長のときでも午前10時になる，

表 6.5　総試験費用 C_T の制約がある LTFR 保証計数一回抜取方式の設計例

合格判定個数 c	0	1	2	3	4
総試験時間 T^*	23026	38897	53223	66808	79936
試験時間 t_{opt}	68	88	103	116	126
サンプル数 n_{opt}	340	442	516	578	633
総試験費用 C_T	780000	982000	1131000	1258000	1363000

というように，後作業を含めて都合のよい時間帯に設定することができる．供試するサンプル数はそれぞれ320個，406個となる．そこで，準備するサンプル数は$c = 0$の場合は320個，$c = 1$の場合は406個＋1個＝407個とする．追加した1個は，故障が生じた場合の取替用の予備品である．一般に，供試サンプル数n個の試験において，準備するサンプル数は$n + c$個以上とする．総試験費用を再計算すると，$c = 0$の場合は78万円，$c = 1$の場合は98万7千円となり，条件を満たしていることが確認できる．

6.3.2 規準型計数一回抜取試験方式

規準型計数一回抜取試験方式は，生産者危険α，消費者危険β，合格信頼性水準(ARL) λ_0およびロット許容故障率(LTFR) λ_1を決めて，次式から総試験時間Tおよび合格判定個数cを求めることで設計できる．

$$\left.\begin{aligned} L(\lambda_0) &\geqq 1-\alpha \\ L(\lambda_1) &\geqq \beta \end{aligned}\right\} \tag{6.8}$$

偶発故障の場合，6.3.1と同様にして，

$$\left.\begin{aligned} \chi^2(2(\mathrm{c}+1),\ 1-\alpha) &\geqq 2\lambda_0 T \\ \chi^2(2(\mathrm{c}+1),\ \beta) &\leqq 2\lambda_1 T \end{aligned}\right\} \tag{6.9}$$

となるので，判別比dとの関係は

$$d = \frac{\lambda_1}{\lambda_0} \geqq \frac{\chi^2(2(\mathrm{c}+1),\ \beta)}{\chi^2(2(\mathrm{c}+1),\ 1-\alpha)} \tag{6.10}$$

となる．そこで，右辺の値がdより小さくて，dに最も近くなるようなcを求めればよい．この抜取試験方式は，タイプI打切り(定時打切り)で取替ありの場合に相当する．

【例題6.3】 合格信頼性水準 λ_0が1.0×10^{-3}/時間，判別比dが5，生産者危険αが5%，消費者危険βが10%の規準型計数一回抜取方式の信頼性試験を設計しなさい．

表 6.6　規準型計数一回抜取試験方式の設計シート例(Excel)

生産者危険 α	0.05					
消費者危険 β	0.1					
合格信頼性水準 λ_0	0.001	(1/h)	抜取試験条件の設定			
判別比 d	5					
ロット許容故障率 λ_1	0.005	(1/h)				
合格判定故障数 c	0	1	2	3	4	5
$a=\chi^2(2(c+1),\ \beta)$	4.60517	7.77944	10.64464	13.36157	15.98718	18.54935
$b=\chi^2(2(c+1),\ 1-\alpha)$	0.102587	0.710723	1.635383	2.732637	3.940299	5.226029
a/b	44.89057	10.94581	6.508959	4.889624	4.057352	3.549415
$d-a/b(>=0)$	−39.89057	−5.94581	−1.50896	0.110376	0.942648	1.450585
総試験時間 T	1367	(h)				

注記）a は = CHISQ.INV(1−β, 2(c+1)) を，b は = CHISQ.INV(α, 2(c+1)) をセルに埋め込んで計算する．$d-a/b$ 欄の値が非負の最小値となる c を求める．

【略解】 式(6.9)から最適な合格判定故障数 c を求める．Excel 関数を用いて計算すると，表 6.6 のように $c = 3$ が得られる．この場合の総試験時間 T は，

$$T=\frac{\chi^2(2(c+1),\ 1-\alpha)}{(2\lambda_0)}$$

より計算される．実用上は丸めて 1,370 時間としてよい．

なお，この例の OC 曲線は図 6.3 の $c = 3$ の曲線である．

なお，指数分布の性質から，平均寿命(MTTF または MTBF) θ は故障率 λ との間に，

$$\lambda=\frac{1}{\theta}$$

の関係があるので，平均寿命を保証する試験に置き換えることができる．また，目標時間 t_T を設定すると，信頼度 $R(t_T)$ との関係，

$$\lambda=-\frac{\ln R(t_T)}{t_T}$$

を用いて，信頼度を保証する試験に置き換えることもできる．

6.4
計量一回抜取試験方式

計量一回抜取試験方式は，ARL λ_0，判別比 d および打切り個数 r を決めて，故障数が打切り個数に達するまで寿命試験を実施し，そのデータから総試験時間 $\hat{T}_R$（または平均寿命 $\hat{\theta}_r$）を算定して，規定の合格判定総試験時間 T_c（または合格判定平均寿命 $\hat{\theta}_c$）以上であればロットを合格とし，そうでなければ不合格とする試験方式である．これはタイプⅡ打切り（定数打切り）の場合になる．

故障時間が指数分布に従う場合，合格判定総試験時間 T_c は，

$$T_c = \frac{\chi^2(2r,\ 1-\alpha)}{2\lambda_0} \tag{6.11}$$

より求められる．ここで，打切り個数 r は次式を満足する最小値を選ぶ．

$$d = \frac{\lambda_1}{\lambda_0} = \geqq \frac{\chi^2(2r,\ \beta)}{\chi^2(2r, 1-\alpha)} \tag{6.12}$$

寿命試験の結果から，総試験時間を算定するには次のように行う．n 個のサンプルのうち，r 個（$n \geqq r \geqq 1$）が故障した場合の故障時間を，$t_{(1)}$，…，$t_{(r)}$（$t_{(1)} < \cdots < t_{(r)}$）とする．

① 取替ありの場合：サンプルが故障した場合にただちに新しいサンプルに取り替えて試験を続行する場合

$$\hat{T}_r = nt(r) \tag{6.13}$$

② 取替なしの場合：サンプルが故障した場合に何もせず，そのまま試験を続行する場合

$$\hat{T}_r = \sum_{x=1}^{r} t_{(x)} + (n-\mathrm{r})r_{(r)} \tag{6.14}$$

また，平均寿命 θ_r は次式から算定する．

$$\hat{\theta}_r = \frac{\hat{T}_r}{r} \tag{6.15}$$

なお，平均寿命は非修理系アイテムについてはMTTFを，修理アイテムに

ついてはMTBFを用いることが普通である．

この抜取試験方式はタイプⅡ打切り（個数打切り）の場合に相当する．

【例題 6.4】 合格信頼性水準 $MTTF_0 = 1000$（時間），判別比 $d = 5$，α を 5%，β を 10% とするときの計量一回抜取試験方式の設計をしなさい．

【略解】 式(6.12)に代入して，

$$d = 5 \geqq \frac{\chi^2(2r,\ 0.10)}{\chi^2(2r,\ 0.95)} \tag{6.16}$$

を満足する打切り数 r を求める．この式は代数的に解けないため，Excelで次のように計算する．未知数の r に適当な数値を当てはめて右辺の計算をし，$d=5$ 以下で最も近い値となるときの r を試行錯誤して求める．表6.7に煮詰まった結果の右辺の値をまとめる．$r=4$ のときに右辺は4.89と計算され，最も $d=5$ に近い値になる．したがって，打切り個数を $r=4$ に設定する．

このとき，$\lambda_0 = \dfrac{1}{MTTF_0} = 0.001$（1/時間）として，$T_c$ は式(6.11)より，

$$T_c = \frac{\chi^2(2\times4,\ 0.95)}{(2\times4)} = 1{,}366 \quad \text{（時間）}$$

$MTTF_c$ に直すと，

$$MTTF_c = \frac{T_c}{r} = \frac{1366}{4} = 341.6 \quad \text{（時間）}$$

実用上は数値を切り上げて丸め，合格判定MTTFを342(時間)に設定する．

【例題 6.5】 例題6.4の試験方式に基づき，10個のサンプルについて，取替なしの信頼性試験を実施した結果，次の4個の故障時間データが得られた．ロ

表 6.7　打切り個数 r を与えて求めた式(6.16)の右辺の値

r	3	4	5
右辺の値	6.51	4.89	4.06

ットの合否を判定しなさい．

46，85，132，221　(時間)

【略解】 MTTFを推定すると，

$$MTTF_r = \{46 + 85 + 132 + 221 + (10 - 4) \times 221\} / 4 = 453 \quad (\text{時間})$$

この値は $MTTF_c = 342$(時間)よりも大きいので，ロットは合格とする．

6.5 逐次抜取試験方式

信頼性試験における逐次抜取試験方式は，総試験時間と故障数を逐次累積していって，図6.4に示すようなあらかじめ定めた合格域または不合格域に入るまで，試験を続行する方式である．

アイテムの故障時間が指数分布に従う場合，規準型計数一回抜取方式と比較して，平均検査個数が少なく，かつ平均試験時間も短縮されるという[3][4]．しかしながら，試験の手順は一回抜取よりも複雑になる．

逐次抜取方式はA. Waldの確率比検定法の理論に基づいている．アイテムが偶発故障する(故障時間が指数分布に従う)場合は，故障数 r の発生確率

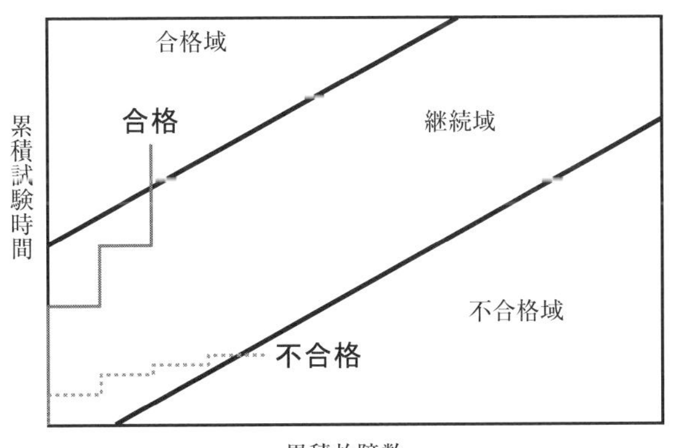

図6.4　逐次抜取試験の概念

$P(r|\lambda)$は母数λTのポアソン分布に従うことから，

$$P(r|\lambda)=\frac{(\lambda T)^r}{r!}\exp(-\lambda T)$$

となる．このとき，次の検定統計量，

$$q_r=\frac{P(r\mid\lambda_1)}{P(r\mid\lambda_0)}=\left(\frac{\lambda_1}{\lambda_0}\right)^r\exp\{-(\lambda_1-\lambda_0)T\} \tag{6.17}$$

を逐次確率比という．今，

$$A=\frac{1-\beta}{\alpha}\ ,\ B=\frac{\beta}{1-\alpha} \tag{6.18}$$

とするとき，判定条件は

① $q_r \leqq B$ならば，ロットを合格(帰無仮説H_0：$\lambda=\lambda_0$を採択)

② $q_r \geqq A$ならば，ロットを不合格(帰無仮説H_0を棄却)

③ $B<q_r<A$ならば，試験を続行

とする．なお，$0<B\leqq 1\leqq A$である．

$B<q_r<A$の自然対数をとって整理すると，

$$\frac{\ln\left(\frac{\lambda_1}{\lambda_0}\right)}{\lambda_1-\lambda_0}r-\frac{\ln A}{\lambda_1-\lambda_0}<T<\frac{\ln\left(\frac{\lambda_1}{\lambda_0}\right)}{\lambda_1-\lambda_0}r-\frac{\ln B}{\lambda_1-\lambda_0}$$

となる．これを次のように書き直す．

$$sr-h_1<T<sr+h_0 \tag{6.19}$$

ここに，

$$\left.\begin{aligned}
s&=\frac{\ln\left(\frac{\lambda_1}{\lambda_0}\right)}{\lambda_1-\lambda_0}=\frac{1}{\lambda_0}\cdot\frac{\ln d}{d-1}\\
h_0&=-\frac{\ln B}{\lambda_1-\lambda_0}=-\frac{1}{\lambda_0}\cdot\frac{\ln B}{d-1}\\
h_1&=\frac{\ln A}{\lambda_1-\lambda_0}=\frac{1}{\lambda_0}\cdot\frac{\ln A}{d-1}
\end{aligned}\right\} \tag{6.20}$$

である．

【例題 6.6】 ARL λ_0 を 1.0×10^{-3}/時間，判別比 d を 5，α を 5%，β を 10% に設定するときの逐次抜取方式を設計しなさい．

【略解】 $\lambda_1=d\lambda_0=5.0\times10^{-3}$/時間，$A=\dfrac{(1-\beta)}{\alpha}=18$，$B=\dfrac{\beta}{(1-\alpha)}=0.105$ に注意して，式(6.20)より，以下が得られる．

$$s=\frac{\ln\left(\frac{\lambda_1}{\lambda_0}\right)}{\lambda_1-\lambda_0}=\frac{\ln 5}{4.0\times10^{-3}}=402.36$$

$$h_0=-\frac{\ln B}{\lambda_1-\lambda_0}=562.82$$

$$h_1=\frac{\ln A}{\lambda_1-\lambda_0}=722.59$$

合格判定線：$T_a=sr+h_0=402.4r+562.82$

不合格判定線：$T_r=sr+h_1=402.4r+722.59$

【例題 6.7】 例題 6.6 の試験方式（取替あり）で 10 個の部品の加速寿命試験を行ったところ，次のデータが得られた．ロットの合否を判定しなさい．

46，85，132，221　（時間）

【略解】 取替ありの試験なので，x 番目の故障発生時点の総動作時間 $T_x=nt_{(x)}$ で計算される．すなわち，460，850，1320 および 2210（時間）となる．図 6.5 はこの結果を図示したものである．

このデータは例題 6.5 と同じであり，逐次抜取試験を実施していたなら，3 件目の故障後，177 時間経過した時点でロット合格と判定されるため，計量 1 回抜取試験よりも 44 時間の試験時間が節約できたことがわかる．

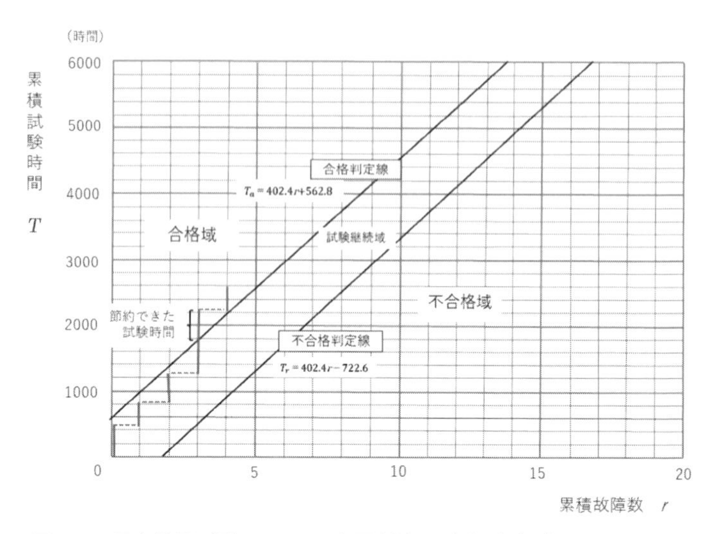

図 6.5　逐次抜取試験のロット合否判定図表と試験データの記入例

ここで逐次抜取試験の終了条件を考えてみよう．取替なしの場合は，合否の判定がつかずに継続したとしても，全サンプルが故障した時点で終了となる．ところが，取替ありの場合は試験継続域から出ないで，延々と試験が続く可能性がある．そこで，合否の判定線を途中で切断して(truncate)，強制的に試験を終了させる．

切断線は次のように決められる．MIL-HDBK-108[3] では，

$$\left.\begin{aligned} r &= 3_{r_0} \\ T &= 3_{r_0 s} \end{aligned}\right\} \tag{6.21}$$

また，IEC 61124[4] では，

$$\left.\begin{aligned} r &= r_0 \\ T &= \frac{\chi^2(2r_0,\ 1-\alpha)}{2\lambda_0} \end{aligned}\right\} \tag{6.22}$$

いずれの場合も，r_0 は次式を満足する最小値[6)]である．

$$d \geqq \frac{\chi^2(2r_0,\ \beta)}{\chi^2(2r_0,\ 1-\alpha)} \tag{6.23}$$

【例題 6.8】 例題 6.7 で MIL-HDBK-108 の方法に従って終了線を設定しなさい．

【略解】 $5 \geqq \dfrac{\chi^2(2r_0,\ 0.1)}{\chi^2(2r_0,\ 1-0.95)}$ を満足する r_0 は 4 になるので，$r=3\times4=12$ を不合格終了線とする．また，合格終了線は $T=3r_0s$ より，$T=3\times4\times402.36=4828.3$（時間）となる．図 6.6 は，図 6.5 に切断線を加えたものである．この例では切断線の効果は出ない．

逐次抜取試験の OC 曲線は近似的に次式により計算される[2][3]．

$$L\left(\frac{\lambda}{\lambda_0}\right)=\frac{A^h-1}{A^h-B^h} \tag{6.24}$$

ただし，h は次の式を満足する値である．

$$\frac{\lambda}{\lambda_0}=\frac{h(d-1)}{d^h-1} \tag{6.25}$$

Excel で計算する場合は，最初に任意に h を設定して，式(6.25)から $\dfrac{\lambda}{\lambda_0}$ を

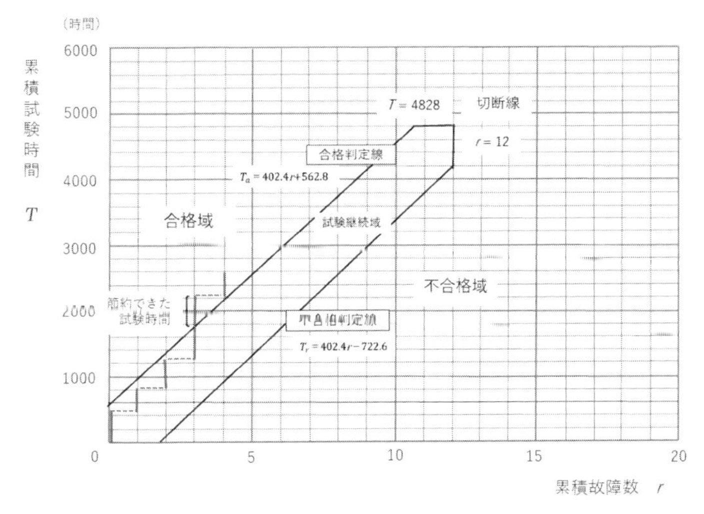

図 6.6 切断線を加えた逐次抜取試験方式（MIL-HDBK-108 に基づく）

6) これはタイプⅡ打切り規準型一回抜取試験方式の場合の打切り故障数に等しい．

求め，式(6.23)から$L\left(\frac{\lambda}{\lambda_0}\right)$を求めるとよい．$h$は$-5$から$+5$くらいの間の値を適当な間隔で振って，全体の様子をつかみ，その結果を見て適切な範囲に振り直すとよい．

【例題 6.9】 例題 6.6 の逐次抜取試験方式の OC 曲線を描きなさい．

【略解】 試行錯誤を行い，hとして-2から$+3.2$まで 0.3 のピッチで値をとり，式(6.24)および式(6.25)に基づいて$\frac{\lambda}{\lambda_0}$と$L\left(\frac{\lambda}{\lambda_0}\right)$を計算した．図 6.7 はこの結果を図示したものである．

逐次抜取試験における判定がつくまでの平均故障数E_rは近似的に次式から計算される．

$$E_r = \frac{\lambda}{\lambda_0} \cdot \frac{L\left(\frac{\lambda}{\lambda_0}\right)(\ln A - \ln B) - \ln A}{d - 1 - \left(\frac{\lambda}{\lambda_0}\right)\ln d} \tag{6.26}$$

また，サンプル 1 個あたりの平均試験時間E_tは近似的に，

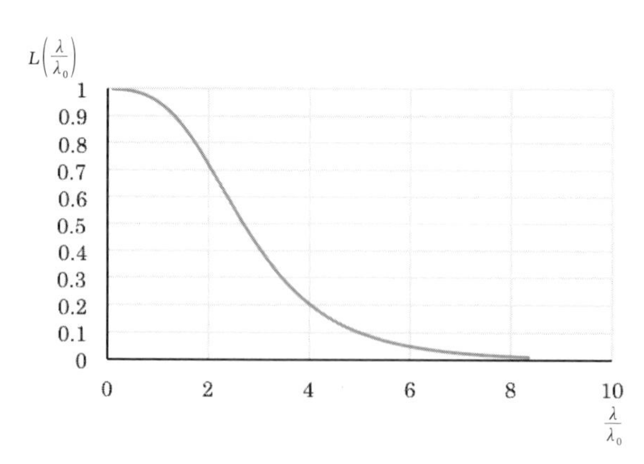

図 6.7　例題 6.6 の逐次抜取試験の OC 曲線

$$
\left.
\begin{aligned}
E_t &= \frac{1}{\lambda_0} \cdot \frac{E_r}{n\left(\dfrac{\lambda}{\lambda_0}\right)} \quad \text{（取替あり）} \\
E_t &= \frac{1}{\lambda_0} \cdot \frac{\ln\left(\dfrac{n}{n - Er}\right)}{\left(\dfrac{\lambda}{\lambda_0}\right)} \quad \text{（取替なし：} n \geqq r_0\text{）}
\end{aligned}
\right\} \qquad (6.27)
$$

より求めることができる．なお，判定がつくまでの総試験時間は nE_t となる．

【例題 6.10】 例題 6.6 の逐次抜取試験方式の平均故障数および平均試験時間を求めなさい．ただし，$n = 10$（個）とする．

【略解】 式(6.26)および式(6.27)（取替あり）に基づいて，スプレッドシートで計算する．その結果を図 6.8 に示す．

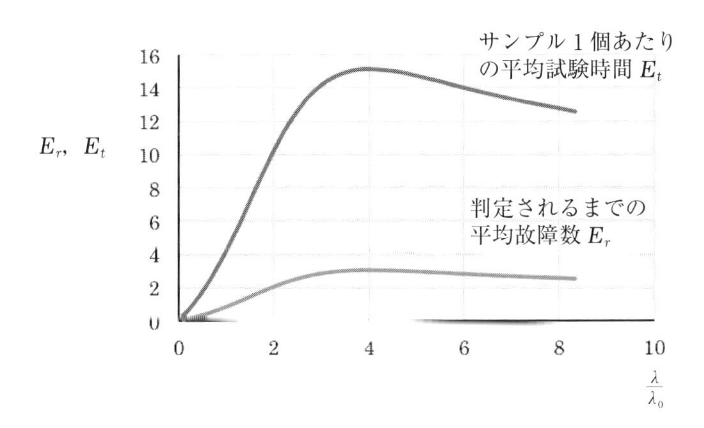

図 6.8　平均故障数 E_r と平均試験時間 E_t（取替あり）

6.6

達成確率に基づく適合試験

故障時間が指数分布に従うアイテムのタイプＩ打切り（定時打切り）試験において，取替なしの場合は故障数が二項分布に従うため，品質管理で用いられる計数抜取方式を適用することができる．すなわち，故障確率 p は，

$$p = 1 - \exp(-\lambda T) \tag{6.28}$$

となる．そこで，パラメータ p の二項分布を想定した抜取試験が設計できる．

これを拡張すると，二項分布は失敗・成功の確率を表現できるので，p は不達成確率（信頼性においては不信頼度（または故障確率）またはアンアベイラビリティに対応）であり，$q = 1 - p$ は達成確率（信頼性においては信頼度またはアベイラビリティに対応）とすることができる．

$$f(x,\ n,\ p) = \binom{n}{x} p^x q^{n-x} \quad (n\text{はサンプル数，}x\text{は故障数}) \tag{6.29}$$

なお，この抜取試験方式は製品のみならずサービスの試験にも適用可能であることに留意してほしい．

一回抜取試験方式では，合格判定個数を c とすると，

$$L(p) = \sum_{x=0}^{c} f(x,\ n,\ p) = \sum_{x=0}^{c} \binom{n}{x} p^x q^{n-x} \tag{6.30}$$

が得られる．抜取方式は p_0，p_1，α，β を与えて

$$L(p_0) \geqq 1 - \alpha \quad \text{および} \quad L(p_1) \leqq \beta$$

を満足する n，c を求めればよい．Excel では n を変化させて，

= BINOM.INV $(n,\ p_0,\ 1-\alpha)$

= BINOM.INV $(n,\ p_1,\ \beta)$

より，得られる c が等しくなる n の値を選べばよいのであるが，n は複数存在するので，$1-L(p_0)$ および $L(p_1)$ がそれぞれ基準値の α および β よりも小さく，かつそれらに最も近い場合の n を選ぶ．例えば，

= BINOM.DIST $(c,\ n,\ p_0,\ \text{TRUE}) - (1-\alpha)$

$= \beta - \mathrm{BINOM.DIST}(c,\ n,\ p_1,\ \mathrm{TRUE})$

の値がそれぞれ正数で，その和が最小になる n を選ぶとよい．

なお，p_0 は品質管理の抜取検査で用いられる合格品質水準（AQL：Acceptable Quality Level）に，p_1 はロット許容不良率（LTPD：Lot Tolerance Percent Defective）に相当する．

また，逐次抜取方式も設計できる．逐次確率比をとって，

$$A < \frac{p_1^{\,x} q_1^{\,n-x}}{p_0^{\,x} q_0^{\,n-x}} < B \tag{6.31}$$

から判定線を求めることができる．対数をとって整理すると，

$$sn - h_1 < x < sn + h_0$$

ここで，

$$\left.\begin{aligned}
s &= \frac{\log\left(\dfrac{1-p_0}{1-p_1}\right)}{\log d + \log\left(\dfrac{1-p_0}{1-p_1}\right)} \\
h_0 &= \frac{\log B}{\log d + \log\left(\dfrac{1-p_0}{1-p_1}\right)} \\
h_1 &= \frac{\log A}{\log d + \log\left(\dfrac{1-p_0}{1\quad p_1}\right)} \qquad \left(d = \frac{p_1}{p_0}\right)
\end{aligned}\right\} \tag{6.32}$$

である．

【例題 6.11】 α，β がともに 10%，AQL（合格品質水準）1%，判別比 3 の場合の計数一回抜取試験を設計しなさい．

【略解】 条件を設定してスプレッドシートで計算した結果を表 6.8 に示す．

この結果，設定した α および β に最も近い条件として，合格判定故障数 c

表 6.8　達成確率に基づく計数一回抜取試験方式の設計シート例（Excel）

第1種危険率 α	10	%			
第2種危険率 β	10	%			
AQL p_0	1	%			
判別比 d	3				
LTPD　p_1	3	%			
サンプル数 n	305	306	307	308	309	310
［合格判定故障数］						
BINOM.INV（n, p_0, $1-\alpha$）	5	5	5	5	5	5
BINOM.INV（n, P_1, β）	5	5	5	6	6	6
［最良条件の判定］						
BINOM.DIST（a, n, p_0, TRUE）$-(1-\alpha)>0$	0.01198	0.01094	0.00989	0.00883	0.00776	0.00669
$\beta-$BINOM.DIST（c, n, p_1, TRUE）>0	−0.00332	−0.00165	−0.00001	0.00161	0.00321	0.00479
上記の和				0.01044	0.01098	0.01148

が5個，サンプル数 n が308個の場合が選ばれる．

【例題 6.12】 作業者Aのワイヤーボンディング接続の試験片を規定の強度で引張試験をして，破断したものを＜不良＞と判断する．α 3%，β 2%, AQL(p_0) 10%，LTPD(p_1) 30% とするときの計数逐次抜取試験の設計を行いなさい．また，7個目，12個目，20個目，29個目に不良品が出たが，その後，不良は出ていない．作業者Aのワイヤーボンディング作業の技能の合否を判定しなさい．

【略解】 与えられた条件を式(6.31)にあてはめて計算する．

$$d = \frac{p_1}{p_0} = \frac{0.3}{0.1} = 3$$

$$\log d + \log\left(\frac{1-p_0}{1-p_1}\right) = \log 3 + \log\left(\frac{1-0.1}{1-0.3}\right) = 0.477 + 0.109 = 0.586$$

などと，スプレッドシートで容易に計算できる．

合格判定線：$x_a = 0.186n - 2.583$

不合格判定線：$x_r = 0.186n + 2.875$

作業者 A のデータは表 6.9 のように整理される．

以上の判定線と試験データを図 6.9 に示す．これからわかるように，36 個目のサンプルが良となった時点で，作業者 A の技能試験は合格と判定される．

IEC 61123[5] は信頼性試験で使われる二項分布に基づく計数抜取試験方式をまとめたもので，①切断された逐次確率比試験(Truncated Sequential Probability Ratio Test：SPRT)および②試行数固定 / 故障数終了試験(Fixed Trial/Failure Terminated Test：FTFT)について規定している．FTFT は試行数(またはサンプル数)n を固定して試験を実施し，故障数(または失敗数)r が合格判定個数 c 以下であれば試験を終了してロットを合格とし，そうでなければ不合格とする試験方式である．なお，試験途中でも故障数が c を超えたら試験を終了する．計数一回規準型抜取試験方式(取替なし)と基本的に同じである．SPRT は強制的に試験を終了する切断線を設けた計数逐次抜取試験である．切断する故障数および試行数は数表で与えられている．

表 6.9　作業者 A のワイヤーボンディング作業の技能認定試験データ

累積サンプル数	0	7	12	20	29
累積故障数	0	1	2	3	4

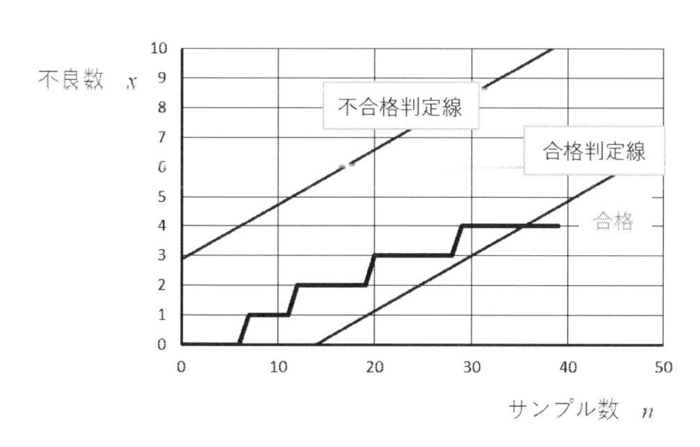

図 6.9　例題 6.12 の計数逐次抜取試験方式と試験データ

6.7

IEC 61124による指数分布型抜取試験の紹介

これまで度々引用してきたが，指数分布に基づく抜取試験方式を新しい設計概念を取り入れて集大成した国際規格がIEC 61124[4]である．米軍規格由来の抜取試験方式に加えて，ロシアから提案された抜取方式（GOST R 27.402）や最新の抜取理論を取り入れた内容の規格である．米軍仕様書ではMIL-STD-108が指数分布に従う抜取試験法を集大成した規格であったが廃止されている．IEC 61124はそれに代わる抜取試験規格といえる[7]．これまでも関連する個所で引用してきたが，ここでは全体の構成と特徴的な事項をまとめておく．

図6.10はこの規格が取り上げている3つの抜取方式の概念図と特徴をまとめたものである．

時間/故障数終了試験計画（Time/Failure Terminated Test Plan）は，計数/計量一回抜取方式と同等な試験である．設計のためのExcelのスプレッドシートでの計算ガイドが付けられており，従来掲載されていた分厚い数値表はなくなった．

逐次抜取試験方式は切断された逐次試験計画としてまとめられており，切断を前提としている．切断線はMIL-HDBK-108とは異なる方法をとり，式(6.22)に示したとおりである．明らかに，IEC 61124の方法のほうが早く試験を終了できる．また，IEC 61124では，式(6.17)のAの値を，

$$\mathrm{A} = \omega\left(\frac{1-\beta}{\alpha}\right) \tag{6.33}$$

と修正している．ここに，$\omega = \dfrac{d+1}{2d}$である．この補正はMIL-HDBK-781で行われていた方法と同じである．ωは0.5から1の間の値をとる．明らかに，不合格判定が修正のない場合よりも早められる可能性がある．

---

7) MIL-HDBK-108は“Every Spec”のHP（http://everyspec.com）から無料でダウンロードできる．

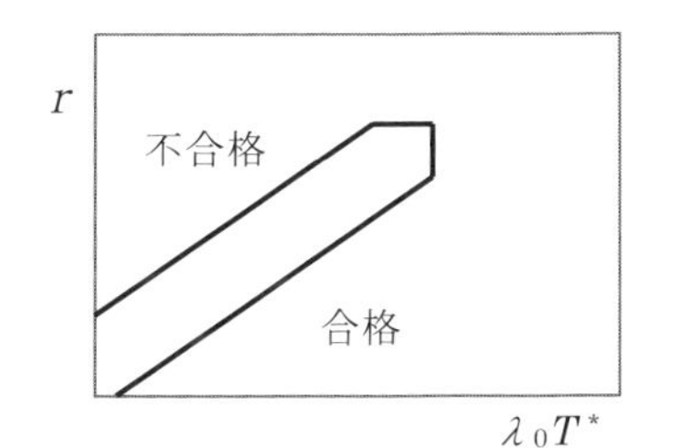

切断された逐次試験計画　6.5 節参照

試験手順が複雑．他の方式よりも試験効率がよく，試験時間が最も短い．Excel関数を用いて抜取方式の設計が可能．

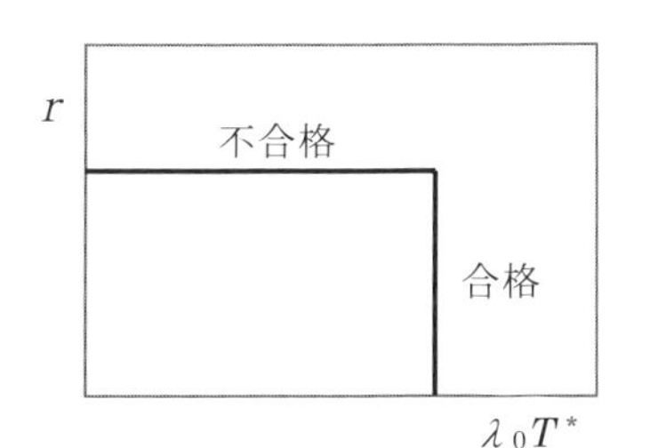

時間/故障数終了試験計画　6.3節, 6.4 節参照

試験手順が単純．高信頼性または低信頼性のアイテムの判定に他の方式に比べ時間がかかる．Excel関数を用いて抜取方式の設計が可能．

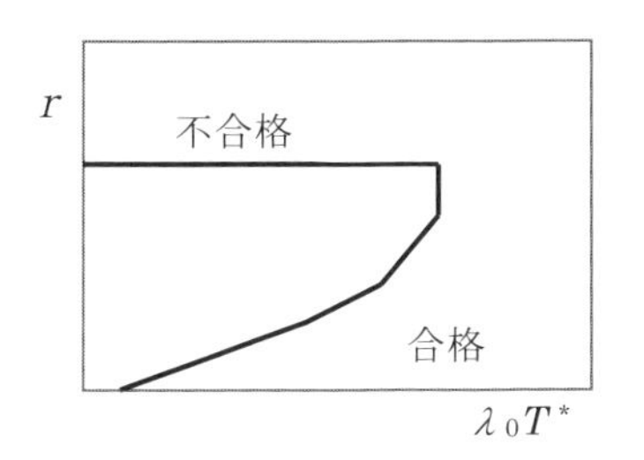

組合せ型試験計画

上記２つの方式を組み合わせた方式．高信頼性アイテムの合格判定が早い．反復法を用いるので抜取方式の設計は簡単ではない．

図 6.10　IEC 61124 における典型的な抜取試験方式

逐次抜取試験の判定グラフ表現は，米軍仕様書では横軸：故障数 r，縦軸：$\lambda_0 T^*$（または総試験時間 T^*）であるが，IEC 61124 では図 6.10 のように縦横が逆に表現されている．IEC 61123 の二項分布型の計数逐次試験の場合と合わせているものと思われる．なお，IEC 規格の数値例や数表は $\alpha = \beta$ の場合にほぼ統一されている．

逐次抜取試験方式の設計にも，Excel のスプレッドシートでの計算ガイドが付けられており，簡単な数値表に限られている．さらに，従来の抜取表より α と β のリスクが真の値に近づいた試験計画も追加されている．

組合せ型試験計画は切断された逐次試験計画と時間 / 故障数終了試験計画を

組み合わせてよいところを生かした方式であるが，反復法で計算する必要があり，試験方式の設計は，Excelのスプレッドシートのみでは困難である．

【例題 6.13】 例題6.6の条件の逐次抜取試験をIEC 61124の方法で設計しなさい．また，例題6.7のデータを用いて合否判定をしなさい．

【略解】 IEC 61124の逐次抜取試験方式はこれまで述べてきた方法に若干の修正を施すことで設計できる．1つは式(6.33)に示した不合格判定指標のAにω修正を加えること，もう1つは式(6.22)に示した切断線を考慮することである．以上の点に注意して例題6.6の条件でまとめたのが，図6.11の逐次試験判定グラフである．Aがω調整によって18から12に変わるため不合格判定線が下がり，試験継続域が狭まっている．切断線はMIL-HDBK-108では$3r_0$であったが，IEC 61124ではr_0になるためより早く終了しうる．この例の場合は切断線の影響が出る．切断なしではIEC 61124方式でもMIL-HDBK-108方

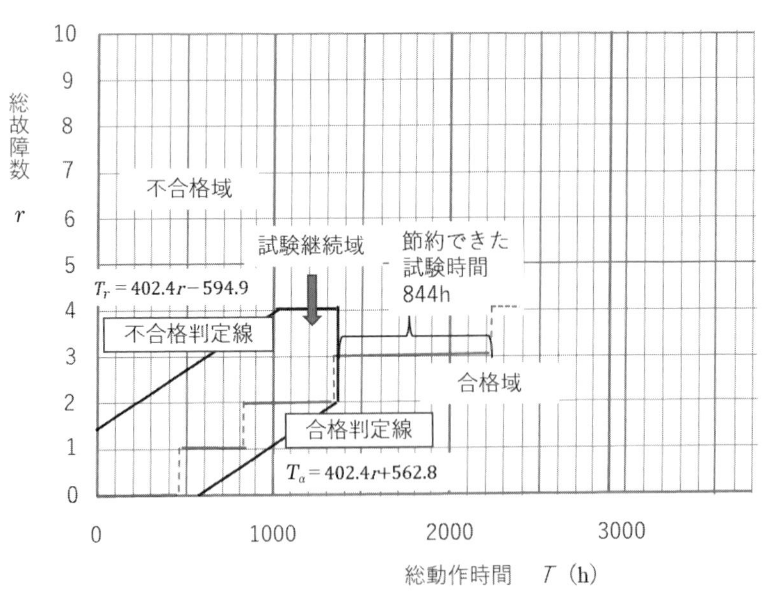

図6.11　IEC 61124に基づく例題6.6・例題6.7の逐次抜取試験

式と同様に440時間の節約になるが，切断ありではIEC 61124の方式では節約時間が844時間に増加する．

6.8

ワイブル分布型抜取試験への応用

故障時間の分布として幅広く用いられるワイブル分布に基づく信頼性抜取試験方式の研究は少なくないが，汎用の規格は今のところない．これは指数分布に比べ，パラメータの数が多く，非線形の方程式になり，数値計算が容易ではないことが一因と考えられる．形状パラメータmが1のときのワイブル分布は指数分布になるから，偶発故障の場合のみ規格化されているといえよう．

2パラメータワイブル分布で，mが既知の場合は，位置パラメータηのみを対象にできるので，

$$H_0：\eta = \eta_0$$

$$H_1：\eta = \eta_1$$

のように仮説検定をすることができる($\eta_0 > \eta_1$)．

ところで，ワイブル分布は，$u = t^m$の変数変換を行うと，指数分布に帰着される．すなわち，変数tの2パラメータワイブル分布，

$$f(t) = \frac{mt^{m-1}}{\eta^m} \exp\left\{-\left(\frac{t}{\eta}\right)^m\right\}$$

は，変数uの指数分布，

$$g(u) = \lambda \exp(-\lambda u)$$

に変換される．ただし，$\lambda = \dfrac{1}{\eta^m}$である．

このことを利用すると，これまで述べてきた指数分布に基づく抜取試験方式の結果を利用して，ワイブル分布に基づく抜取試験方式を設計することができる．

【例題6.14】 ある部品の寿命分布は形状パラメータ$m = 2.5$のワイブル分布

にあてはまることがわかっている．今，寿命加速係数 100 の加速寿命試験を実施して基準仕様条件におけるロット許容特性寿命，すなわち尺度パラメータ $\eta_1 = 10{,}000$(時間)を保証する信頼性抜取試験を設計したい．ただし，β は 10% とする．

【略解】 加速係数が 100 なので，加速寿命試験において保証される η_1 は $\dfrac{10{,}000}{100} = 100$(時間)である．$u = tm = t^{2.5}$ とするとき，$\lambda_1 = \dfrac{1}{\eta_1^m} = \dfrac{1}{100^{2.5}} =$ 0.00001 となるので，前掲の表 6.4 より，信頼水準 $1-\beta = 0.9$ の欄を読んで，抜取試験方式は表 6.10 のように設計することができる．

他の c の場合も同様に求められる．

【例題 6.15】 上記部品のサンプル 10 個に対し，例題 6.14 に述べた加速寿命試験を実施し，次の故障時間データが得られた．規準条件において $\eta_1 = 10{,}000$(時間)を保証することができるか．

66，89，65，184，149，129，73，62，165，170(時間)

【略解】 $c = 10$ であるので，判定条件は式(6.5)から計算する．λT の判定値は，Excel で，

$$\frac{\text{CHI.INV.RT}(\beta, 2(c+1), \text{TRUE})}{2} = \frac{\text{CHI.INV.RT}(0.1, 22, \text{TRUE})}{2}$$

$$= 15.407$$

と計算されるので，T 値が 15.407×10^5 以上であれば加速寿命試験で $\eta_1 = 100$

表 6.10　ロット許容特性寿命を保証するワイブル分布型の計数一回抜取試験方式（形状パラメータ m が既知）

合格判定故障数 c	0	1	2	3
$T(\times 10^5)$	2.303	3.890	5.322	6.681

注）T は試験時間 t を m のべき乗に変換した，u 値に対応する値．

(時間)が故障されることになる．これを基準条件に戻せば，$\eta_1 = 10{,}000$(時間)が保証されることになる．得られた試験データからT値を計算するには，

$$T = \sum_{i=1}^{x} t_i^{\,m} + (n-x)\,t_x^{\,m}$$

により行う．$m = 2.5$なので，試験データt_iを$u = t_i^{2.5}$にそれぞれ変換すると，

35,388，74,727，34,063，459,245，270,998，189,005，45,531，30,268，349,711，376,810

が得られる．この総和は18.65746×10^5となり，所定の15.407×10^5よりも大きいため，基準条件での$\eta_1 = 10{,}000$(時間)が保証される．

同様に，逐次抜取試験方式にも拡張することができる．すなわち，式(6.19)において，

$$\lambda_0 = \frac{1}{\eta_0^{\,m}},\quad \lambda_1 = \frac{1}{\eta_1^{\,m}},\quad d = \left(\frac{\eta_0}{\eta_1}\right)^m$$

と置き換えるとよい．なお，故障時間を$t_i^{\,m}$と変数変換した結果(u値)を累積して判定する．

対象アイテムの形状パラメータmは，公知の情報がなければ，事前に信頼性決定試験を実施して，第3章で述べたワイブル解析を行って推定しておく必要がある．この際に，尺度パラメータηも推定できるので，その後のロットに対して実施する信頼性適合試験の合否判定条件設定の参考にすることができる．

この方法では，べき乗計算が伴うが，関数電卓やExcelなどのスプレッドシートの普及が進んでいる現在では，あまり問題にならないかもしれない．

6.9
信頼性抜取試験のまとめ

信頼性試験における「数と時間の壁」を乗り越える手段として，加速寿命試験と信頼性抜取試験を組み合わせて実施することは，得られたデータの再現性・公平性・合理性などが保証されるため，工学的に有効であるといえる．

バスタブ曲線モデル(故障率曲線モデル)において，アイテムは偶発故障期間に最も長くおかれるので，指数分布型の抜取試験方式は有効に利用できる．

摩耗故障期間の抜取試験にはワイブル分布の他にも，正規分布や対数正規分布などに基づく抜取試験試験の研究が行われている．対象アイテムの必要性に応じて調査・検討するとよい．初期故障期間については，第7章で述べる信頼性ストレススクリーニング(RSS)が参考になるであろう．

偶発故障期間に対する信頼性抜取試験は，LTFR 保証型が簡単で，国内規格 JIS C 5003 が利用可能なため，便利である．サンプル数の削減や試験時間の短縮に留意するのであれば，手順はやや複雑になるが逐次抜取試験が理論的に有効であるといわれている．国際規格 IEC 61124 および IEC 61123 は現在有効な信頼性抜取試験の規格であるが，英文であることと，JIS 規格のように解説が付けられていないため，情報不足な点が難点である．

【第6章の演習問題】

[問題 6.1] 信頼水準 60% で MTTF 5,000 時間をロット保証するための指数分布に基づく抜取試験計画で，合格判定個数が 0 の場合の総試験時間はどうなるか．

[問題 6.2] 一回抜取試験で合格判定個数を c とするとき，規定のサンプル数を n とするとき，$(n+c)$ 個以上のサンプルを準備する必要があるのはなぜか．

第6章の参考文献

[1]　真壁肇，宮村鐵夫，鈴木和幸：『信頼性モデルの統計解析』，共立出版，1989 年．

[2]　JIS C 5003：1974「電子部品の故障率試験方法通則」

[3]　MIL-HDBK-108：1960 “Sampling procedures and tables for life and reliability testing (Based on exponential distribution)” (2002 年に廃止)

[4]　IEC 61124：2012 “Reliability testing - Compliance tests for constant failure rate and constant failure intensity”

[5]　IEC 61123：1991 “Reliability testing-Compliance test plans for success ratio”[8)]

8)　IEC 61123 は，2019 年 9 月 27 日に新版のプレリリースがなされた．

第7章

信頼性スクリーニングと信頼度成長試験

信頼性を保証するためには，生産ロットからアイテムのもつ初期故障を除去する必要がある．このための手法を信頼性ストレススクリーニングと呼び，開発段階で得られた信頼性を実際の製品ロットで維持するための重要な手法である．

また，実際の開発活動では，アイテムの信頼性を向上させるために設計改善活動が繰り返し，継続的に行われる．目標とする信頼性を規定の期間内に達成するために，信頼性管理プログラムの一部として個々の信頼性試験の結果だけでなく，その改善の推移から信頼度の成長を予測していく手法として信頼度成長試験法を紹介する．

7.1
信頼性ストレススクリーニング(RSS)

運用期間における故障率を安定させるために，アイテムの初期故障を除去して信頼性を保証する手法が，信頼性ストレススクリーニングである．以下，その概要を紹介する．

7.1.1　信頼性スクリーニングとは

良品と判断したロット中にも潜在的な欠点や弱点をもつ不適合アイテムが含まれる場合，耐用寿命期間における期待する信頼性水準に達するまでに，一般に初期故障が原因で故障率の高い期間が続く．そこで，「耐用寿命期間の期待する信頼性水準に可能な限り早く到達するために，欠点の検出，弱いアイテムの除去および修理を行うプロセス」が必要となる．このプロセスを信頼性スクリーニングと呼び，短期間にアイテムの期待する信頼性水準，即ち偶発故障期間に到達させるために，不適合アイテムまたは初期故障の検出と除去を目的に行う．

半導体デバイスでは，種類によっては初期故障期間が長く続き，偶発故障期間を経ないまま摩耗故障期に入る場合がある．初期故障期間が続くことで，偶発故障を想定した故障率のFIT値による予測に比べ，目標とする累積故障確率に早く到達してしまい，損失の面からも影響が大きくなる．そこでスクリーニングが必要となるが，その効果を図7.1にバスタブ曲線の推移の比較で示す．

また，新しい材料や新規の製造工程では，新しい種類のストレスや工程に残る不安定さが原因で，アイテムに様々な弱点や不具合が発生する．こうした弱点や不具合が運用期間中に顕在化すると，そのアイテムだけでなく，上位のアイテムの信頼性にも影響を与える．そのため，ロットやバッチからは不良品を除去するだけなく，顕在化するまでに一定期間の動作や時間を要する不具合をもつアイテムを除去する必要がある．こうした設計的な余裕が十分でないアイテムの選別は，通常の検査ではむずかしい．近年の複雑あるいは大規模な製品

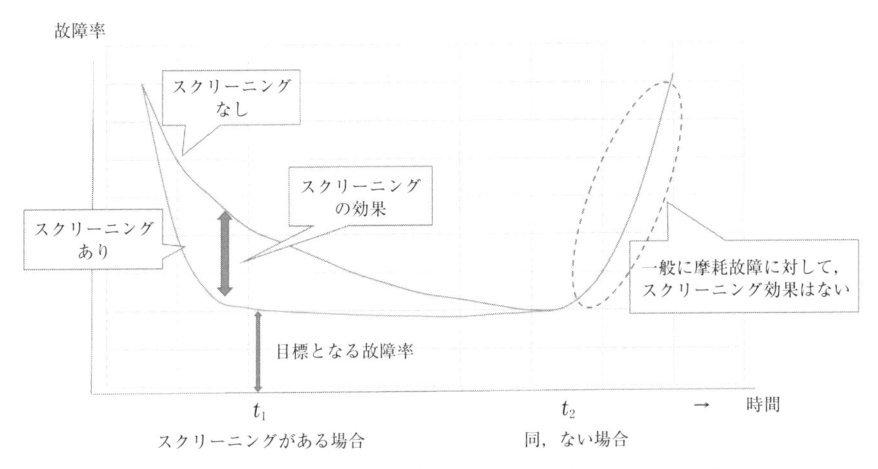

目標となる故障率にいたるまでに t_2 時間がかかるのに対し,t_1 時間で可能になる.

図 7.1 スクリーニングの効果

では,構成するアイテムの不具合が製品全体の総合信頼性に大きく影響する.そのため,製品の品質を保証するうえで,アイテムの固有の信頼性を上げることともに,ロットとして不適合品の混入や初期故障の検出および除去が重要となっている.

7.1.2 信頼性ストレススクリーニングの概要

信頼性ストレススクリーニング(RSS:Reliability Stress Screening)とは,「欠点を検出可能な故障として顕在化させるために,環境ストレスおよび／又は動作ストレスを印加することによって欠点を検出する手順」で,通常の生産活動や機能試験では検出できない欠点をもつアイテムを母集団の中から除去するものである.

アイテムがもつ固有の不具合をなくすには,設計あるいは工程上の改善が必要である.ただし,ロットに不具合をもつアイテムが含まれる場合には,その除去が必要である.

RSSの目的は,アイテムのロットやバッチを母集団として初期故障となる不具合品を選別し，そのアイテムを安心して使用できるようにすることである．

またRSSは，例えば温度に対する安定性が優れた特性をもつアイテムをロットの中から選別するといった，特定の運用条件での使用や機能を確保したい場合にも行う．その他，以下のような場合にRSSの実施が必要となる．

- 顧客から特定のスクリーニング要求がある場合
- 市場の故障率推移が初期故障を示す場合
- 製造工程に対して潜在的な欠点の懸念がある場合
- 新しい工程や製品の不安を削減する場合
- 厳しい要求仕様に合致させる必要がある場合

RSSは，スクリーニング試験と呼ばれる，不具合アイテムを除去する目的で運用条件よりも厳しく設定したストレスの試験を用いて行う．RSSは母集団となるロットやバッチの全数のアイテムに対して，温度，湿度，振動，電気的なストレス，動作加速などのストレスを複合して印加するスクリーニング試験で実施する．RSSは機器レベルで行う場合もあるが，一般的には部品レベルのアイテムに対して実施する．どちらの場合もRSSの結果として母集団の中にある弱点や不具合をもつアイテムが除去され，ロットには信頼性の高いアイテムが残ることになる．

RSSは初期故障となる故障メカニズムを対象とするものであり，摩耗故障や偶発故障に対しては必ずしも効率的な方法ではない．とはいえ，RSSで扱う初期故障でも顕在化するまでには一定の時間や動作が必要で，故障が発生する前に，いわゆる判定加速を行うことが効率化につながる．そのためには，故障解析結果などを活用して，欠点の有無や設計余裕を判定できる設計パラメータの具体化や，AEや周波数特性などを用いた測定可能な信頼性特性値を選定することが有効になる．

7.1.3　RSSとその種類

RSSは初期故障となる可能性をもつアイテムを除去するためのプロセスで

あり，その能力を示す尺度を「スクリーニング強度」という．RSSでは実運用と同等かそれ以上のストレスを用いると紹介したが，それ以外にもバーンイン試験のように，アイテムの機能動作を用いて行うスクリーニングを行う場合もある．RSSで用いるストレスと検出対象となる故障の例を表7.1に示す．

スクリーニング強度は，対象となるアイテムの信頼性の実績や，故障解析に

表7.1 RSSのストレスと故障の例

ストレス	代表的な故障
温度サイクル	パラメータのドリフト ハーメチックシール故障 熱膨張率の違い 応力緩和 接触不良 クラック
振動	粒子汚染 発振の欠陥 内部部品の損傷や剥離，脱落 固定した部品の剥離，脱落 機械的額面，破損，締結の緩み 接触不良 マウント部品の外れ はんだはがれや端子破損
温度サイクルと振動の複合	振動や温度サイクルに起因するすべてのメカニズム メカニズムの相互作用
高電圧	短絡 耐圧・絶縁低下
湿度	シール不良や脆弱なシールの検出 吸湿性の汚染や腐食 回路の安定性不足 絶縁低下
高温	ストレス緩和 残留応力 性能低下
加速 (その他ストレス)	ヒビ，欠陥の成長 機械的な欠陥 化学反応
高圧ガス試験	リーク 封止欠陥
パワーサイクル	突入電流 回路過渡現象

基づく設計余裕の情報によって設定する．RSSにおけるストレスの加え方としては，一定の大きさのストレスをかけ続ける定常ストレススクリーニングという方法や，ストレスを計画的に変化(通常は徐々に大きく)していくステップストレススクリーニングという方法が用いられる．ステップストレスを用いる方法はスクリーニング時間を短縮するだけでなく，異なるレベルのストレスにおける故障率分布の情報が得ることができる．

RSSは電子部品に適用することが多く，IECでも国際規格としてIEC 61163シリーズが発行されているので参考にするとよい．

IEC 61163-1では，修理可能なアイテムの初期故障が多く，かつ次に紹介する信頼度成長プログラムや品質管理技法の適用がむずかしい場合のスクリーニングプロセスについて，またIEC 61163-2では電子部品における製造者と使用者の立場からのスクリーニングプロセスについて，それぞれガイドしている．

7.1.4　HASS

第5章で説明したHALTの普及に伴い，それと連動して行うスクリーニング方法を高加速ストレススクリーニング(HASS：Highly Accelerated Stress Screening)と呼び，RSSの方法として使われる．HASSの条件は，事前に行ったHALTの結果から得られた機能動作限界，通常の条件に戻したときに回復する限界，あるいは破壊限界となるストレス水準を参考にして設定する．

HALTは少ないサンプルを用いて低温，高温，温度変化，振動などのストレスを非常に厳しい条件下で実施するのに対し，RSSの方法であるHASSでは，対象となるロットの全数に対して行う．このため，実際問題としてアイテムにダメージを与えるリスクは大きく，事前に別の故障メカニズムの発生や他の特性に対する影響がないことを十分に確認しておく必要がある．

こうしたリスクを回避するために，全数に対して行うHASSではなく，信頼性が維持されていることの定期的に監査する方法として高加速ストレス監査(HASA：Highly Accelerated Stress Audit)を行う場合もある．この場合は，ロットから不具合品を選別して除去するものではなく，信頼性が維持されていることの確認が目的となる．ただし，この場合でもサンプルが少ないことによる判断の誤り・偏りや，実際の寿命や故障率を推定しているものではないというHALTや定性的な加速方法に共通する弱点がある．

7.1.5 スクリーニングの注意

RSSは対象となるアイテムの初期故障の危険を低減し，その上位アイテムを含めて，実際の運用においてねらいどおりの信頼性を確保するための手法である．RSSは先に述べたように，国際規格も発行されており，顧客から信頼性を保証する手段として実施を要求される例も多い．

RSSはシステムの信頼性を改善し，早い段階で偶発故障期に移行させるのに有効だが，高いストレスをかけることで弱いアイテムを除去するために注意すべき点も多い．RSSで注意することは以下の点である．

- スクリーニング強度(RSSのストレスレベル)が高すぎると，欠点のないアイテムまで故障したり，ダメージを与えたりすることがある
- 摩耗故障のメカニズムがある場合，ストレスの種類によっては劣化を促進させ，本来の設計的な余裕を減少させることがある
- RSSの効果は，システムの信頼性が改善されることや次工程での不具合が予防される点に現れる．コスト効果を慎重に評価する必要がある．
- RSSを実施した後にESDや汚れなどの可能性がある工程があると，RSS自体がムダになる場合がある．上位のアイテムで行うRSSを行うことが効果的な場合もあり，RSSの実施工程の選定は，工程全体を見ながら決める必要がある．

図7.2はPWBに実装した電子部品に加わるストレスの例である．アイテムには様々な種類と大きさのストレスがかかる．RSSではこうした情報をもとに，スクリーニング強度や実施工程を決めることになる．

HASSの場合と同様に，実際の運用条件よりも厳しいストレスをかけるRSSでは，アイテムの寿命を食いつぶしたり，ダメージを与えたりするという危険がある．そこでストレスの種類やスクリーニング強度の決定では，アイテムの

	マウント	接着	検査	輸送・保管	製品Assy	設置	使用
ストレス	振動・衝撃 応力 埃・ゴミ	熱 応力 汚れ はんだクズ	応力 電圧 電流 静電気	振動・衝撃 温度・湿度	振動・衝撃 温度・湿度 応力 電流・電圧 静電気	振動・衝撃 温度・湿度 応力 静電気 電磁波	振動・衝撃 温度・湿度 応力 埃・汚れ 電流・電圧
故障モード	部品破損 ピン曲がり 異物付着 接触	部品破損 変形・変質 接触不良 強度不足	部品破損 剥離	部品脱落 異物落下・付着	部品破損 接触不良 異物落下・付着	誤動作 部品破損 クラック	（省略）

図 7.2　実装後の電子部品へのストレスと故障モードの例

弱点や初期故障となるメカニズムに関する情報として，強度設計の情報や市場における故障の解析情報が有効な情報となる．またRSS以降も，アイテムは実際の運用までに工程内や輸送・保管などで様々な扱いを受ける．こうした中で，RSSの適切な条件の決定や実施タイミングの決定に際しては，スクリーニングを行うアイテムのみに着目するのではなく，その上位システムが市場で使用されるまでの経緯の情報を把握するとよい．RSSが必要なアイテムは，その上位アイテムでも様々な使い方がなされるために，同じアイテムでも，その上位アイテムからの要求で異なるRSSの条件を設定する場合も多い．実際問題として，アイテムに加わるストレスの種類と影響をすべて把握することは困難である．だが，類似のアイテムや他社の事例などから安易にRSSの条件を流用することは避けるべきである．

RSSで除去する故障の情報は，一般的な故障メカニズム情報やクレーム情報から得られるだけでない．RSSでは生産から販売，使用に至る過程で発生するストレスを考慮する必要があり，アイテムの使われ方や技術的な特徴，あるいは生産や流通のプロセスからの情報を得ることが望ましい．そこで，契約などで指定される場合は別にして，必要に応じて予備実験により故障メカニズムを絞り込んで，RSSの条件を決めていく場合もある．こうした際には設計段階でのFMEAやFTAや工程FMEA，物流の形態や方法，保管環境などの情報を活用するとよい．

RSSは実際のロットの品質を保証するものであり，これによりアイテムの本質的な信頼性が改善されることはない．RSSは初期故障となる可能性のある弱い部品や欠点をもつアイテムの選別にすぎず，アイテムの信頼性を保証するための通常の手順と考えるべきではない．

7.2
信頼度成長モデルと信頼度成長試験

信頼性は設計で決まるために，実際の開発活動では，アイテムの信頼性を向上させるための設計改善活動の繰返しが基本となる．それでも仕様の不足や設計段階で想定できなかった不具合が発生するために，製品の信頼性を達成させるのは容易ではない．

ロットで生産されるアイテムの場合はRSSや工程管理を通じて，運用状態の信頼性を設計の意図した状態に近づけることができる．これに対して修理系のシステムで生産数量が少ない場合や，ハードウェアとソフトウェアからなる複合的で大規模なシステムの場合は，いわゆる「慣らし運転」をしながら欠点を顕在化させて除去する方法がとられる．製品開発の段階でも同様で，多くのアイテムからなる製品では，内在する故障原因が減少するにつれ，信頼性が改善されることになる．

信頼度成長とは，修理系のシステムにおいて，信頼性試験を繰り返すことでシステムのもつ故障要因が漸減して故障率が改善され，故障の発生間隔が伸びる状態を示す．その成長過程は信頼度成長モデルと呼ばれる．修理系のアイテムでない場合でも，開発段階で発生した不具合や設計改善の導入により，アイテムの欠点が除去されることで固有の信頼性は改善される．

なお，信頼度成長モデルは，人工衛星のようにシリーズで開発される製品において，次のモデルの信頼性目標を決定し設計する場合にも利用されている．

信頼度成長は，「アイテムの設計および生産の弱点を対処することによって信頼性を改善するために繰り返し行うプロセス」と定義されている．製品の信頼性は開発活動の中で段階的に改善することで，目標とする信頼性に近づけることができる．設計および生産の弱点とは，故障の原因と考えてよいので，その弱点を減少させることで，アイテムの信頼性は成長過程をたどることになる．

信頼度成長を目的に行う試験を信頼度成長試験と呼び，「故障に至るまで試験を行い，故障を解析し，是正処置を実施することで信頼性を繰り返し改善するプロセス」と定義される．

信頼度成長試験では，通常初期的な欠陥の除去や複合環境試験などの寿命試験の結果から設計的な改善をアイテムに導入していく．こうして系統的故障[1]が除去されることで，アイテムは段階的に故障が発生しづらい状態となり，すなわち故障率が改善されることになる．信頼度成長では，その改善の経緯を見ることにより，現時点のアイテムが目標とする信頼性を有するかどうかを判断することができる．

信頼度成長の試験法はMIL-STD-1635「信頼度成長試験」やIEC 64249「信頼度成長プログラム」などでガイドされている．前者はMIL-STD-785「信頼性プログラム」の一環をなすもので，試験に先立って信頼性の予測やFMEAなどが終了していることが前提となる．また，後者は複合的なシステムの初期故障を対象としたIEC 61014「信頼度成長プログラム」のガイドのひとつで，開発段階での社内判断や慣らし運転の期間の決定に使われる．これもMIL同様にFMEAを含むデザインレビューの終了と，統計的な手法での工程管理と併用することを推奨している．

共通するのは，信頼度成長試験が単なる試験法ではなく，信頼性改善プログラムの一部として位置付けられる点である．MIL-STD-1635では，試験前の要求事項として，MIL-HDBK-217を用いた信頼度予測やFMEAの実施を必須としている他，契約上の決定や故障解析や是正処置の期間の確保などを挙げている．こうしたことからも，信頼度成長試験は単なる試験法ではなく，信頼性プログラムに基づいて得られた信頼性データの解析手法となるもので，信頼性の改善が計画どおり進んでいるかを判定するものであることがわかる．したがって，信頼度成長試験の結果から目標とする納期までに信頼性が確保できるかどうかを判断し，必要な是正処置につなげることがねらいとなる．

こうした前提のもとで，MIL-STD-1635「信頼度成長試験」では，成長モデルとしてDuaneのモデルを用いている．累積t時間中の，累積の故障数$r\sum$から累積値から求めた故障率（t時間中の故障率をならした値）$\lambda\sum$を求める．$\lambda\sum$は真の故障率ではなく，これまでの改善の経緯（成長率という）をmとすると，$\lambda\sum = \frac{r\sum}{t} = k \cdot t^{-m}$となる（$k$は定数）．これから，

$$\lambda(t) = \frac{\gamma\lambda\sum}{\gamma t} = (1-m)\lambda\sum$$

としてt時点の故障率が推定できる．

$\frac{1}{\lambda\sum}$をMIL-STD-785では累積MTBF，$\frac{1}{\lambda(t)}$を瞬間MTBFと呼んでいる．実際には設計の仕様が変化し，改善されていく過程では$R(t)$が変化するため瞬間値であるMTBFを求めるのは無理がある．また，ランダム故障であることの仮定や，系統的故障の除去など運用面で検証がむずかしいことも多い．

図7.3に信頼度成長の例を示す．

この例では，実際の累積値からの故障率の推移から，現在のアイテムの故障率である瞬間故障率を推定している．これを利用して，運用上は計画段階で成長率を仮定（通常0.3～0.6程度）して，累積値からの故障率から現在のアイテムの故障率を予測して計画どおりの成長，すなわち信頼性改善が進んでいるかを判断することができる．

実際の信頼度成長試験では，諸々の設計改善を導入しながら累積値からの故障率を経時的に打点して，その成長過程から予測する．実際の運用では，成長が計画線に沿った推移かどうかを確認して，それよりも低い場合には計画どおりの信頼性成長が進んでいないと判断して，是正活動を行うことが必要である．

信頼度成長試験は製品の初期故障期間を対象に行う場合もある．システム全体に関する試験データがなく，生産量が少ないアイテムや複雑なシステムのよ

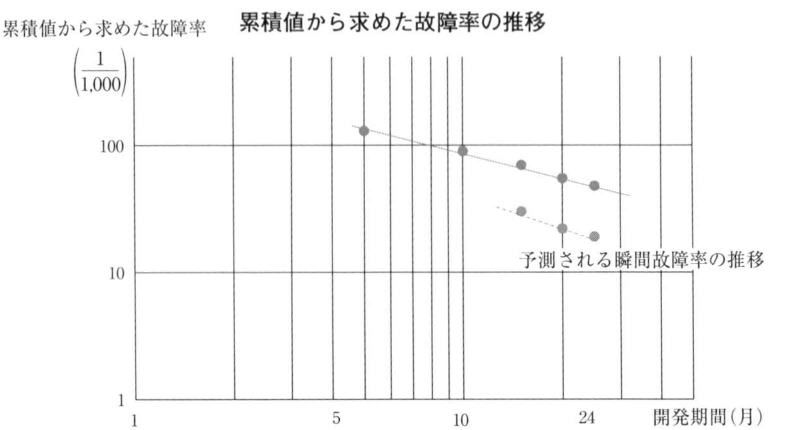

あるアイテムで改善を繰り返し，24 カ月間の累積値から求めた故障率をプロットした結果から，先の成長率を求めると約 0.6 となる．

この結果から 24 カ月時点の故障率を推定すると $\frac{19}{1{,}000}$ となる．

目標が $\frac{10}{1{,}000}$ の場合，開発リソースを増やすなどの対策で，改善を加速させることが必要なことがわかる．

図 7.3　信頼度成長

うな場合では以下のような懸念が生じることがある．

- 組立てミスや部品間の公差の違いや，不適切なインターフェースなどによる初期故障の発生
- ハードウェアとソフトウェアの相互作用による初期故障の発生
- 環境的なストレスによるハードウェアの欠点がもたらす，一時的または恒久的な故障の発生

これらは，所謂アイテム間の相互作用や潜在的なアイテムの弱点が何らかの原因で顕在化するもので，通常は慣らし運転などで発生した故障を除去していく．内在する初期故障が順次除去されることで，信頼性が改善されているために，こうした場合でも信頼度成長試験を適用して現時点の信頼性を予測する場合がある．試験条件の決定や注意点はスクリーニングの場合の注意と同等であるが，複雑なシステムが対象となるために，実際の運用条件での操作や使用の

プロファイルから負荷を決めるとよい．

信頼度成長試験は，試験期間中も開発活動を継続しながら，その結果をただちに試験中のアイテムに反映できるという利点がある．これにより，信頼性改善の効果確認ができるだけでなく，それまでの累積結果から短期間に目標とする信頼性を達成しているかの予測が可能で，複雑で大規模なアイテムの場合には使いやすい手法といえる．

その一方で，不具合を試験で発見して，それに対して対策するだけの開発活動に陥る危険があることへの注意が必要である．すでにわかっている系統的な故障に対し，何も対策を導入しないまま試験を行うというのは開発管理上の問題であり，また十分な故障解析をしないままの安易な対策導入は新しい不具合の発生につながる．こうした点からも信頼度成長試験では，変更管理や設計審査などにより，導入する設計改善策に対する事前アセスメントの活動が重要となる．

【第7章の演習問題】

［問題7.1］ 電子部品のRSSを計画する際に，故障メカニズムの同一性を確認する以外に注意すべき点を述べよ．

［問題7.2］ 信頼度成長試験では，発生した不具合に対策しながら信頼性試験を継続できるという利点がある．自社の製品を例に，対策を導入するにあたって注意すべき点を述べよ．

第7章の参考文献

［1］ IEC 61163-1：2006 “Reliability stress screening－Part1：Repairable assemblies manufactured in lots”

［2］ IEC 61163-2：1998 “Reliability stress screening－Part2：Electronic components”

［3］ IEC 61164：2004 “Reliability growth－Statistical test and estimation methods”

［4］ IEC 64249：2007 “Reliability growth Stress testing for early failures in

unique complex system"
[5]　IEC 61014：2003 "Programmes for reliability growth"
[6]　塩見弘，久保陽一，吉田弘之：『日科技連信頼性工学シリーズ10　信頼性試験総論・部品』，日科技連出版社，1985年．
[7]　MIL-STD-1635：1986「信頼度成長試験法」
[8]　JIS C 5750-3-7：「ディペンダビリティ管理－第3-7部：適用の指針－電子ハードウェアの信頼性ストレススクリーニング」(廃止JIS)
[9]　三根久：「信頼度成長管理(4)」，『信頼性』，日本信頼性学会，Vol.12，No.4，pp.42-43，1991年．
[10]　三根久：「信頼度成長管理(6)」，『信頼性』，日本信頼性学会，Vol.13，No.4，pp.15-16，1992年．

第8章

信頼性試験のフロンティア

本章では信頼性試験における3つのフロンティアを記す．8.1節では消火器や自動車のエアバッグなどのように試験中の状態を逐次には把握できず，試験終了時にのみ正常か異常かの二値データのみが観測される場合，8.2節では試験時間短縮のために，試験片をグループに分け，各グループで初めの故障が生じたときに試験を打切るサドンデス試験法，8.3節では，セラミックスの3点曲げ強度試験のように，構造材料の各部位に均一応力ではなく不均一応力がかかる場合，以上，それぞれに対する最適試験計画を示す．これらの最適性を示す基準として最尤法に基づく漸近論による評価を行うため，8.4節に最尤法に関しまとめる．

8.1

二値データ観測に基づく信頼性寿命試験計画

製品の信頼性を保証するうえで信頼性寿命試験は必要不可欠である．しかし，半導体における恒温槽による試験や pressure cooker 試験など，試験終了時点において故障していたかどうか，という二値データのみ得られる試験が多い．このような試験を行う場合，観測時点を早くしたときは試料がほとんど故障しておらず，また観測時点を遅くしたときはほとんどの試料が故障してしまうため，十分な情報を得ることができない．

そこで本節では，二値データのみが得られる場合に，得られる寿命データからの寿命分布に関する情報が最大となる最適試験計画について記す．なお，製品の信頼性評価においては，第5章で述べた「時間と数の壁」が存在し，開発期間の中で信頼性寿命試験に割り当てられる期間や，試験に用いられる試料数に制限があるために，ある段階で信頼性寿命試験の中途打切りが行われることが多いため，最適配分についても記す．

理論的には，試験計画は寿命分布型とその母数に依存する．従来研究ではこれらを既知とした場合においても，その最適試験計画に関する検討は十分になされていない．そこで本節では，最適試験計画への第1ステップとして，分布型とその母数が既知の場合を考える．なお，実際には上記の仮定は過去の類似品などからの情報と経験からおよその値がわかる場合を想定すればよい．

二値データに基づく寿命分布の母数推定に関する従来研究は，一般に D-optimality という規準に基づいて行われている．D-optimality とは，漸近分散・共分散行列の逆行列である Fisher 情報量行列（8.4 節の表 8.8 参照）の行列式を最大化する規準である．

以下に示す8種類の寿命分布について，その母数を既知とし，観測回数，観測時点，試料数を変数とする最適試験計画について考察を行う．

8.1.1　取り扱う寿命分布

ワイブル分布，フレッシェ分布，パレート分布，対数正規分布の確率変数に対数をとると，二重指数分布，グンベル分布，ロジスティック分布，正規分布に変換可能であり，二重指数分布とワイブル分布，グンベル分布とフレッシェ分布，ロジスティック分布とパレート分布，正規分布と対数正規分布は同一試験計画となる．本節では，これら 8 種類の寿命分布を扱う．

また定義域は，二重指数分布，グンベル分布，ロジスティック分布，正規分布は $-\infty < t < \infty$，ワイブル分布，フレッシェ分布，パレート分布，対数正規分布は $0 < t' < \infty$ である．

なお，個々の寿命分布の故障メカニズムと起源に関しては，Johnson, Kotz and Balakrishnan[2][3]に詳しい．

①　二重指数分布：WE

$$F(t) = 1 - \exp\left\{-\exp\left(\frac{t-a}{b}\right)\right\} \tag{8.1}$$

位置母数：a，尺度母数：$b(>0)$

②　ワイブル分布：WI

$$F(t') = 1 - \exp\left\{-\left(\frac{t'}{\eta}\right)^m\right\}$$

形状母数：$m(>0)$，尺度母数：$\eta\,(>0)$

③　グンベル分布：G

$$F(t) = \exp\left\{-\exp\left(-\frac{t-a}{b}\right)\right\}$$

位置母数：a，尺度母数：$b(>0)$

④　フレッシェ分布：F

$$F(t') = \exp\left\{-\left(\frac{t'}{\eta}\right)^m\right\}$$

位置母数：$m(>0)$，尺度母数：$\eta\,(>0)$

⑤　ロジスティック分布：L

$$F(t) = 1 - \frac{1}{1 + \exp\left(-\frac{t-a}{b}\right)}$$

位置母数：a，尺度母数：$b(>0)$

⑥　パレート分布：P

$$F(t') = 1 - \frac{1}{1 + \left(\frac{t'}{\eta}\right)^m}$$

位置母数：$m(>0)$，尺度母数：$\eta\,(>0)$

⑦　正規分布：N

$$F(t) = \int_{-\infty}^{t} \frac{1}{\sqrt{2\pi\sigma^2}} \exp\left\{-\frac{(t-\mu)^2}{2\sigma^2}\right\} dt$$

平均：μ，分散：$\sigma^2(>0)$

⑧　対数正規分布：LN

$$F(t') = \int_{0}^{t'} \frac{1}{\sqrt{2\pi\sigma^2}\,t'} \exp\left\{-\frac{(\log t' - \mu)^2}{2\sigma^2}\right\} dt'$$

位置母数：$\mu\,(>0)$，尺度母数：$\sigma^2(>0)$

8.1.2　Fisher 情報量行列

N 個の試料に対して信頼性寿命試験を行うとする．N 個の試料の観測時点 t_1，…，t_N において，それぞれの試料の故障時点は観測できず，故障しているかどうかの二値データのみ観測可能である．観測時点 t_i において，試料が故障していれば $X_i = 1$，故障していなければ $X_i = 0$，θ を未知母数ベクトル，$\theta = (\theta_a,\ \theta_b)$，$F(t_i;\theta)$を t_i における累積分布関数($\equiv F_i$)，$\overline{F}_i = 1 - F_i$，ならびに $\boldsymbol{X} = (X_1,\ \cdots,\ X_n)$，$\boldsymbol{t} = (t_1,\ \cdots,\ t_N)$とし，尤度関数を求めると以下のようになる．

$$L(\theta\ ;\boldsymbol{X},\ \boldsymbol{t})=\prod_{i=1}^{N}F(t_i\ ;\ \theta)^{X_i}[1-F(t_i\ ;\ \theta)]^{1-X_i} \tag{8.2}$$

式(8.2)より，Fisher 情報量行列は式(8.3)で与えられる．

$$I(\theta_a,\ \theta_b\ ;\boldsymbol{t})=\sum_{i=1}^{N}\frac{1}{F_i\overline{F}_i}\begin{bmatrix}\left(\dfrac{\partial\overline{F}_i}{\partial\theta_a}\right)^2 & \dfrac{\partial\overline{F}_i}{\partial\theta_a}\dfrac{\partial\overline{F}_i}{\partial\theta_b}\\ \dfrac{\partial\overline{F}_i}{\partial\theta_b}\dfrac{\partial\overline{F}_i}{\partial\theta_a} & \left(\dfrac{\partial\overline{F}_i}{\partial\theta_b}\right)^2\end{bmatrix} \tag{8.3}$$

求めた Fisher 情報量行列より，この行列式を最大にするような最適観測時点 t^* を考察する．また，各試験試料における寿命分布は独立同一分布であるとする．

本節では，母数を既知と仮定しているので，Fisher 情報量行列の行列式は最尤推定量ではなく，既知の母数によって評価する．

8.1.3 最適観測時点数

Atkinson and Donev[4]，Silvey[5] は，カラテオドリの定理を用いて最適観測時点数 O_F^* は，母数の数 n_θ から，

$$n_\theta \leqq O_F^* \leqq \frac{n_\theta(n_\theta+1)}{2}$$

によって与えられることを示している．

本節で対象とする寿命分布の母数の数は 2 個ゆえ，2 回もしくは 3 回の異なる観測時点を設けて試験を行えばよい．

8.1.4 最適観測時点

2 回観測の場合，二重指数分布の分布関数である式(8.1)を式(8.3)に代入して Fisher 情報量行列 $I_{WE}^{(2)}$ を求め，その行列式を求めると行列式 $\det I_{WE}^{(2)}$ は $F_{(1)}$，$F_{(2)}$ の関数として式(8.4)にて与えられる．ただし，観測 2 時点 $t_{(1)} \leqq t_{(2)}$ に対応する累積分布関数を $F_{(1)}$，$F_{(2)}$ とする．

$$\det I_{WE}^{(2)} = \frac{n_{(1)} n_{(2)}}{b^4} \{\log(1 - F_{(1)})\}^2 \{\log(1 - F_{(2)})\}^2$$
$$\times \{\log(-\log(1 - F_{(1)})) - \log(-\log(1 - F_{(2)}))\}^2$$
$$\times \frac{(1 - F_{(1)})(1 - F_{(2)})}{F_{(1)} F_{(2)}} \tag{8.4}$$

$n_{(1)} + n_{(2)} = N$ とするとき，各回の試験試料個数が等しい $n_{(1)} = n_{(2)} = N/2$ のときに式(8.4)の行列式が最大となる．また，式(8.4)を最大にする $F^*_{(1)}$，$F^*_{(2)}$ を求めると以下のようになる．

$(F^*_{(1)}, F^*_{(2)}) = (0.231, 0.930)$，または$(0.930, 0.231)$

すなわち，観測は1回目を23.1パーセント点，2回目を93.0パーセント点の時点で行えばよい．また，最適観測時点は既知の母数を用いて以下のように表される．

$t^*_{(j)} = a + b \log(-\log(1 - F^*_{(j)}))$

同様に，3回観測$(F^*_{(1)}, F^*_{(2)}, F^*_{(3)})$の行列式 $I_{WE}^{(3)}$ を最大化する計画は$(F^*_{(1)}, F^*_{(2)}, F^*_{(3)}) = (0.231, 0.231, 0.930)$となり，2回観測および $N/2$ の等配分が最適となる．以上より，3回観測の結果は2回観測に帰着される．ワイブル分布に従う確率に対数をとると二重指数分布となり，両者は同一の試験計画が最適である．同様に，その他6種の分布についても導出すると，表8.1のようにすべて2回観測$(F^*_{(1)}, F^*_{(2)})$ならびに各回の試験試料個数は $N/2$ が最適となる(詳細は参考文献[1]参照)．

以上の適用において，過去の類似品などからの情報と経験からおよその母数の値がわかり，これを設定値とするが，設定した母数の値と真の母数の値との

表8.1　最適観測時点

分布型	$F^*_{(1)}$	$F^*_{(2)}$
二重指数，ワイブル	0.231	0.930
グンベル，フレッシュ	0.070	0.769
ロジスティック，パレート	0.176	0.824
正規，対数正規	0.128	0.872

表 8.2 母数の誤差

	$\frac{\eta'}{\eta^*}$				
$\frac{m'}{m^*}$	0.8	0.9	1.0	1.1	1.25
1.25	0.751	0.828	0.889	0.930	0.951
1.1	0.855	0.928	0.972	0.987	0.963
1.0	0.923	0.979	1.000	0.988	0.925
0.9	0.971	0.996	0.980	0.933	0.828
0.8	0.967	0.940	0.876	0.793	0.658

間に誤差が生じることがある．

そこで，設定した母数と真の母数の誤差によって Fisher 情報量行列の行列式の値にどのくらいの影響があるかを記す．

最適観測時点の下での真の母数(m^*, η^*)のときの行列式の値に対する，設定する仮の母数(m', η')における行列式の値の比を表 8.2 に示す．

表 8.2 より，設定する仮の形状母数と尺度母数の値は，真の値よりもともに大きめに設定するか，あるいはともに小さめに設定するほうがよいことがわかる．

8.2 サドンデス試験

信頼性寿命評価の試験時間を短縮する方法の 1 つに，サドンデス試験法があるが，試験時間を短縮することで，その推定精度が悪くなる．本節では，サドンデス試験の説明，その有効な使い方，ならびに定数打切り試験との関連について説明する．

8.2.1　サドンデス試験法とは

サドンデス試験法とは，サンプルを等分にグループ分けし，それぞれのグループから最も寿命の短いものを抜き出し，その結果から寿命推定を行うものである．例えば，図8.1のように，$N(=100)$個のサンプルを$k(=4)$個ずつ$g(=25)$組に分け，それぞれの組の最小値であるy_1，…，y_gを観測したとする．寿命がワイブル分布に従うと仮定し，y_1，…，y_gをワイブル確率紙に打点する．その直線(図8.2の点線)をY軸のスケール上で$\ln k(\ln 4)$だけ下方に平行移動した直線(図8.2の実線)が対象とする母集団の推定を与える．なぜなら，ワイブル分布，

$$F(x)=1-\exp\left\{-\left(\frac{x}{\eta}\right)^m\right\} \tag{8.5}$$

における，k個のサンプルの最小値の分布は，

$$F_k(x)=1-\exp\left\{-\left(\frac{x}{\frac{\eta}{k^{\frac{1}{m}}}}\right)^m\right\} \tag{8.6}$$

となり，両式を変形し，

$$\ln\ln\frac{1}{1-F_k(x)}=m\ln x-m\ln\eta \tag{8.5$'$}$$

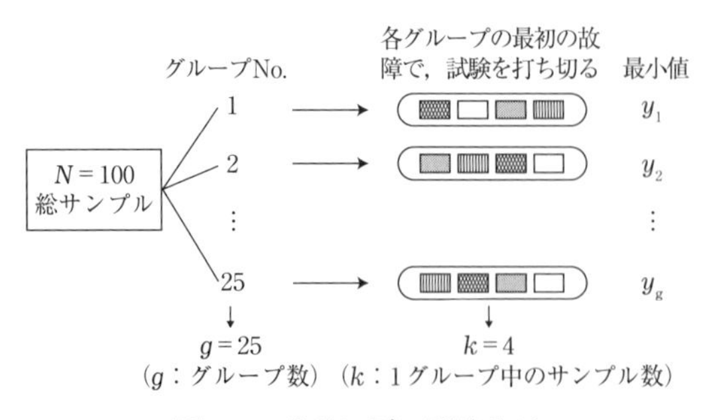

図8.1　サドンデス試験とは

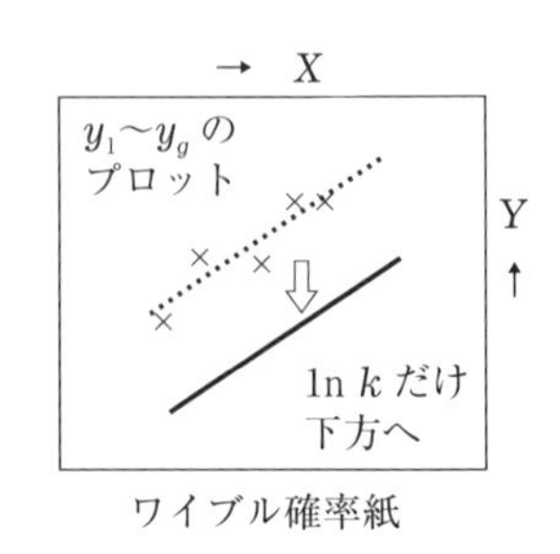

図8.2　ワイブル確率紙の利用

$$\ln\ln\frac{1}{1-F_k(x)}=m\ln x-m\ln\eta+\ln k \tag{8.6'}$$

となるためである．従来のサドンデス試験法は各組の最小値をすべて観測するまで試験を行う必要があるが，ここでは g 組中，r 組（$r \leqq g$）の最小値が観測された時点で試験を打ち切ることを考える．

$N(= k \times g)$ 個のサンプルのグループ分けの方法（k，g）と打切り数 r を考えたとき，パラメータの推定精度と試験に要する時間にどのような変化が見られるかを考える．形状パラメータ m を既知として，最尤法による推定では，図8.3になる（横軸：基準化された試験時間，縦軸：推定精度）．一方，図8.3中の白丸（○印）は打切りを行わないときである．例えば $N=200$ の場合，$g=200$ の点は $k=1$，$g=100$ の点は $k=2$ を示し，$N=100$ の場合，$g=100$ の点は $k=1$，$g=50$ の点は $k=2$ を意味する．このとき $N=g$ となり，$k=1$ はサドンデスを行わない通常の試験法である．図8.3より次のことがわかる．

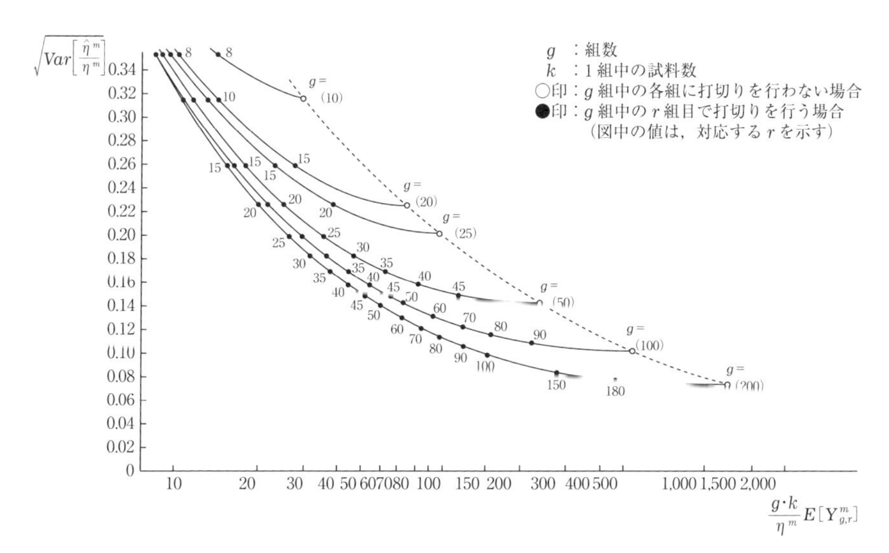

出典） 鈴木和幸，大塚久美，芦戸真寿美：「サドンデス寿命試験法と定数打切試験との比較—最尤法における推定精度と試験時間に関する考察」，『品質』，Vol. 22，pp. 5-12，1992年．

図8.3 試験時間と $\hat{\eta}_m$ の推定精度のグラフ（m：既知，$g \cdot k \leqq 200$：任意）

① 試験時間は組数 g を少なく(k を多く)したほうが短くなる．

② 推定精度は組数 g を多く(k を少なく)したほうがよくなる．

図 8.3 中の黒丸(●印)は g 組中，r 組目の最小値が観測された時点で打切りを行うものである．$g = N$ としたものは，$k = 1$ ゆえ従来の定数打切り試験となる．図 8.3 より次のことがわかる．

③ 推定精度(縦軸)を一定とするとき，従来の定数打切り試験の方が試験時間が短い．

④ 試験時間(横軸)を一定とするとき，従来の定数打切り試験の方が推定精度がよい．

すなわち，組の数 g に制約がないならば，$g = N$ として従来の定数打切り試験計画を立てるほうがより好ましく，制約がある場合は，次項にて示す定数打切り試験を利用することにより試験計画を立てることが望ましい．なお，m が未知の場合も，上記の性質は同じである．

8.2.2　定数打切り試験の推定精度

サドンデス試験よりも，従来の定数打切り試験のほうが，推定精度，試験時間ともに優れている．m と η が未知のワイブル分布の場合，定数打切り試験に基づく推定精度と試験時間の関係は，以下のとおりである．

図 8.4 に，n 個のサンプル中 r 個目の故障で試験を打ち切ったときの試験時間 $E\left[\left(\frac{X_{n,r}}{\eta}\right)^m\right]$ と推定精度 $m \cdot \sqrt{Var\left[\frac{\hat{\eta}}{\eta}\right]}$ を示す．ここに示す $E[\cdot]$ は期待値，$Var[\cdot]$ は分散を表している．$X_{n,r}$ は n 個のサンプルに対し r 個目の故障で試験を打ち切るまでに要する時間を表す．推定法は最尤法を適用する．η の最尤推定量 $\hat{\eta}$ は漸近的に正規分布に従うため，信頼率 95%，$0.8 < \frac{\hat{\eta}}{\eta} < 1.2$ と推定したい場合，$1.96 \cdot \sqrt{Var\left[\frac{\hat{\eta}}{\eta}\right]} = 1.2 - 1.0$ より，$\sqrt{Var\left[\frac{\hat{\eta}}{\eta}\right]} \fallingdotseq 0.102$ となる．

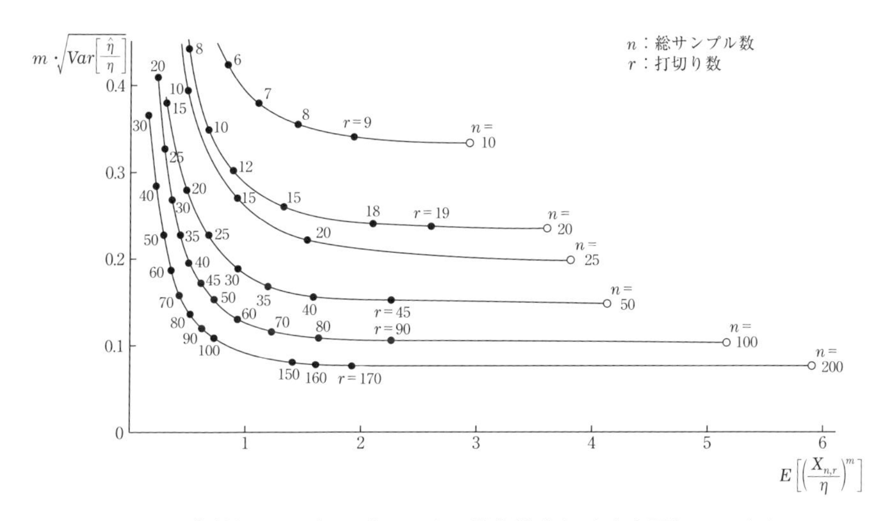

図 8.4　定数打切りデータ(k = 1)の推定精度と試験時間(m：既知)

したがって，$m = 2.2$ であれば，$m\cdot\sqrt{Var\left[\frac{\hat{\eta}}{\eta}\right]} = 0.224$ となり，図 8.4 に示すように，

n = 200 のとき r = 50

n = 100 のとき r = 35

n = 50 のとき r = 25

n = 25 のとき r = 20

で試験を打ち切ればよいことがわかる．このときの試験時間の期待値は横軸で示されている．n = 200 のとき r = 50 の組合せが，上記 3 組の中で最も短い試験時間となる(詳細は参考文献[6]参照)．

8.3 セラミックス強度試験への最適計画

構造用材料としてのセラミックスは，耐熱性・軽量などの優れた性質により多くの分野で利用されているが，金属と比べ脆く，強度がばらつく．このばらつきは材料中に存在する亀裂または亀裂状欠陥，およびその寸法のばらつきに起因する．

セラミックスの破壊は以下のような要因によって生じる．

内因欠陥：製造プロセスに由来する材料固有の欠陥．弱い粒界，介在物，気孔，粗大結晶粒，亀裂など

外因欠陥：取扱い中に発生する欠陥，機械的損傷，環境に起因する損傷など

一般にセラミックスの強度試験としては，曲げ強度試験が用いられる．本試験は短形断面の真直梁試験片を用いるので加工費が比較的安く，試験装置が簡単であるがゆえ，広く一般に用いられている．また，本試験においては，破壊時の最大応力である破壊強度，試験後の破面を観察することにより破壊原因および破壊位置の情報を得ることができる．本節では，このような試験データに基づき，強度分布の母数推定のための試験計画を最尤法により検討する(参考文献[7]に基づく)．

最大応力uにより，位置$\xi \equiv (x, y, z)$に応力$g(u : \xi)$がかかる容積Vの固体材料が原因lにより破壊にいたる強度の分布関数は，W. Weibull(1939)[8]により，

$$F_l(u) = 1 - \exp\left\{-\int_{\xi \in V}\left(\frac{g(u : \xi)}{\eta_l}\right)^{m_l} d\xi\right\} \tag{8.7}$$

により与えられる．

応力が材料に均一にかかる場合(均一応力状態)では，$g(u : \xi)$がξの場所とuの方向に依存しないため，式(8.7)は，

$$F_l(u) = 1 - \exp\left\{-V\left(\frac{u}{\eta_l}\right)^{m_l}\right\}$$

となり，通常のワイブル分布となる．

図8.5の3点曲げ強度試験では，位置$\xi = (x, y, z)$(図8.6参照)における$g(u : \xi)$は，

$$g(u : \xi) = \frac{u}{hL}x(h-y),\ 0 \leqq x \leqq L,\ 0 \leqq y \leqq h,\ 0 \leqq z \leqq b \tag{8.8}$$

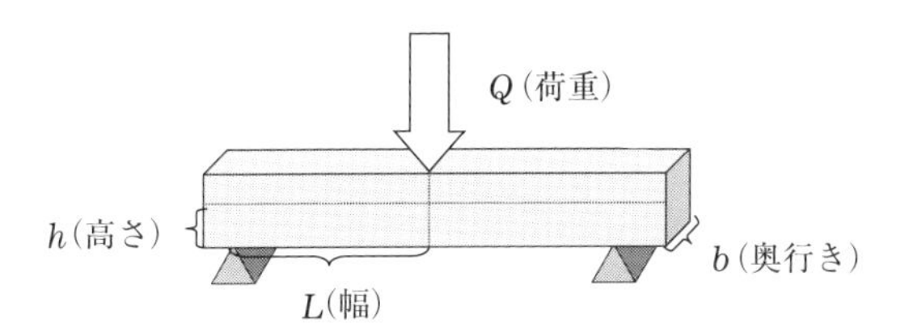

図 8.5　3 点曲げ強度試験

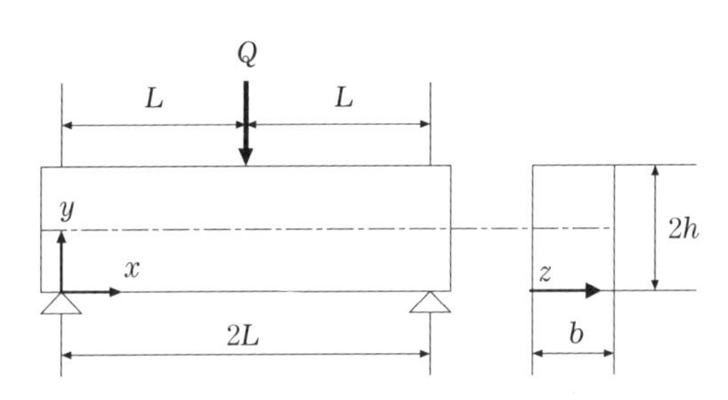

図 8.6　3 点曲げ強度試験と位置 $\xi=(x, y, z)$

にて与えられる．ここで，$u=\dfrac{3QL}{4bh^2}$である．

一方，Oh and Finnie（1970）は，破壊強度のみではなく破壊の原点の位置 ξ を含む同時分布を式（8.9）のように導出した．

$$f_l(u \cdot \xi)=\frac{\partial}{\partial u}\left(\frac{g(u : \xi)}{\eta_l}\right)^{m_l} \cdot \exp\left\{-\int_{\xi \in V_l}\left(\frac{g(u : \xi)}{\eta_l}\right)^{m_l} d\xi\right\} \quad (8.9)$$

破壊原因を内部亀裂（$l=1$），表面亀裂（$l=2$）とし，式（8.8）を式（8.9）に代入すれば，

$$f_1(u, x, y)=2b\frac{m_1 u^{m_1-1}}{\eta_1^{m_1}}\left\{\frac{x(h-y)}{hL}\right\}^{m_1} \cdot \exp\left\{-V_e\left(\frac{u}{\eta_1}\right)^{m_1}\right\}, \quad \begin{array}{l} 0<u<\infty \\ 0<x<L \\ 0<y<h \end{array}$$

$$f_2(w,\ s)=2b\frac{m_2 w^{m_2-1}}{\eta_2^{m_2}}\left(\frac{s}{L}\right)^{m_2} \cdot \exp\left\{-A_e\left(\frac{w}{\eta_2}\right)^{m_2}\right\}, \quad \begin{array}{l} 0<w<\infty \\ 0<s<L \end{array}$$

を得る．ここで，m_1，η_1 は内部亀裂，m_2，η_2 は表面亀裂によるワイブル分

布の形状母数，尺度母数である．また，

$$V_e \equiv \frac{2bhL}{(m_1+1)^2},\ A_e \equiv \frac{2bL}{m_2+1}$$

である．

以上より，K 種類の試験片を用いた場合，破壊原因，破壊強度，破壊位置からの尤度関数は，

$$\begin{aligned} L(m_1, m_2, \eta_1, \eta_2) = \prod_{k=1}^{K} \Bigg[\prod_{i=1}^{n_{k_1}} \Bigg[\frac{2b_k}{V_{e_k}} \left\{ \frac{x_{k_i}(h_k - y_{k_i})}{h_k L_k} \right\}^{m_1} \cdot \frac{m_1 V_{e_k} u_{k_i}^{m_1-1}}{\eta_1^{m_1}} \\ \cdot \exp\left\{ -V_{e_k} \left(\frac{u_{k_i}}{\eta_1} \right)^{m_1} \right\} \exp\left\{ -A_{e_k} \left(\frac{u_{k_i}}{\eta_2} \right)^{m_2} \right\} \Bigg] \\ \times \prod_{j=1}^{n_{k_2}} \Bigg[\frac{2b_k}{A_{e_k}} \left(\frac{s_{k_j}}{L_k} \right)^{m_2} \cdot \frac{m_2 A_{e_k} w_{k_j}^{m_2-1}}{\eta_2^{m_2}} \\ \cdot \exp\left\{ -A_{e_k} \left(\frac{w_{k_j}}{\eta_2} \right)^{m_2} \right\} \exp\left\{ -V_{e_k} \left(\frac{w_{k_j}}{\eta_1} \right)^{m_1} \right\} \Bigg] \Bigg] \end{aligned} \tag{8.10}$$

となる．ここで，n_{k_1}，n_{k_2} は各々内部亀裂，表面亀裂により破壊した試験片の個数であり，$n_{k_1} + n_{k_2} = N_k$ は，$k(k = 1, 2, \cdots, K)$ 番目の試験片のサンプル数である．

図 8.7(1)，(2)の ISO 規格, ASTM 規格に示すそれぞれ 3 種の試験片に対し，試験片 A, B, C をそれぞれ p_A，p_B，p_C の配分確率で用いるとき，推定精度が最適となる配分確率 p_A^*，p_B^*，p_C^* を検討する．このときの評価基準として，

$$Js = \frac{1}{\sqrt{Var(\hat{m}_1) \cdot Var(\hat{m}_2)}} \tag{8.11}$$

を取り上げ，この最大化を考える．ここで，$Var(\hat{m}_l)$，$(l=1,2)$ は，破壊原因 l に基づく，ワイブル分布の形状母数 m_l の漸近分散である．

8.3.1　内部亀裂と表面亀裂によるワイブル分布の形状母数が等しい($m_1 = m_2$)場合

式(8.10)に基づき，$m_1 = m_2 = m$ として，Fisher 情報量行列(8.4 節の表 8.8

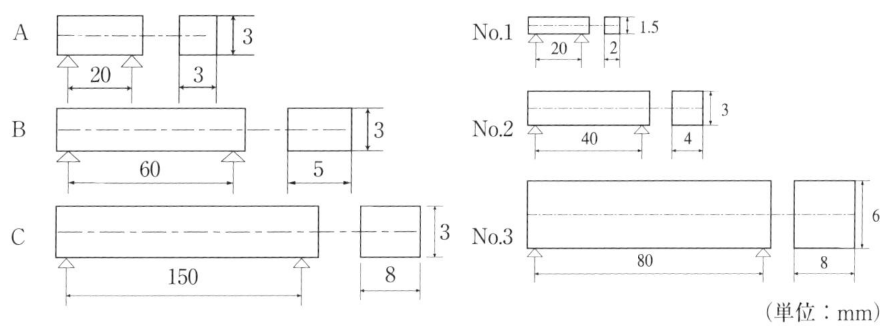

図 8.7　セラミック試験片サイズへの ISO，ASTM 規格

参照)の行列式により，K 種のテストピースに対し，

$$Var(\hat{m}) = \left[\frac{N + \sum_{k=1}^{K} d_{k_1}}{(m+1)^2} + \frac{N\pi^2}{6m^2} + \frac{\Delta_K}{m^2} \right]^{-1}$$

ここで，

$$\Delta_K \equiv \sum_{k=1}^{K} d_{k_1} \log^2 \phi_k - \frac{\left(\sum_{k=1}^{K} d_{k_1} \log \phi_k \right)^2}{\sum_{k=1}^{K} d_{k_1}}$$

$$+ \sum_{k=1}^{K} d_{k_2} \log^2 \phi_k - \frac{\left(\sum_{k=1}^{K} d_{k_2} \log \phi_k \right)^2}{\sum_{k=1}^{K} d_{k_2}}$$

$$\phi_k \equiv \frac{V_{e_k}}{\eta_1^m} + \frac{A_{e_k}}{\eta_2^m}$$

$$d_{k_1} \equiv E[n_{k_1}] = N_k \cdot p_{k_1}$$

$$d_{k_2} \equiv E[n_{k_2}] = N_k \cdot p_{k_2}$$

である．

$m_1=m_2$ に加え，さらに ISO 規格のように試験片の高さが同一の場合($h_k=h$, $k=1, \cdots, K$)，Δ_k は式(8.12)のように与えられる．

$$\Delta_K=\frac{1}{N}\sum_{j=2}^{K}\sum_{i=1}^{j-1}N_iN_j\left(\log\frac{\phi_i}{\phi_j}\right)^2 \tag{8.12}$$

すなわち，Δ_K は，$(\Phi_1, \Phi_2, \cdots, \Phi_K)\equiv\Phi$ のみの関数となる．ただし，$\Phi_K=\log\Phi_k$ である．式(8.12)を最大化するためには，総試験片数を N とするとき，K 水準のうち，体積が最大の試験片と最小の試験片を $N/2$ ずつ用いればよい[7]．

図 8.8 は，従来の 1 種類のみの試験片に対する，2 種類の試験片の最適配分との $Var(\hat{m})$ の比(Eff)を求めたものである．図 8.7(1)の ISO 規格では，試験片 A と C を用いたとき体積比は，1：20 であり，漸近分散の値の比(Eff；図 8.8 の縦軸)は，1.6 ～ 1.8 倍を得る．

8.3.2　$m_1\neq m_2$，あるいは試験片の高さが異なる場合

$m_1\neq m_2$，あるいは試験片の高さが異なる場合，最適配分を解析的には求めることができない．本項では，尤度に基づく Fisher 情報量行列を数値積分により求め，最適配分における(p_A^*, p_B^*, p_C^*)と，体積比が最大となる 2 種の試

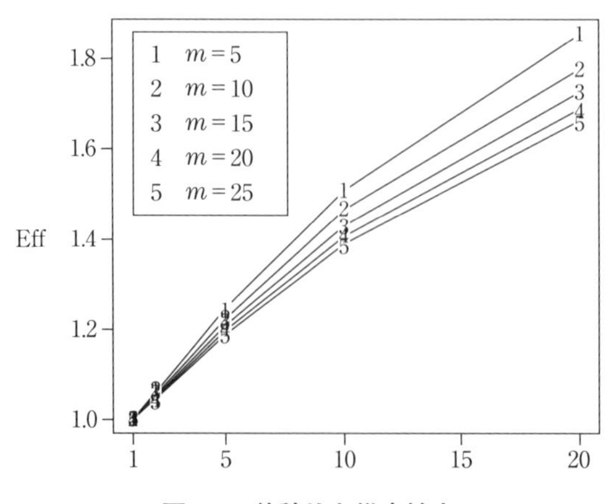

図 8.8　体積比と推定精度

験片を用い，等配分，すなわち $p_A^* = p_C^* = 1/2$ とした場合との漸近分散(式(8.11))による比較を行う．以下には結果のみを示すが，詳細は参考文献[7]を参照されたい．

表 8.3 は，シリコン窒化セラミックへの 3 点曲げ試験の結果である．このデータにより表 8.4 に示す最尤推定値と漸近分散を得る．また表 8.5 は，種々の文献によるワイブル母数の推定値である．以上より式(8.11)の評価にあたり，表 8.4 の推定値，ならびに $\frac{m_1}{m_2}$ を 0.5 ～ 2.0，$\frac{\eta_1}{\eta_2}$ を 0.5 ～ 1.75 と変化させ，体積比が最大となる 2 種の試験片を $N/2$ ずつ用いた場合(提案法)と最適計画(p_A^*，p_B^*，p_C^*)との比較を行う．

最適配分(p_A^*，p_B^*，p_C^*)においては，いずれも $p_B^* = 0$ となった．表 8.6(a)は

表 8.3　シリコン窒化セラミックの 3 点曲げ強度試験の結果

u(Kgf/mm^2)	l	x(mm)	y(mm)
108.2	2	10	—
98.7	1	9.2	0.175
99.7	1	9.9	0.035
89.3	1	9.6	0.028
94.5	2	9.9	—
105.2	1	9.7	0.044
96.0	1	9.1	0.083
103.4	1	9.9	0.173
110.9	1	9.9	0.280
98.1	1	9.9	0.239
94.3	1	10	0.066
94.4	1	9.7	1.166
88.1	2	10	—
94.3	2	8.8	—

u(Kgf/mm^2)	l	x(mm)	y(mm)
85.8	1	10	0.055
107.7	1	9.9	0.139
102.9	2	9.5	—
102.4	1	9.9	0.020
105.0	2	8.8	—
101.8	1	9.9	0.067
108.2	2	9.8	—
111.1	1	9.9	0.032
102.0	1	9.6	0.039
101.3	1	10	0.121
108.8	2	8.1	—
97.9	1	9.7	0.057
96.8	1	8.4	0.034
94.1	1	8.8	0.020

表 8.4　表 8.3 の最尤推定値

	$\hat{\theta}$	$Var(\hat{\theta})$
m_1^*	17.372	4.368
m_2^*	16.907	1.668
η_1^*	97.479	14.08
η_2^*	119.26	27.85

表 8.5　従来研究におけるワイブル母数の推定値

Source	Ref.	m_1	m_2	m_1/m_2	η_1	η_2	p_1
参考文献［9］	A	6.72	3.50	1.92	50.30	71.64	67.0%
参考文献［9］	B	7.86	4.75	1.65	86.00	162.00	64.7%
参考文献［7］	C	14.23	14.33	0.99	69.52	69.60	52.3%
参考文献［10］	D	15.79	12.73	1.24	97.88	132.05	80.1%
参考文献［7］	E	17.26	17.26	1.00	97.50	118.83	71.4%
参考文献［11］	F	24.00	12.60	1.90	120.63	114.19	60.5%

表 8.6　異なる高さ（ASTM：C-1161-94）に対する数値計画とその提案法との比較

(a)　最適計画（p_A^*，p_B^*，p_C^*）における p_A^*（$p_B^* = 0$）

p_A^*		m_1/m_2			
		0.75	1.0	1.25	1.5
η_1/η_2	0.75	0.56	0.49	0.50	0.50
	1.0	0.34	0.41	0.49	0.50
	1.25	0.27	0.38	0.48	0.50
	1.5	0.27	0.38	0.48	0.50

［$m_2 = 17.264$，$\eta_2 = 118.83$］

(b)　$J_2^\star/J^*$：提案する計画の最適計画との精度

$J_2^\star/J^*$		m_1/m_2			
		0.75	1.0	1.25	1.5
η_1/η_2	0.75	0.995	1.000	1.000	1.000
	1.0	0.964	0.990	1.000	1.000
	1.25	0.935	0.984	1.000	1.000
	1.5	0.933	0.984	1.000	1.000

［$m_2 = 17.264$，$\eta_2 = 118.83$］

(c)　$J_2^\star/J_1^\diamond$：提案する計画の従来の1水準計画との精度比

$J_2^\star/J_1^\diamond$		m_1/m_2			
		0.75	1.0	1.25	1.5
η_1/η_2	0.75	6.73	4.55	3.53	2.94
	1.0	1.94	1.91	2.17	2.64
	1.25	1.59	1.77	2.12	2.63
	1.5	1.58	1.76	2.12	2.63

［$m_2 = 17.264$，$\eta_2 = 118.83$］

最適な p_A^* の値を示す．すなわち，$\dfrac{m_1}{m_2}$ が 1.5 のときは，$p_A^* = 0.5$ となり，等配分が最適となる．そのときの式(8.11)の比較が表 8.6(b)である．比較は 2 水準等配分の $J_2^\star$ と最適配分の J^* との比，$\dfrac{J_2^\star}{J^*}$ である．

いずれの場合もその比は，ほとんど1あるいは1に近い．表8.6(c)は，$J_2^{\bigstar}$と1水準試験$J_1^{\diamond}$との比較である．いずれも推定精度が1.5～3倍よくなっていることがわかる．

表8.7(a)～(c)は，Lissart and Lamon(1997)[9]における推定値に基づくものである．こちらでも同様な結果である．

以上より，以下のことがわかる．

- 体積比が最大となる最大と最小の2種類の試験片をそれぞれ等配分することにより，最適配分とほぼ等しい推定精度が得られる．
- 実際に試験を行うときには，真のm_1，m_2，η_1，η_2は未知ゆえ，上記の方式が優れたものである．

表8.7　Lissart and Lamon (1997)[9]における推定値に基づく比較

(a)　最適計画(p_A^*，p_B^*，p_C^*)におけるp_A^*($p_B^*=0$)

p_A^*		m_1/m_2			
		0.75	1.0	1.25	1.5
η_1/η_2	0.75	0.50	0.49	0.50	0.50
	1.0	0.43	0.46	0.50	0.50
	1.25	0.38	0.43	0.49	0.50
	1.5	0.35	0.42	0.49	0.50

[$m_2 = 4.75$，$\eta_2 - 162$]

(b)　$J_2^{\bigstar}/J^*$：提案する計画の最適計画との精度

$J_2^{\bigstar}/J^*$		m_1/m_2			
		0.75	1.0	1.25	1.5
η_1/η_2	0.75	1.000	1.000	1.000	1.000
	1.0	0.993	0.997	1.000	1.000
	1.25	0.980	0.993	1.000	1.000
	1.5	0.968	0.991	1.000	1.000

[$m_2 = 4.75$，$\eta_2 = 162$]

(c)　$J_2^{\bigstar}/J_1^{\diamond}$：提案する計画の従来の1水準計画との精度比

$J_2^{\bigstar}/J_1^{\diamond}$		m_1/m_2			
		0.75	1.0	1.25	1.5
η_1/η_2	0.75	4.38	2.9	2.59	2.72
	1.0	2.81	2.13	2.23	2.65
	1.25	2.12	1.87	2.13	2.63
	1.5	1.82	1.78	2.11	2.63

[$m_2 = 4.75$，$\eta_2 = 162$]

8.4

最尤法

8.4.1　最尤法の必要性

今，ワイブル確率紙に打点していったときにデータ数 $n = 20$ と $n = 3$ が同じ直線となる可能性がある．この場合，m や μ の推定値は $n = 3$ よりも $n = 20$ のほうがより真の値に近い．しかし，その差を定量化することはむずかしい．以上は点推定の話だが，区間推定を行えば，$n = 20$ と $n = 3$ とでは区間の幅に差ができる．

ここで点推定と区間推定を整理してみると，例えば，本章の執筆者の年齢を当てる場合に，「55 歳」のように「点」で答える場合と，「50 歳から 60 歳」のように「区間」で答える場合の 2 通りがある．前者を点推定，後者を区間推定と呼ぶ．区間推定の場合，「50 歳から 60 歳」とするよりも，「40 歳から 70 歳」のように区間を広くとればとるほど，「真の値」がその区間に含まれる確率は高くなる．この区間を信頼区間，真の値が含まれている確率を信頼率または信頼水準と呼ぶ．区間推定を行う場合，あらゆる分布と打切りのパターンに適用できる最尤法がある．理論的にはデータ数が多い場合に有効となる漸近論を用いるが，実用的には，故障数が 20 を超えれば適用可能である（ただし，厳密には対象となる母数と打切りパターンによって変わる）．

8.4.2　最尤法

対象となるアイテムの寿命 X の確率密度関数を $f(x)$ とする．この寿命分布の母数を θ とするとき，より正確に記述すれば $f(x;\theta)$ となる．このとき，この母集団からの n 個の独立する標本変量 $(x_1, x_2, \cdots, x_n)$ の確率密度関数は，

$$\prod_{i=1}^{n} f(x_i;\theta) \tag{8.13}$$

となる．ここで標本が得られれば，変量 x_i は定まった値として固定され，式

(8.13)は未知の母数 θ のみの関数となる．この関数，

$$L(\theta\,;x_1,\ x_2,\ \cdots,\ x_n)=\prod_{i=1}^{n}f(x_i\,;\ \theta) \tag{8.14}$$

を θ の尤度関数と呼び，式(8.14)を最大にする θ の値 $\hat{\theta}$ を推定値とする方法を最尤法と呼ぶ．$\hat{\theta}$ は θ の最尤推定値と呼ばれる．すなわち，

$$\frac{\partial L(\theta\,;x_1,\ x_2,\ \cdots,\ x_n)}{\partial\theta}=0 \tag{8.15}$$

を解けばよい．式(8.15)は対数関数の単調性から，次の尤度方程式，

$$\frac{\partial}{\partial\theta}\ln L(\theta\,;x_1,\ x_2,\ \cdots,\ x_n)=0 \tag{8.16}$$

を解くことと同一になる．一般に，計算は式(8.15)のほうが簡単であるが，母数が1つだけでなく，θ_1，θ_2,…，θ_pのように複数ある場合には，下記に示す，p 個の方程式，

$$\frac{\partial}{\partial\theta_i}\ln L(\theta_1,\ \theta_2,\ \cdots,\ \theta_p\,;x_1,\ x_2,\ \cdots,\ x_n)=0,\ i=1,\ \cdots,\ p \tag{8.17}$$

を $\theta_i(i=1,\cdots,p)$ について解けばよい．ワイブル分布では，例えば$\theta_1=m$，$\theta_2=\eta$となる．

最尤推定値 $\hat{\theta}(x_1,\ x_2,\ \cdots,\ x_n)$の定数$x_i$の代わりに確率変数$X_i$を用い，$\hat{\theta}(X_1,\ X_2,\ \cdots,\ X_n)$を最尤推定量と呼ぶ．

このように，標本数 n が多いときに成り立つ理論は，漸近理論と呼ばれる．したがって，標本数 n が多いとき，$\hat{\theta}_i$ の分散 $Var[\hat{\theta}_i]$ は，

$$Var[\hat{\theta}_i]\fallingdotseq(I^{-1})_{ii}$$

により求められる．ここで，$(\cdot)_{ii}$ は行列・の i 行 i 列の要素，I^{-1} は行列 I の逆行列である．表8.8中の式(8.18)にて I の i 行 j 列が与えられる．

一般に，表8.8中の式(8.18)の期待値の計算は困難である．そこで，観測値$(x_1,\ x_2,\ \cdots,\ x_n)$が得られたとき，式(8.18)の代わりに，

$$\hat{I}_{ij}=-\frac{1}{n}\sum_{k=1}^{n}\frac{\partial}{\partial\theta_i\,\partial\theta_j}\ln L(x_k,\ \theta_1,\ \theta_2,\ \cdots,\ \theta_p) \tag{8.19}$$

表 8.8　最尤推定量の特質

① 標本数 n が大きくなればなるほど $\hat{\theta}$ は真の母数 θ に近づく(一致性).
② $\hat{\theta}$ が θ の最尤推定量であれば，θ の任意の関数 $g(\theta)$ の最尤推定量は $g(\hat{\theta})$ により与えられる(不偏性).
③ 標本数 n が大きいとき，$(\hat{\theta}_1, \hat{\theta}_2, \cdots, \hat{\theta}_p)$ は漸近的に多変量正規分布 $N(\theta, \Sigma)$ に従う．ここで，$\theta = (\theta_1, \theta_2, \cdots, \theta_p)$，$\Sigma$ は Fisher 情報量行列 I(I は $p \times p$ の正方行列)の逆行列である．I の(i 行，j 列)の要素 I_{ij} は，

$$I_{ij} = -E\left(\frac{\partial}{\partial\theta_i \partial\theta_i} \ln L(X_1, X_2, \cdots, X_n ; \theta_1, \theta_2, \cdots, \theta_p)\right) \tag{8.18}$$

で与えられる．ここで $\mathrm{E}(\cdot)$ は確率変数 $X_1, X_2, \cdots, X_n$ に関する期待値を示す．
(漸近的正規性)

を用いる．

母数 θ_i の信頼率 $100\times(1-\alpha)$ の両側信頼区間は，式(8.17)または式(8.19)より，

$$\theta_i \pm u(\alpha) \cdot \sqrt{Var[\hat{\theta}_i]}$$

により求められる．ここで示す $u(\alpha)$ は標準正規分布の両側 $100\times\alpha$% 点である．信頼率と $u(\alpha)$ の値を表 8.9 に示す．なお，これまでの変数はすべて故障時点 x_i としてきたが，打切り時点 x_i を含む場合は，これに対応する確率密度関数 $f(x_i)$ を信頼度関数 $R(x_i)$ に置き換えれば，上記の考え方がそのまま適用できる．

表 8.9　信頼率と $u(\alpha)$

信頼率	α	$u(\alpha)$
99%	0.01	2.576
95%	0.05	1.960
90%	0.10	1.645
80%	0.20	1.282
70%	0.30	1.036
60%	0.40	0.842

第 8 章の参考文献

[1] 岩本大輔 , 鈴木和幸：「二値データ観測に基づく信頼性寿命評価のための最適試験計画」，『信頼性』，Vol.24, No.2, pp.183-187，2002 年.

[2] Johnson, L. N., S. Kotz, and N. Balakrishnan (1995): *Continuous -Univariate Distributions*, John Wiley and Sons, Vol.1, pp. 80-249. 494-694

[3] Johnson, L. N., S. Kotz, and N. Balakrishnan (1995): *Continuous Univariate Distributions*, John Wiley and Sons, Vol.2, pp.1-154.

[4] Atkinson, A. C. and A. N. Donev (1992): *Optimum Experimental Designs*, Oxford Science Publications，pp.91-117.

[5] Silvey, S. D. (1980)：“Optimal Design,” Chapman and Hall，pp.1-16, 72-73.

[6] 信頼性技術叢書編集委員会監修，鈴木和幸編著，石田勉，益田昭彦，横川慎二著：『信頼性データ解析』，日科技連出版社，2009 年.

[7] K. Suzuki, T. Nakamoto and Y. Matsuo (2010):“Optimum Specimen Sizes and Sample Allocation for Estimating Weibull Shape Para-meters for Two Competing Failure Modes”，*Technometrics*, Vol. 52, No.2, pp.209-220.

[8] Weibull, W. (1939): “A Statistical Theory of the Strength of Materials”, *Ingenious Ventenskaps Akademiens Handlingar*, Vol.151, pp.1-45.

[9] Lissart, N. and J. Lamon (1997): “Statistical Analysis of Failure of Sic Fibers in the Presence of Bimodal Flaw Populations”，*Journal of Materials Science*, Vol.32, pp. 6107-6117.

[10] Matsuo, Y. and K. Kitakami (1986): “On the Statistical Theory of Fracture Location Combined with Competing Risk Theory”，*in Fracture Mechanics of Ceramics*, 17, edited by R. C. Bradt, *et al.*, Plenum Pub. Corp.

[11] Taniguchi, Y., J. Kitasumi and T. Yamada (1989): “Bending Strength Analysis of Ceramics Based on the Statistical Theory of Stress and Fracture Location”, *Journal of the Society of Materials Science*, Vol.38, pp. 777-782.

第9章

信頼性試験運用上の留意点

信頼性試験を実施するうえでの基本的な考え方や標準的な手順については，第１章，第４章をはじめ，各章で述べてきた．

本章では，信頼性試験を計画し，実行しようとする試験技術者に向けて，信頼性試験を運用するうえでの留意点をまとめる．この中には，信頼性試験を運用した経験から抽出された注意点や避けるべき落とし穴についても記述されている．泥臭いエピソードもあるが，これを他山の石として，失敗しない信頼性試験を実施するために，役立てていただきたい．

9.1 信頼性試験マネジメントにおける留意事項

企業における信頼性試験は組織的活動の１つでなければならない．信頼性試験を過不足なく実行するためには，試験の遂行に責任のあるマネージャ，試験の企画側および実行側の間の密なコミュニケーションがなくてはならない．企画側と実行側が同一部門のときはよいが，両者が異なる部門である場合には，部門間の壁でコミュニケーション不足にならないように工夫する必要がある．

9.1.1 信頼性試験の目的と目標の確認

信頼性試験の計画段階では，試験の目的や目標を関係者間で確認し，獲得したい情報とその精度を明確にしておくことが重要である．その際，故障の判定基準だけでなく，想定される故障メカニズム，実際の運用条件と試験条件との差異，信頼性特性や計測特性を事前に決めておくことも必要である．

信頼性試験は信頼性目標値に対する適合性の判断や不具合品の選別を目的に行われることが少なくないが，信頼性試験の本来目標とするのは「カイゼン」である．具体的には，十分な設計余裕を確保し，あるいは試験で顕在化した不具合の原因を除去して，実際の運用条件で発生しないように改善することである．そのため，信頼性試験に求められる事項は，

- 既知のメカニズムから故障に対する設計的な余裕を確認する
- 未知のメカニズムによる新しい故障事象を検出する

ような，設計改善につながる故障情報を得ることである．信頼性試験のマネジメントにおいては，この目標を忘れてはならない．

信頼性試験によって得られる「事実」に基づく故障情報やデータは，故障メカニズムの解明や故障を起こさせない「十分な設計余裕」の確保に利用され，アイテムの信頼性の改善に役立てられる．信頼性試験はアイテムの信頼性づくりに欠かせない活動の１つである．

9.1.2 既存の信頼性試験の整理

企業内で行われている信頼性試験の中には，連綿と受け継がれてきた試験も少なくないに違いない．それらの中には，現時点で判断すると，

① 試験のねらいや必要性がわからなくなっている

② 手順が複雑で作業効率が悪い

③ 試験で得られた情報やデータを十分生かしていない

④ 重複している試験がある

⑤ 試験のためのコストが高い

などの問題を抱えている試験がある．

これらの試験は問題として認識されているけれども，試験を取りやめたときの影響が見積もれないため，とりあえず続行する，と判断されてきたものである．

信頼性問題は，顧客の運用中または使用中に生じる製品やサービスの故障や不具合が対象になるので，いきおい信頼性試験の要・不要の判断も慎重になる．

まず，信頼性試験の成績書が存在する場合は，それらのデータを分析して判断することができるかもしれない．例えば，故障や不具合が長期間検出されていない場合，または是正処置や設計改善記録から試験の対象とする故障原因が除去されていることが明らかな場合には，その試験を取りやめる候補にすることができるであろう．

過去の試験情報が充分でない場合は，当該のアイテム(製品・サービス)に対してFMEAやFTAを実施して，その結果から判断することが効果的である．特に，FTAを用いて故障や不具合の根本原因を探り，問題箇所を突き止めて，故障物理の援用を受けながら信頼性試験を継続する是非を判断するならば，関係者の合意を得やすくなると思われる．

9.1.3 信頼性試験に代替するシミュレーション

信頼性試験は費用と時間がかかるため，マネジメントの観点では，できるだ

けやらないで済ませる方法が模索されてきた．IoT 時代が訪れた現在，信頼性試験をシミュレーションで代替する考え方が産業界に広がりつつある．

シミュレーションは，実際の現象をモデル化して，それに実績データを用いてモデルの適合性を検証することで，初めて実用化される．シミュレーション結果の信憑性の確認は実績データに基づいて検証される．そのため，膨大な量の試験データが蓄積され，利用できることが必要である．そのため，新規に参入した分野では，データの蓄積がなく，借り物のモデルを用いてシミュレーションすることになるが，その結果が妥当で有効なものであるかどうかをアイテム（製品・サービス）の信頼性試験を行って確認しなければならない．

9.1.4　試験担当者の教育訓練

信頼性試験に携わる人員は費用の制約から少数精鋭となることが多い．そのため，試験技術者には十分な教育訓練を施され，妥当で効率のよい結果が出せる能力が期待される．主観的で偏った見方や考え方をなくすことも教育訓練のねらいの１つになる．

開発段階の信頼性試験においては，試験方法や手順の標準化がむずかしいことが多い．試験技術者は試験実務に慣れているだけでなく，試験対象のアイテムについても総合的に理解している必要がある．試験技術者は，新製品の使用環境を把握し，動作条件をよく確認し，それに基づいて試験条件や試験方法を柔軟に決めるだけの知識と経験をもつことが望まれる．

試験技術者が理解しているとよい内容は，アイテムの使用環境条件，性能と特徴，試験プログラム，試験データの解析方法と処理方法など多岐にわたる．これらは実践的な試験活動を経験することで習得されていくものである．

一方で，信頼性試験では，試験技術者は信頼性技術の基本は習得しておくことが必要である．特に，故障モデル，故障分布モデルの基礎知識，ならびに加速試験法，実験計画法，故障解析およびデータ解析の基本は一通り習得していることが望まれる．本書に述べられる概念や手法はその一助となるであろう．

9.1.5 国際規格適用上の問題点

信頼性試験に関する国際規格は多く，それらには個々の試験法や技法としての注意点や制約が示されている．グローバルな商取引を行う場合は，国際規格との整合が重要になる．これにより，契約上の重大な欠落や認識の違いを防止することができる．このため，信頼性試験技術者は国際規格の動向や最新の内容を常に把握して，信頼性試験を運営することが望ましい．

9.2 信頼性試験の計画段階における留意事項

信頼性試験は信頼性アセスメントにおける実機による評価を担う重要なタスクである．しかし，本質的に破壊試験となる信頼性試験では，数と時間の壁を克服するのに十分なサンプル数と試験期間を獲得するのは容易ではない．信頼性試験の実施はマネジメントの面から陰に陽に圧力を受けることが少なくない．要求される納期面やコスト面の要求事項は，生産プログラム全体の制約の中でトレードオフされなくてはならない．

9.2.1 試験計画の確認と吟味

信頼性試験の企画にあたっては，試験の実行者と綿密に打ち合わせて，試験計画上の問題点を一つひとつ潰しておくことが望ましい．試験の実施直前には，関係者全員が完全に試験についての知識を共有し，試験の手順を確実に把握しておくようにする．

特に，複合ストレスを印加する場合には，次の事項の検討が必要である．

① 同時印加方式の場合

高温高湿試験，高温通電試験，熱真空試験など，種類の異なるストレスを同時に印加する際には，その目的のために特別仕様の試験設備が必要になるかどうかの吟味も必要である．

② 順次印加方式の場合

一般的には，最初のストレスの印加段階でサンプルを破壊してしまわないように，エネルギーの低いストレスから順に印加するか，重要視しているストレスから順に印加する．なお，ストレスの印加順序によって，試験サンプルに加わるダメージがストレスの種類と強さ，試験設備の種類など，異なる場合がある．アイテムの形態，アイテムの試作段階で実際に試してみないと，本当のことがわからないことが多い．

9.2.2　試験計画の単純化

信頼性試験計画は，いたずらに複雑なデータ構造になる試験計画は避け，できるだけ単純であるほうがよい．異なる目的の信頼性試験の相乗りは，一見コストダウンにつながりそうだが，要因の分離がむずかしく，あるいは不可能にする．その結果，試験データから有意な要因を見出すことに失敗し，再試験や追加試験を余儀なくされ，コストアップになってしまうことがある．

信頼性試験のような長期にわたる時間特性を測る試験では，経時的なストレス変化が入り込み，データ構造を複雑にするため，人為的な，理論を無視した計画の変更はしてはならない．

9.2.3　試験項目の選定

試験の実施前にFMEAなどのフィードフォワード的な解析手法を実施して，重要度の高い試験項目をあらかじめ合理的に抽出しておくことが望ましい．また，その際抽出された試験項目については，測定データをできるだけ残すようにするとよい．しかし，特性値の測定には費用がかかるので，データが欲しいからといってむやみに測定項目を増やすのは現実的でない．

各試験項目における測定データは解析可能な形に記録されるようにあらかじめデザインするとよい．例えば，故障時間データはワイブル解析が可能なように，特性値経時変化データはドリフト量の規定に有効な形にデザインされていることが望ましい．このように適切に計画し，工夫を加えた信頼性データこそ，組織における貴重なデータベースとなりうるのである．

9.3 信頼性試験の実行段階における留意事項

9.3.1 試験の準備における留意事項

(1) 試験設備への配慮

① 保有試験設備の確認と手当

信頼性試験の関係者は，9.1 節で述べた計画段階の検討の結果によって，自部門の保有設備で賄える試験項目と，賄えない試験項目を分類する必要がある．後者は他所から設備を借用しなければならない．借用設備はリストを作成して，社内・社外の関係先に問い合わせ，借用交渉を進める必要がある．借用先が見つからない場合は，自部門でその設備を購入またはレンタルするかを決めなくてはならない．場合によっては，該当する試験項目を断念するか，変更するかの判断も必要になる．

② 設備のメンテナンス

試験設備も機械である以上，故障が発生する．故障が発生した場合には購入先に修理を依頼することになるが，試験は限られた期間の中で実施することも多い．簡単な故障に関しては自分達で修理可能にできないか検討することも必要である．

また，設備が劣化してくると所望の能力を発揮できなくなることもある．定期的な買い替えも検討し予算措置を講じておく必要がある．

③ 試験設備の信頼性確保

長期間にわたる信頼性試験では，試験設備の信頼性を確保する必要がある．試験期間中に，試験装置が故障したり，暴走したりすると，印加ストレスがアイテムにかからなかったり，過度のストレスがアイテムにかかったりするといった最悪の事態になり，試験計画に齟齬を来すことになる．このような事態を回避するためには，試験装置にセンサーをつけて警報が鳴るようにしたり，フェールセーフな構成にして試験サンプルを保護したりといった工夫をするとよい．なお，信頼性試験の実施に際しては，試験設備側にすべてを任せるのではなく，信頼性試験を実施するユーザ側でも，適切な防御手段を施しておくとよい．例えば，センサーの検出情報が出ると試験設備の電源を切るように試験回路を作っておき，試験設備の外部に設置した記録装置に試験設備の異常を記録するように工夫するとよい．

④　適切な試験設備の準備と余裕のある使用

信頼性試験はアイテムに規定されるストレス条件(温度，湿度，負荷条件など)を印加して実施される．そのため，印加ストレスに適合した試験設備を準備しなければならない．例えば温湿度試験においては，部品・デバイスの場合は高温恒湿槽，大型の装置・機器の場合はビルトインチャンバーと呼ばれる高温恒湿室が使用される．

これらは加温・加湿する能力があるが，試験槽(室)内に入れるアイテムが多すぎると，十分なストレスを印加できないことがあるので注意を要する．

⑤　試験槽(室)内の印加ストレス分布の確認

試験に入る前に，試験槽(室)内に配置されるサンプルに加わるストレスの分布を確認する必要がある．

機器などの試験では，配置によって均一にストレスが印加されないことがある．配置を行ったうえで均一なストレスが印加されるかどうかを確認する必要がある．

恒温槽内の温度分布はサンプルとその試験用治具類が収納されると，変化することもある．慎重を期するために，槽内に温度センサーを数箇所セットして外部からモニターすることも必要である．

湿度の制御はさらにむずかしく，相対湿度が十分高い場合は，サンプルにかかる湿度のばらつきが顕著にならないように，サンプルの収納方法や配置を工夫することも必要である．

⑥　試験設備の設置における注意点

高温恒湿槽などには三相の動力用の電源が必要になる．この配線はかならずしも実施されていないことがあり，配線を引くために多額の費用が必要になることがある．設備の導入を計画するに当たっては事前に必要なインフラに関して検討を行うことが重要である．

また，高温恒湿槽（室）は水分の供給が必須である．高層階に設置する場合には水漏れの発生がないように予防策を講じておく必要がある．また，使用する水が地下水をくみ上げている場合には砂利などが混入することがあり，配管を詰まらせることがある．フィルターの設置を行うとともに定期的なメインテナンスの実施などを検討する必要がある．

⑦　測定設備・モニター設備・電源などの選択

サンプルの特性値変化を観測する信頼性試験では，規定された時間ごとにサンプルを試験槽から取り出して，外部の測定系に接続して特性値を測定することが一般的である．この場合に，測定系の設備類は信頼性試験期間中同一のものを確保することが望ましい．特に，高周波特性の測定を行う場合や測定結果が不安定になりやすい場合には，測定系のばらつきが測定結果に影響しないように工夫するとよい．

サンプルの通電試験で忘れがちなのは，電源の信頼性確保である．電源装置や電力を配分供給する治具は無停電で長期間正常に作動する必要がある．電力供給治具は適切なディレーティングを行って設計することが望ましい．

⑧　サンプルの設置および電源供給についての諸注意

部品・デバイスなどでは，治具に取り付けて通電して試験を実施することが多い．電気系の部品・デバイスの場合，配線材料などが劣化する可能性もあるので，試験の準備段階で所定の電圧が印加されているかを確認するとともに，定期的な交換を検討しておく必要がある．特に湿度試験の場合，治具周りの接続箇所から絶縁劣化が進んだ例もある．線材や接続点の抵抗分で電圧降下を惹き起し，先頭と末尾のサンプルでは許容値以上の電圧変動が生じることがある．

モータのような回転体は振動するので，固定が不十分であると他のサンプルと共振し，本来想定されていないような故障を引き起こすことがある．ブラシレスモータの試験を行った際に，固定が不十分であったために，モータの放熱板が共振し，制御用基板上のトランジスタのはんだ付け接続部にクラックが生じた例がある．

サンプルを測定治具へ実装する方法も明確に定めておかないと，予期しないトラブルを招くことがある．特に，高周波帯や高速スイッチングで用いるサンプルでは，その動作特性が実装方法で変わることがあるので注意を要する．測定データの信憑性や再現性に影響しないように工夫することが必要である．

サンプルの実装と測定系とのインターフェイスに用いる治具は，利便性からできるだけ汎用化しておくことが望ましいが，装置・機器レベルでは多くの場合，専用化して試験を実施せざるを得ない．新製品開発では，試験・測定治具は製品の開発と同期して検討することが望まれる．

このように，確かな信頼性試験を遂行するためには，信頼性のある試験・測定治具が必要である．

(2)　試験サンプルへの配慮

①　試験サンプルの作成計画上の注意

試験サンプルは，信頼性試験の目的や試験条件が反映された仕様を満足するように作成されなければならない．サンプルの素性や作成履歴は，信頼性試験計画に基づいてきちんと管理する必要がある．サンプルの作成に当たっては，その製造プロセスを明確にする．試験サンプルは，実際の製品と同等の製造プロセスで作成されなければならない．公衆通信や衛星通信のような高信頼性の機器における試験サンプルは，実際の製品と同等のスクリーニング工程を含む製造プロセスで作成される．図9.1にその作成プロセスの一例を示す．試験中および試験後の観測または測定データから見出された問題をトレースするときのために，各作業工程をコード化して管理する方法がとられている．

また，試験に必要な数量のサンプルだけでなく，測定標準や試験予備のためのサンプルも含めて作成することを忘れてはならない．

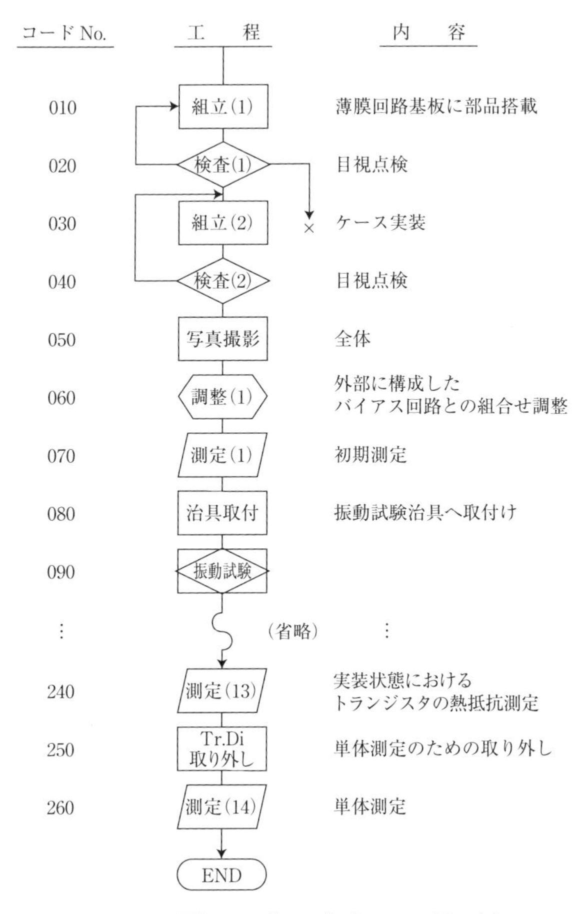

図 9.1　試験サンプルの作成フロー図の例

②　試作段階の試験サンプル作成上の注意：「モノの違い」

製造段階での不良発生や市場での故障を振り返ったとき，「試験を実施していたはずなのになぜ故障が起こったのか」と考えることも数多い．この要因の1つが「モノの違い」である．

量産品は型を使用して部品が作られることが大半であるが，開発の初期段階の部品では，機械加工(切削など)により作られることが多い．型の場合には寸法などにばらつきが生じるが，機械加工の場合にはそれらが少ない．その結果，試作品では問題が出なかったのに，量産品になってから問題が生じることがある．信頼性試験のサンプルは，このことを把握したうえで作成する必要がある．

また，機器などの試作段階での信頼性試験では，試作品(サンプル)は試作専門の部署で組み立てることが多い．この部署には通常ベテランの作業者が多く，多少の不具合は現場で修正されてしまうため，問題が潜在化する．そこで，信頼性試験では，極力量産段階に近い形で試作品(サンプル)を作成するよう検討する必要がある．

さらに，試作品と量産品で発注先が異なることで生じる問題がある．例えば，寸法精度などの要求事項は仕様どおりにできているが，実は表面処理の方法が異なっているといった発注先の加工の違いで，後々問題を起こした例がある．このような場合，再度量産品でも同様の試験を実施しなければならなくなる．そのため，関係する仕様書や図面を集めて，信頼性に影響しそうな項目や指定を十分に調査検討したうえで，サンプルを調達する必要がある．

③　装置・機器レベルのサンプル作成の注意点

装置・機器レベルのサンプルでは，費用や工期の制約から，新規設計部分のみサンプルとして試作し，信頼性試験に供することがある．この場合，既設計部分を試験・測定治具に使える利点がある．新規開発部分がほとんどを占める場合には，装置・機器全体をサンプルにして，信頼性試験を実施することとなるが，費用面から統計的に要求される数量を確保できないことが少なくない．このような信頼性試験では，故障時間データだけでなく，特性値の変化，故障時間の分布，想定した故障メカニズムとの差異などの多面的にデータをとることで，少ないデータからでも技術的な推論が可能になる．また，FMEA・FTAとの併用を行い，アイテムの弱い個所を突き止め，設計上の対策をとることも行われる．

開発段階では，まだアイテムの製造プロセスが完熟していない場合もある．この場合は，信頼性試験の結果が製造プロセスの改善に利用され，技術の完熟化を支援することにもなる．

④　試験サンプルの数量計画

試験サンプルは数理統計学などの理論的背景に基づいて数量を決定するとよい．その結果は，信頼性試験計画に折り込まれるので，試験サンプルの作成数は試験マップから算出される．新製品開発での，アイテムの信頼性上の弱点を洗い出す試験では，サンプル数の決め方は様々考えられる．

信頼性試験によって，アイテムの製造・試験作業の条件出しを行う場合がある．サンプル数は要因の割り付け方法に依存する．要因の割り付けには実験計画法で用いる直交表や多元配置表が使われる．費用の許す限り同一の割り付けごとに最低2個のサンプルを用意することが望ましい．例えば，L_{16} の直交表を用いる場合には，16の倍，32個のサンプルが欲しい．信頼性試験では，長期間にわたり実施されるので，途中で後戻りすることは極めて困難である．結果の確度を上げるだけでなく，試験中にサンプルを破損したり紛失したりしても救済することができる．

加速試験で故障率を推定する場合は，各試験条件ごとに同数のサンプルを用意するよりも，各条件で予想される故障数がほぼ同じになるように決めるとよい．可能であれば，予想する故障数を最低3個に設定すると，ワイブル確率紙などの確率紙を用いたパラメータ推定が可能になる．ただし，想定する加速率が極めて低い試験条件では多くのサンプルが必要になるので，費用とのトレードオフが必要である．

また，観測時点ごとに破壊検査を行う場合がある．この場合は，破壊検査に供するサンプルを余分に準備する必要がある．例えば，コンデンサの信頼性試験を行う際に，破壊電圧（BVD）の経時変化を測定して，劣化の度合いを観測する試験を並行して実施する場合である．このときは，

［観測時点の数（0時点を含む）］×［1回の測定個数］

のサンプルが余分に必要になる．［1回の測定個数］は，前述のように2個以上にすることが望ましい．

なお，このような信頼性試験では，破壊検査用のサンプルが規定する測定時点より前に故障してしまい，やむなく本来の信頼性試験用サンプルの中から破

壊検査用のサンプルを提供することが行われているが，望ましいことではない．

⑤　試験サンプルの品質確認

試験に先立ってサンプルを確認し，試験計画の中で定めたとおりにサンプルが作成されていることを，次の観点で確認することが望ましい．

- サンプルは指定された材料・部品が使われているか？
- サンプルは指定された製造プロセスで加工されているか？
- サンプルは指定された検査・試験に合格しているか？（信頼性ストレススクリーニングを含む）
- サンプルの初期特性値は規格に入っているか？　異常はないか？
- サンプルの外観に顕著な瑕疵はないか？

特殊な用途でない限り，試験前のサンプルは良品でなくてはならない．もし，外観チェックで気になる傷や欠けに気付いた場合は，その部分の拡大写真を撮り，位置や状態をスケッチし，気が付いた状況をメモする，というように記録をとっておく．これは信頼性試験で見出された瑕疵が初めから存在したものかどうかを切り分けるために，絶対に必要な作業である．

9.3.2　試験の実行中の留意事項

(1)　試験実行中の諸注意

信頼性試験の実行中は，アイテムの故障発生を監視するとともに，特性値の推移をモニターしながら，試験計画に沿って試験の継続・中止の判断を常時適切に行う必要がある．また，保守や測定の作業は慎重に行い，サンプルへダメージを与えないようにする．ダメージを与えてしまうと，その後の測定データへノイズを生じさせるだけでなく，累積されたストレスの影響をなくしたり，変化させたりする恐れがあるために十分に注意する．

例えば，保守を伴う試験で，故障の修復を試験の企画者である設計者が行い，それが保守手順に沿わない作業であったため，問題が顕在化しなかったことがある．この例では，市場で実際に修復作業を行っているサービスエンジニアが故障の修復を担当することになった．

信頼性試験は本質的に破壊試験であるため，試験を終了した後のサンプルは，例え正常に見えても，試験中に加わったストレスの影響を受けており，サンプルの内部構造で潜在的に劣化が進行している恐れがある．そのため，試験終了後のサンプルは故障解析を行った後，廃棄するようにする．

(2) サンプルへのストレス印加での留意事項

電子部品では，静電気，サージなどの，試験目的ではない，望ましくないストレスの印加を避けるように十分に配慮することが必要である．

また，高温恒湿環境下での試験では，不注意な取り扱いでサンプルに結露を生じさせることがあるので注意を要する．LSI のサンプルに対し，THB 試験(85℃ 85% バイアス印加)で試験を実施した例であるが，試験中に瞬停があり試験槽が停止した．その後，停止に気づき，試験槽の再立ち上げを行い，試験を続行した．試験後に確認したところ，サンプルの LSI のリード間でイオンマイグレーションの発生が確認された．停止により試験槽内で結露が発生し，気づかないままに立ち上げたことにより，イオンマイグレーションが発生したものと推定された．

(3) 試験中の異常現象への対応

市場で発生した故障を解析したときに，振り返って原因をトレースしたところ，工場内の信頼性試験で微小ではあるが同じような症状が確認されていたことがある．その試験条件では大きな問題にはならなかったが，市場の使用条件では問題が拡大したのである．

信頼性試験では，細心の注意を払って試験の状況を観察するとともに，発生した異常現象に対しては，それが些細ではあっても，丁寧に調査・検討を行い，必要に応じて別種の試験も行ったうえで，問題として取り上げるかどうかの判断を行う必要がある．

9.3.3　試験・測定実施上の留意点

(1)　試験手順とスケジュールの確認

試験技術者は文書化した信頼性試験計画に基づいて，試験作業の手順を事前に取り決めて文書化し，これに基づいて試験を実施する．図9.2は電子部品の信頼性試験手順の流れ図の例である．

信頼性試験を遂行するためには，あらかじめ試験スケジュールを決めておく必要がある．図9.3は電子部品の信頼性試験における工程計画表の例である．この例では，実試験と並行して試験データ解析と試験報告書作成を実施し，故障解析も故障発生の都度，随時実施することにしている．また測定時間，試験データ解析時間および試験報告書作成期間の合計が，実試験期間の30%以内に収まるように計画した．

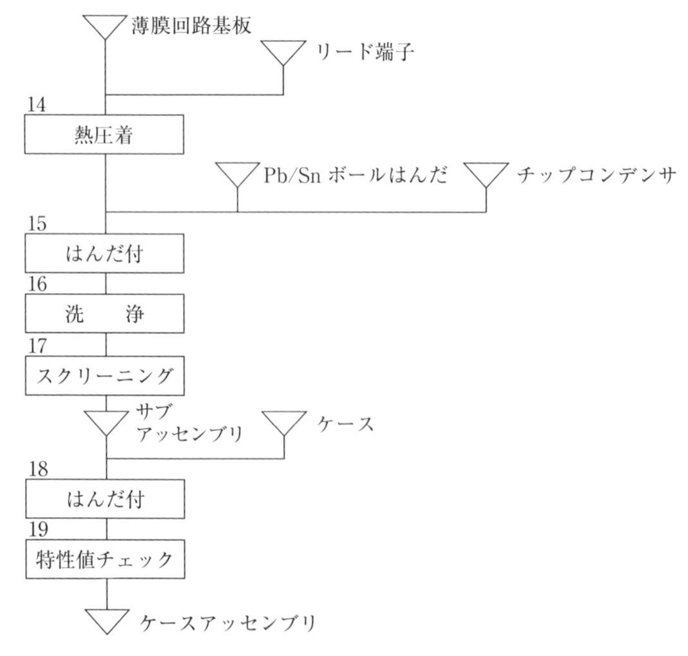

図9.2　電子部品の信頼性試験手順の流れ図の例

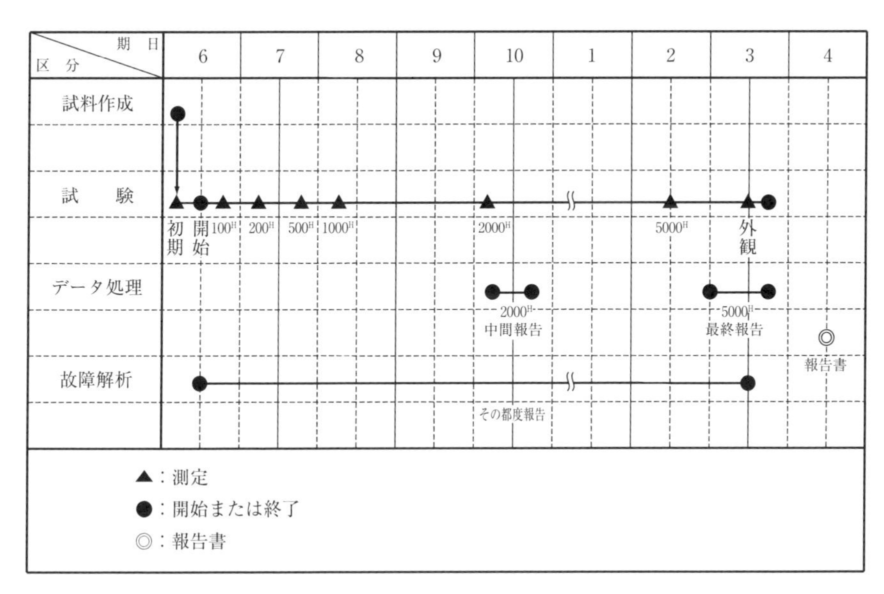

図 9.3 電子部品の信頼性試験の工程計画表の例

(2) 状態モニターの設置

機器レベルの信頼性試験では，実際の信号(情報)を入力して動作試験を行うが，試験中のサンプルの動作状態や環境設備の運転状態をモニターすることが必要になる．モニター設備は試験期間中サンプルの特性値を常時監視するためのものであるが，コンピュータ制御されたモニタリングが主流であり，デジタル計測される．デジタル計測は特性値の読み取り精度が高いが，時間的に飛び飛びのサンプリング計測となる．これに対し，アナログ計測は読み取り精度は低いが時間的に連続している．信頼性試験においては，トラブルが発生したときに環境条件や動作条件の微妙な変化を発見するうえで，補助として複数のアナログデータをレコーダでモニターすることも併用すると有効なことが多い．

(3) 測定時の注意事項

① 相対湿度が高い試験では，サンプルに結露したり，サンプルが水分を吸収したりするために，槽外に所定の時間放置した後に特性値を測定する手

順をとる．試験を急ぐあまり，放置時間が不十分な状態で測定すると，通電による絶縁劣化やマイグレーションがサンプル内部で発生し，異常な測定データが得られ，その後，通常ではありえない故障モードでサンプルが故障し，誤った判断をしてしまう可能性がある．加速寿命試験など，やり直しの利かないまたはむずかしい信頼性試験では注意を要する．

② 通常，サンプルの特性値は測定時に試験槽の外に出して測定する．このため，測定場所の環境条件が測定結果に影響する．実験室などの外界の影響をもろに受ける環境では，長期間にわたる信頼性試験では季節変動が特性値に反映する．そこで，少数のパイロットサンプルを用意してデシケータに保管しておき，試験サンプルの測定時に同時に測定して，外界の影響を補正する方法がとられる．

③ 環境試験設備は動力系を主にしているので，制御系はサージ的なノイズを発生しがちである．これが測定系の配線に誘導されると，測定値の誤差が増大する．加えて，半導体素子の破壊を招くこともある．信頼性試験の途中でこのような事態が生じると，サンプル自体の欠陥で故障したのか，外因で故障させられたのかの切り分けが難しく，誤った結論に達してしまう恐れがある．環境試験装置のノイズを皆無にすることはできないが，測定系の配線をシールドしたり，同軸線を用いたりすることが有効である．

ノイズ源はその他にも，次のようなものがある．すなわち，サンプル間の干渉，ラジオやテレビの電波信号，産業用工作機械(工場内での信頼性試験では特に注意を要する)，人体・衣服の静電気，測定器(例えばデジタルボルトメータ(DVM)からのクロック信号)などである．

④ 測定精度にも注意を払うべきである．測定誤差のためにサンプルの特性の微妙な変化を見逃すことのないよう注意する．例えば，低抵抗値は四端子法で測定し，測定時の誤差が入らないようにすることが行われる．

9.3.4　信頼性試験結果のまとめと報告における留意事項

(1)　信頼性試験情報のデータベース化の必要性

信頼性は設計で決まるために，信頼性設計の検証結果である試験データには，設計プロセスを改善するための情報が多く含まれる．試験結果はアイテムの技術的な改善だけでなく，設計活動を支援する信頼性情報の内容や活用上の課題であり，信頼性設計のノウハウと考えられる．それらの課題は継続的に改善して，信頼性試験の実施基準やストレス条件，計測方法，計測特性などを標準化していくことが必要で，信頼性試験で得られた情報はデータベースとして蓄積，共有，伝承すべきである．

また，信頼性試験の結果は信頼性を確認するための最もノイズの少ない情報の１つである．その蓄積は自社の信頼性設計の貴重な資産で，設計プロセスや保全システムを含む製品開発活動全般で活用できることが望ましい．

(2)　信頼性試験データの解析上の注意

信頼性試験データは，安易に破棄したり，死蔵したりしてはもったいない．このデータには貴重な技術情報が含まれているため，適切な解析を行って，設計情報や製造情報を取り出さなくてはならない．データの解析を容易に，かつ有効に実施するためには，信頼性試験計画の時点でサンプルの作り方から試験データのとり方まできちんと設定しておく必要がある．１千時間以上の試験を行った結果が，単に「合格」だけというのは残念なことである．

そこで，取得した試験データを解析して，実使用条件での信頼性特性値の予測を行うことが望ましい．そのためには，第３章をはじめ各章で述べてきたデータ解析手法を用いればよい．試験報告書には，それらに加えて，予測値の適用範囲，適用条件，加速性などを明確にするとともに，試験によって故障したサンプルの故障解析の結果，故障分布なども含める．

(3)　信頼性試験結果を補完する情報

十分な数のサンプルデータや，ねらいどおりの情報が得られるとは限らない信頼性試験では，結果を補完するための情報収集が重要となる．有効な情報は製品により異なるが，試験サンプル，故障情報，オペレーションや試験設備などに関する情報は試験結果の客観的な判断に役立つ．表9.1にその例を示す．

表9.1　信頼性試験結果の補完情報

項目	記録のポイント	例
サンプル情報	母集団を代表するサンプルであることの裏づけ	生産現場や条件(4M2S)，生産ロット，工程管理の情報 サンプルの初期特性，検査結束 部品や材料の投入経緯やデータ，保管状態 サンプルの保管状態，荷扱い，輸送状態，梱包形態　など
故障の情報	故障の多面的な表現と発生原因を補完する情報	故障現象，発生部位，外観や寸法の状態や測定結果 特性値の推移や変化，パラメータの変化，前兆現象の有無 故障モード，上位アイテムでの故障現象 発生時間(実時間，動作時間，停止時間)，動作インターバル　など
試験運用	試験オペレーションや人的要素の有無	作業者のレベルや理解度，取り扱い オペレーションの理解度，故障判定基準， 観察や計測の方法とインターバル
動作環境や設備	試験環境，設備の安定性	電源・空調・振動 計測器の校正，計測方法と手順 試験装置，サンプルの場所や固定方法
故障発生の経緯	故障発生時の周辺状況	発生時の温湿度や電源状態 周辺にある機械，時間的な周期性の有無 異常処置の有無，処置者，処置の手順

◆ ◆ ◆「計画倒れの試験計画」◆ ◆ ◆

「実験計画法を用いて寿命試験を計画したのだが，試験結果の解析がうまくいかない」と相談を受けたことがある．試験資料を見せてもらうと，計画段階での要因の割り付けはきちんと行われている．そのとおりに試験を実施していれば，特に問題があるとは思えなかった．

ところが，計画段階で設定していたよりも試験データが増えていることに気付いた．原因はその製品の開発会議の議事録で見つかった．この製品に別の問題が生じ，急遽異なる試験条件と試験サンプルの追加が要求され，試験を実施することが決められていた．サンプルの一部は共用され，その影響で所期のデータ構造が崩れたことで，どう解析してよいのかわからなくなっていた．

また，驚くべきことに，他にも信頼性試験の途中でサンプルを追加したり，逆に途中で一部のサンプルを取り除いて別の試験を始めるなど，信頼性試験計画を安易に何度も変更していたのである．その結果，データ構造が複雑に変わってしまったのにもかかわらず，計画段階で設定したままの解析法を用いようとしたため，おかしな結論になっていたのである．

第 9 章の参考文献

[1]　益田昭彦：「信頼性試験実施上の陥穽」，『信頼性』，Vol.24，No.5，pp.374-380，2002 年．

[2]　益田昭彦：「4.3 信頼性試験実施上の留意点」，『最新電子部品・デバイス実装技術便覧』所収，第 4 章，pp. 270-273，2002 年．

演習問題の略解

[問題 1.1]

故障率と寿命の違いは，人間でいえば「丈夫さ」と「長生き」を考えるとよい．「長生き」は文字どおり，生き永らえることであり，病勝ちでも長生きする人もいれば，丈夫でも短命の人もいる．この２つの間には関係がある場合もあるが，本来は別の特性である．

機械と比較すると，人間の平均寿命と機械の耐用寿命，また人間の死亡率と機械の故障率が対応する．

機械は偶発故障期間が長いので故障率が尺度とされ，その逆数としてMTTFなどを「平均寿命」として用いるが，人間には偶発故障は(ほとんど)ないので，尺度としてMTTF(などに相当するもの)は使わない．人間と機械では平均寿命の使い方が異なる．

[問題 1.2]

偶発故障より，指数分布が仮定しうる．すなわち，$MTBF = \frac{1}{2.5} \times 10^{-5} =$ 40,000[h]．また，$F(24 \times 365 \times 3) = 1 - \exp(-2.5 \times 10^{-5} \times 24 \times 365 \times 3) = 0.48$ より，48% の確率で故障が発生する．

[問題 1.3]

（ア） 初期故障型．

（イ） $F(8760) = 1 - \exp\left(-\left(\frac{8760}{180000}\right)^{0.5}\right) = 0.20$ より，20% の確率で故障する．

（ウ） $B_{10} = 180000 \times (\ln 0.9)^{\frac{1}{0.5}} = 1998$[h]

[問題 1.4]

$$R_{AB}(t) = 1 - (1 - R_A(t)) \times (1 - R_B(t)) = 1 - (1 - 0.9) \times (1 - 0.9) = 0.99$$

$$R_{DE}(t) = R_D(t) \times R_E(t) = 0.95 \times 0.95 = 0.9025$$

$$R_{DEF}(t) = 1 - (1 - R_{DE}(t)) \times (1 - R_F(t)) = 1 - (1 - 0.9025) \times (1 - 0.9) \approx 0.99$$

$R_{DE}(t) = R_{AB}(t) \times R_C(t) = 0.99 \times 0.99 \times 0.99 = 0.97$

[問題 3.1]

（ア）　$\hat{\lambda} = 7 / ((82 + 112 + 202 + 407 + 489 + 540 + 990 + 3 \times 1000))$

$\approx 0.0012[1/h]$.

$\widehat{MTTF} = ((82 + 112 + 202 + 407 + 489 + 540 + 990 + 3 \times 1000)) / 7 = 832[h]$.

（イ）　$R(500) = \exp(-0.0012 \times 500) \approx 0.549$ より 54.9%.

（ウ）　定時打切りの $2T / (\chi^2(2r + 2 ; \alpha))$ より求められるため，

$\widehat{MTTF}_L = ((2 \times 5822)) / (\chi^2(2 \times 7 + 2 ; 0.1)) = 11644 / 23.5418$

$= 494.6[h]$.

[問題 3.2]

略解なし．

[問題 3.3]

略解なし．

[問題 4.1]

（ア）適合　（イ）適合　（ウ）耐久性　（エ）故障率

[問題 4.2]

(2)　正しくは，「信頼性試験は実施部門だけでなく，関連部門が連携して組織的に対応すること」が必要である．

[問題 5.1]

①　加速試験は故障メカニズムを加速させるものであり，故障現象ではなく，ストレスと故障の関係が同じであることが基本である．

②　故障物理モデルはストレスと故障の関係を示すが，加速試験で重要なことは，加速条件と通常条件での劣化量や寿命分布に差がないことである．この分布の不変性を確認する意味でも，数値解析を併用することが望ましい．特にワイブル解析から形状パラメータが同じであることを確認するとよい．

③　定量的な加速試験が故障確率の推定をねらうのに対して，定性的な加速試験は設計的な脆弱性や潜在故障の検出をねらいとしている．したがっ

て，改善を効率よく進めるために，開発活動に併せて使い分けるのがよい．

④ 定性的な加速試験は故障現象の顕在化が目的なので，発生した不具合の重要度を常に過大評価あるいは過小評価する可能性がある．限られたリソースの中で対策の優先度を決めることは信頼性管理の重要な役割であり，信頼性データベースを活用して優先度や必要性を検討したうえで対策するとよい．

[問題 6.1]

MTTF 5,000 時間は故障率に直すと $\lambda_1 = 1/5000 = 0.0002(/\mathrm{h})$．信頼水準 60% で合格判定個数 $c = 0$ の $\lambda_1 T$ は表 6.4 より 0.9163 なので，総試験時間 T は $0.9163/0.0002 = 4581.5(\mathrm{h})$．丸めて 4582(h) でも可．

[問題 6.2]

取替ありの試験において，生じた故障品を新品に取り替えて試験を続行するための予備品として少なくとも c 個が必要になる．なお，取り替えなしの試験では基本的に予備品は不要である．

[問題 7.1]

あくまでアイテムの種類によるが，RSS は製造されたロットから脆弱なアイテムを除去することが目的である．そのため，製造工程から運用の段階で加わるストレスの種類と大きさについての十分な調査が必要となる．

[問題 7.2]

これもあくまで例だが，一般に発生した不具合の解析が不十分で，目先の事象に対する対症療法的な対策では意味がない．不具合の発生原因や影響の範囲など FMEA や FTA の情報を基に対策を決めていくことが重要になる．こうした検討が不十分だと，成長率がマイナスになるなど，かえって開発活動を混乱させるだけでなく，設計の財産として蓄積できることも少ないので注意が必要である．

付表　パーセントランク表

(1)　メジアンランク(50%ランク)

r＼n	1	2	3	4	5	6	7	8	9	10	11	12	13	14	15	16	17	18	19	20
1	50.0	29.3	20.6	15.9	12.9	10.9	9.4	8.3	7.4	6.7	6.1	5.6	5.2	4.8	4.5	4.2	4.0	3.8	3.6	3.4
2		70.7	50.0	38.6	31.4	26.4	22.8	20.1	18.0	16.2	14.8	13.6	12.6	11.7	10.9	10.3	9.7	9.2	8.7	8.3
3			79.4	61.4	50.0	42.1	36.4	32.1	28.6	25.9	23.6	21.7	20.0	18.6	17.4	16.4	15.4	14.6	13.8	13.1
4				84.1	68.6	57.9	50.0	44.0	39.3	35.5	32.4	29.8	27.5	25.6	23.9	22.5	21.2	20.0	19.0	18.1
5					87.1	73.6	63.6	56.0	50.0	45.2	41.2	37.9	35.0	32.6	30.5	28.6	26.9	25.5	24.2	23.0
6						89.1	77.2	67.9	60.7	54.8	50.0	46.0	42.5	39.5	37.0	34.7	32.7	30.9	29.3	27.9
7							90.6	79.9	71.4	64.5	58.8	54.0	50.0	46.5	43.5	40.8	38.5	36.4	34.5	32.8
8								91.7	82.0	74.1	67.6	62.1	57.5	53.5	50.0	46.9	44.2	41.8	39.7	37.7
9									92.6	83.8	76.4	70.2	65.0	60.5	56.5	53.1	50.0	47.3	44.8	42.6
10										93.3	85.2	78.3	72.5	67.4	63.0	59.2	55.8	52.7	50.0	47.5
11											93.9	86.4	80.0	74.4	69.5	65.3	61.5	58.2	55.2	52.5
12												94.4	87.4	81.4	76.1	71.4	67.3	63.6	60.3	57.4
13													94.8	88.3	82.6	77.5	73.1	69.1	65.5	62.3
14														95.2	89.1	83.6	78.8	74.5	70.7	67.2
15															95.5	89.7	84.6	80.0	75.8	72.1
16																95.8	90.3	85.4	81.0	77.0
17																	96.0	90.8	86.2	81.9
18																		96.2	91.3	86.9
19																			96.4	91.7
20																				96.6

(2)　5%ランク

r＼n	1	2	3	4	5	6	7	8	9	10	11	12	13	14	15	16	17	18	19	20
1	5.0	2.5	1.7	1.3	1.0	0.9	0.7	0.6	0.6	0.5	0.5	0.4	0.4	0.4	0.3	0.3	0.3	0.3	0.3	0.3
2		22.4	13.5	9.8	7.6	6.3	5.3	4.6	4.1	3.7	3.3	3.0	2.8	2.6	2.4	2.3	2.1	2.0	1.9	1.8
3			36.8	24.9	18.9	15.3	12.9	11.1	9.8	8.7	7.9	7.2	6.6	6.1	5.7	5.3	5.0	4.7	4.4	4.2
4				47.3	34.3	27.1	22.5	19.3	16.9	15.0	13.5	12.3	11.3	10.4	9.7	9.0	8.5	8.0	7.5	7.1
5					54.9	41.8	34.1	28.9	25.1	22.2	20.0	18.1	16.6	15.3	14.2	13.2	12.4	11.6	11.0	10.4
6						60.7	47.9	40.0	34.5	30.4	27.1	24.5	22.4	20.6	19.1	17.8	16.6	15.6	14.7	14.0
7							65.2	52.9	45.0	39.3	35.0	31.5	28.7	26.4	24.4	22.7	21.2	19.9	18.8	17.7
8								68.8	57.1	49.3	43.6	39.1	35.5	32.5	30.0	27.9	26.0	24.4	23.0	21.7
9									71.7	60.6	53.0	47.3	42.7	39.0	36.0	33.3	31.1	29.1	27.4	25.9
10										74.1	63.6	56.2	50.5	46.0	42.3	39.1	36.4	34.1	32.0	30.2
11											76.2	66.1	59.0	53.4	48.9	45.2	42.0	39.2	36.8	34.7
12												77.9	68.4	61.5	56.0	51.6	47.8	44.6	41.8	39.4
13													79.4	70.3	63.7	58.3	53.9	50.2	47.0	44.2
14														80.7	72.1	65.6	60.4	56.1	52.4	49.2
15															81.9	73.6	67.4	62.3	58.1	54.4
16																82.9	75.0	69.0	64.1	59.9
17																	83.8	76.2	70.4	65.6
18																		84.7	77.4	71.7
19																			85.4	78.4
20																				86.1

(3)　95%ランク

r＼n	1	2	3	4	5	6	7	8	9	10	11	12	13	14	15	16	17	18	19	20
1	95.0	77.6	63.2	52.7	45.1	39.3	34.8	31.2	28.3	25.9	23.8	22.1	20.6	19.3	18.1	17.1	16.2	15.3	14.6	14.9
2		97.5	86.5	75.1	65.7	58.2	52.1	47.1	42.9	39.4	36.4	33.9	31.6	29.7	27.9	26.4	25.0	23.8	22.6	21.6
3			98.3	90.2	81.1	72.9	65.9	60.0	55.0	50.7	47.0	43.8	41.0	38.5	36.3	34.4	32.6	31.0	29.6	28.3
4				98.7	92.4	84.7	77.5	71.1	65.5	60.7	56.4	52.7	49.5	46.6	44.0	41.7	39.0	37.7	36.0	34.4
5					99.0	93.7	87.1	80.7	74.9	69.6	65.0	60.9	57.3	54.0	51.1	48.4	46.1	43.9	41.9	40.1
6						99.1	94.7	88.9	83.1	77.8	72.9	68.5	64.5	61.0	57.7	54.8	52.2	49.8	47.6	45.6
7							99.3	95.4	90.2	85.0	80.0	75.5	71.3	67.5	64.0	60.9	58.0	55.4	53.0	50.8
8								99.4	95.9	91.3	86.5	81.9	77.6	73.6	70.0	66.7	63.6	60.8	58.2	55.8
9									99.4	96.3	92.1	87.7	83.4	79.4	75.6	72.1	68.9	65.9	63.2	60.6
10										99.5	96.7	92.8	88.7	84.7	80.9	77.3	74.0	70.9	68.0	65.3
11											99.5	97.0	93.4	89.6	85.8	82.2	78.8	75.6	72.6	69.8
12												99.6	97.2	93.9	90.3	86.8	83.4	80.1	77.0	74.1
13													99.6	97.4	94.3	91.0	87.6	84.4	81.2	78.3
14														99.6	97.6	94.7	91.5	88.4	85.3	82.3
15															99.7	97.7	95.0	92.0	89.0	86.0
16																99.7	97.9	95.3	92.5	89.6
17																	99.7	98.0	95.6	92.9
18																		99.7	98.1	95.8
19																			99.7	98.2
20																				99.7

(4) 10%ランク

r \ n	1	2	3	4	5	6	7	8	9	10	11	12	13	14	15	16	17	18	19	20
1	10.0	5.1	3.5	2.6	2.1	1.7	1.5	1.3	1.2	1.0	1.0	0.9	0.8	0.7	0.7	0.7	0.6	0.6	0.6	0.5
2		31.6	19.6	14.3	11.2	9.3	7.9	6.9	6.1	5.5	4.9	4.5	4.2	3.9	3.6	3.4	3.2	3.0	2.8	2.7
3			46.4	32.0	24.7	20.1	17.0	14.7	12.9	11.6	10.5	9.6	8.8	8.1	7.6	7.1	6.7	6.3	5.9	5.6
4				56.2	41.6	33.3	27.9	24.0	21.0	18.8	16.9	15.4	14.2	13.1	12.2	11.4	10.7	10.1	9.5	9.0
5					63.1	49.0	40.4	34.5	30.1	26.7	24.1	21.9	20.1	18.5	17.2	16.1	15.1	14.2	13.4	12.7
6						68.1	54.7	46.2	40.1	35.4	31.8	28.8	26.4	24.3	22.6	21.0	19.7	18.5	17.5	16.6
7							72.0	59.4	51.0	44.8	40.1	36.2	33.1	30.5	28.2	26.3	24.6	23.1	21.8	20.7
8								75.0	63.2	55.0	48.9	44.1	40.2	36.9	34.2	31.8	29.7	27.9	26.3	24.9
9									77.4	66.3	58.5	52.5	47.7	43.7	40.4	37.5	35.0	32.9	31.0	29.3
10										79.4	69.0	61.4	55.6	50.8	46.8	43.5	40.6	38.0	35.8	33.8
11											81.1	71.3	64.0	58.3	53.6	49.6	46.3	43.3	40.8	38.5
12												82.5	73.2	66.3	60.7	56.1	52.2	48.8	45.9	43.3
13													83.8	74.9	68.3	62.9	58.4	54.5	51.1	48.2
14														84.8	76.4	70.0	64.8	60.4	56.6	53.3
15															85.8	77.8	71.6	66.6	62.2	58.5
16																86.6	79.0	73.1	68.1	63.9
17																	87.3	80.1	74.3	69.6
18																		88.0	81.0	75.5
19																			88.6	81.9
20																				89.1

(5) 90%ランク

r \ n	1	2	3	4	5	6	7	8	9	10	11	12	13	14	15	16	17	18	19	20
1	90.0	68.4	53.6	43.8	36.9	31.9	28.0	25.0	22.6	20.6	18.9	17.5	16.2	15.2	14.2	13.4	12.7	12.0	11.4	10.9
2		94.9	80.4	68.0	58.4	51.0	45.3	40.6	36.8	33.7	31.0	28.7	26.8	25.1	23.6	22.2	21.0	19.9	19.0	18.1
3			96.5	85.7	75.3	66.7	59.6	53.8	49.0	45.0	41.5	38.6	36.0	33.7	31.7	30.0	28.4	26.9	25.7	24.5
4				97.4	88.8	79.9	72.1	65.5	59.9	55.2	51.1	47.5	44.4	41.7	39.3	37.1	35.2	33.4	31.9	30.4
5					97.9	90.7	83.0	76.0	69.9	64.6	59.9	55.9	52.3	49.2	46.4	43.9	41.6	39.6	37.8	36.1
6						98.3	92.1	85.3	79.0	73.3	68.2	63.8	59.8	56.3	53.2	50.4	47.8	45.5	43.4	41.5
7							98.5	93.1	87.1	81.2	75.9	71.2	66.9	63.1	59.6	56.5	53.7	51.2	48.9	46.7
8								98.7	93.9	88.4	83.1	78.1	73.6	69.5	65.8	62.5	59.4	56.7	54.1	51.8
9									98.8	94.5	89.5	84.6	79.9	75.7	71.8	68.2	65.0	62.0	59.2	56.7
10										99.0	95.1	90.4	85.8	81.5	77.4	73.7	70.3	67.1	64.2	61.5
11											99.0	95.5	91.2	86.9	82.8	79.0	75.4	72.1	69.0	66.2
12												99.1	95.8	91.9	87.8	83.9	80.3	76.9	73.7	70.7
13													99.2	96.1	92.4	88.6	84.9	81.5	78.2	75.1
14														99.3	96.4	92.9	89.3	85.8	82.5	79.3
15															99.3	96.6	93.3	89.9	86.6	83.4
16																99.3	96.8	93.7	90.5	87.3
17																	99.4	97.0	94.1	91.0
18																		99.4	97.2	94.4
19																			99.4	97.3
20																				99.5

索　引

［た行］

[や行]

[ら行]

[わ行]

監修者紹介

益田昭彦(ますだ　あきひこ)　全体編集，第1章1.1節，第4章4.1節，4.2節，第5章，第6章，第9章 執筆担当

1940年生まれ．
電気通信大学大学院博士課程 修了．工学博士．
日本電気㈱にて通信装置の生産技術，品質管理，信頼性技術に従事(本社主席技師長)．帝京科学大学教授，同大学大学院主任教授，日本信頼性学会副会長，IEC/TC56信頼性国内専門委員会委員長などを歴任．
現在，信頼性七つ道具(R7)実践工房 代表，技術コンサルタント．
主な著書に，『品質保証のための信頼性入門』(共著，日科技連出版社，2002年)，『新FMEA技法』(共著，日科技連出版社，2012年)がある．
工業標準化経済産業大臣表彰，日本品質管理学会品質技術賞，日本信頼性学会奨励賞，IEEE　Reliability Japan Chapter Award(2007年信頼性技術功績賞)．

鈴木和幸(すずき　かずゆき)　第8章 執筆担当

1950年生まれ．
東京工業大学大学院博士課程 修了，工学博士．
電気通信大学 名誉教授，同大学大学院情報理工学研究科 特任教授．
主な著書に，『信頼性・安全性の確保と未然防止』(日本規格協会，2013年)，『未然防止の原理とそのシステム』(日科技連出版社，2004年)，『品質保証のための信頼性入門』(共著，日科技連出版社，2002年) がある．
Wilcoxon Award(米国品質学会，米国統計学会,1999年)，デミング賞本賞(2014年)．

二川　清(にかわ　きよし)

1949年大阪市生まれ．
大阪大学基礎工学研究科 物理系修士課程修了．工学博士．
NEC，NECエレクトロニクスにて半導体の信頼性・故障解析技術の実務と研究開発に従事．
大阪大学特任教授，金沢工業大学客員教授，日本信頼性学会副会長などを歴任．現在，芝浦工業大学非常勤講師．
主な著書に，『信頼性問題集』(編著，日科技連出版社，2009年)，『新版　LSI故障解析技術』(日科技連出版社，2011年)，『はじめてのデバイス評価技術　第2版』(森北出版，2012年)がある．
信頼性技術功労賞(IEEE信頼性部門日本支部)，推奨報文賞，奨励報文賞(ともに日科技連信頼性・保全性シンポジウム)，論文賞(レーザ学会)などを受賞．

堀籠教夫(ほりごめ　みちお)

1940年生まれ．
東京商船大学(現 東京海洋大学)卒業．東京海洋大学 名誉教授．工学博士．
主な著書に，『信頼性ハンドブック』(共編著，日科技連出版社，1996年)がある．
日本舶用機関学会(現 日本マリンエンジニアリング学会)土光賞，電子情報通信学会フェロー．

著者紹介

原 田 文 明（はらだ　ふみあき）　第1章1.2節，第5章，第7章 執筆担当

1954年生まれ．
東京理科大学卒業．
富士ゼロックス㈱で品質保証，試験法開発，信頼性管理などに従事．
現在，D-Techパートナーズ代表，東京理科大学非常勤講師，日科技連信頼性講座「信頼性試験」講師，IEC TC56（ディペンダビリティ）専門委員，同国内委員会WG2（技法）主査．
主な著書に，『新版 信頼性ハンドブック』（共著，日科技連出版社，2014年），『効率的な製品開発のための信頼性設計・管理』（情報機構，2010年），「信頼性加速試験の効率的な進め方とその実際」（共著，日本テクノセンター，1997年）がある．

山　　悟（やま　さとる）　第2章，第4章 執筆担当

1949年生まれ．
国立旭川工業高等専門学校電気工学科卒．
現在，日本科学技術連盟信頼性セミナー講師．
主な著書に，『CARE：パソコンによるやさしい信頼性解析法』（共著，日科技連出版社，1991年），『デバイス・部品の故障解析（共著，日科技連出版社，1992年），『新版 信頼性ハンドブック』（共著，日科技連出版社，2014年），『最新電子部品・デバイス実装技術便覧』（共著，R & Dプランニング，2002年），『信頼性問題集』（共著，日科技連出版社，2009年）

横 川 慎 二（よこがわ　しんじ）　第1章1.3節，1.4節，第3章 執筆担当

1970年生まれ．
電気通信大学大学院博士前期課程修了．
現在，電気通信大学i-パワードエネルギー・システム研究センター，同大学大学院情報理工学研究科，同大学情報理工学域　教授，博士（工学）．
主な著書に，『LSIの信頼性』（共著，日科技連出版社，2010年），『信頼性データ解析』（共著，日科技連出版社，2009年），『新版信頼性工学入門』（共著，日本規格協会，2010年）がある．
日経品質管理文献賞（日本品質管理学会編『新版 信頼性ハンドブック』（副編集委員長・分担執筆，2014年）），IEEE Reliability Society Japan Chapter, 2013 Best Paper Awardなど．

■信頼性技術叢書
信頼性試験技術

2019年12月31日　第1刷発行
2023年 8 月22日　第2刷発行

監修者　信頼性技術叢書編集委員会
編著者　益田昭彦
著　者　鈴木和幸　原田文明　山　悟　横川慎二
発行人　戸羽節文
発行所　株式会社日科技連出版社
〒151-0051 東京都渋谷区千駄ヶ谷 5-15-5
DS ビル
電話　出版 03-5379-1244
営業 03-5379-1238
URL　https://www.juse-p.co.jp/

印刷・製本　河北印刷株式会社

ISBN978-4-8171-9686-6